高等师范院校一流专业计算机系列教材

大学计算机基础教程

（Windows 10+Office 2019）

雷丽晖　李　鹏　邵仲世　雷　鸣　王奇超　编

科学出版社

北　京

内 容 简 介

本书按照教育部《高等学校非计算机专业计算机基础课程教学基本要求》编写，并结合师范类大学教育的特点，添加了旨在提高学生师范技能的内容。本书主要内容包括：计算机基础知识、计算机硬件和软件系统知识、Windows 10 的功能与使用、文字处理软件 Word 2019、表格处理软件 Excel 2019、演示文稿制作软件 PowerPoint 2019、Internet 基础及应用等。全书涵盖教育部考试中心指定的《全国计算机等级考试考试大纲（2022 年版）》中一级 MS Office 及其高级应用的基本内容。

本书可作为普通高校非计算机专业的计算机公共课教材，也可作为全国计算机等级考试 MS Office 的培训教材。

图书在版编目(CIP)数据

大学计算机基础教程：Windows 10 + Office 2019/雷丽晖等编. —北京：科学出版社，2022.10

高等师范院校一流专业计算机系列教材

ISBN 978-7-03-073328-3

Ⅰ. ①大… Ⅱ. ①雷… Ⅲ. ①Windows 操作系统-高等师范院校-教材 ②办公自动化-应用软件-高等师范院校-教材 Ⅳ. ①TP316.7 ②TP317.1

中国版本图书馆 CIP 数据核字（2022）第 181756 号

责任编辑：滕 云 / 责任校对：张亚丹
责任印制：霍 兵 / 封面设计：蓝正设计

科 学 出 版 社 出版
北京东黄城根北街 16 号
邮政编码：100717
http://www.sciencep.com

北京华宇信诺印刷有限公司印刷
科学出版社发行 各地新华书店经销
*
2022 年 10 月第 一 版 开本：787×1092 1/16
2024 年 8 月第三次印刷 印张：19 1/4
字数：486 000

定价：54.00 元
（如有印装质量问题，我社负责调换）

前　言

党的二十大报告强调："坚持为党育人、为国育才，全面提高人才自主培养质量。"全面提高人才自主培养质量既是党和人民对高等教育提出的时代要求，也是高等教育发展的重大机遇。

本书是计算机基础课程的通用教材。大学计算机基础课程作为普通高等学校非计算机专业学生的一门必修课程，其目的是培养学生的计算机应用技能、提高学生的信息化素养、锻炼学生的计算思维能力，为后续课程的学习打下坚实的基础。

本书针对学生计算机操作与应用能力存在差异的现状，尽力满足学生需求，在理论和实际应用方面对内容进行了精心的选取和编排，适合非计算机专业对计算机基础知识的教学要求。通过对本书的学习，学生可对计算机系统有一个初步的认识和理解，并能够初步掌握办公软件的用法。

本书结合全国计算机等级考试要求，以 Windows 10 和 MS Office 2019 为环境，在讲解计算机基础理论知识的基础上，讲解 Windows 10 系统的功能和使用方法，有助于学生加深对操作系统的了解，掌握操作系统的使用方法，从而能够对计算机进行个人设置和使用；本书主要讲解 Office 2019 文字处理软件、表格处理软件和演示文稿制作软件，结合案例，有利于学生结合实际，提高学生动手操作的能力。

本书在撰写过程中，得到了陕西师范大学及计算机科学学院领导的悉心指导和大力支持以及计算机公共课全体老师的帮助，本书的出版得到了科学出版社的鼎力帮助和支持，在此一并深表感谢。

由于编者水平有限，编写时间仓促，书中难免有不足之处，请广大读者批评指正。您可通过邮箱 leilihui@snnu.edu.cn 提出宝贵意见。

编　者
2022 年 2 月
2023 年 8 月修改

目　　录

第1章　计算机基础知识

1.1　计算机概述

计算机是一种能自动、高速、精确地进行信息处理的电子设备，自 1946 年计算机诞生以来，它的发展极其迅速，得到了广泛应用，它使人们传统的工作、学习、生活甚至思维方式都发生了深刻变化。在人类发展史中，计算机的发明具有特别重要的意义，它既是科学技术和生产力发展的结果，又大大地促进了科学技术和生产力的发展。

1.1.1　计算机的发展历史

计算机从诞生以来，无论在技术上还是在应用上都得到了非常迅速的发展。根据其采用的电子器件的不同，可将计算机的发展划分为以下四个阶段。

1. 第一代计算机（1946～1957 年）

1946 年，世界上公认的第一台电子数字计算机在美国费城的宾夕法尼亚大学研制成功，取名 ENIAC（electronic numerical integrator and computer），标志着人类从此进入电子计算机时代。

ENIAC 长 30.48m，宽 6m，占地 170m^2，拥有 30 个操作台，重达 30t，耗电量 150kW，造价 48 万美元，如图 1-1 所示。它使用了 18 000 个电子管，每秒可执行 5 000 次加法或 400 次乘法运算，计算速度是手工计算的 20 万倍。虽然这是一台耗资巨大、功能不完善的、笨重的庞然大物，但它的出现却是科学技术发展史上的伟大创造，使人类社会从此进入电子计算机时代。

图 1-1　第一台电子数字计算机 ENIAC

2. 第二代计算机（1957～1964 年）

晶体管和磁芯存储器促使了第二代计算机的产生。图 1-2 展示的是我国 1965 年发明的第一台晶体管计算机 DJS-5 机。采用晶体管作为逻辑元件的第二代计算机体积较小、功耗低、性能更稳定，计算速度已从每秒几千次提高到了几十万次。此外，这一时期还出现了更高级的计算机语言，代替了二进制机器码，使得计算机编程更容易。

3. 第三代计算机（1964～1971 年）

在 20 世纪 60 年代初期人类发明了集成电路，采用集成电路作为主要电子元器件是第三代计算机的标志。集成电路的使用，使得计算机变得更小、功耗更低且速度更快，如图 1-3 所示。同时，计算机语言也进入了"面向人类"的语言阶段，被人们称为"高级语言"；操作系统逐步成熟成为第三代计算机的显著特点。

图 1-2　我国第一台晶体管计算机 DJS-5 机　　　　　图 1-3　　第三代计算机

4. 第四代计算机（1971 年至今）

20 世纪 70 年代到 80 年代出现了大规模和超大规模集成电路。图 1-4 所展示的第四代计算机是我国的"天河一号"超级计算机。第四代计算机采用大规模集成电路和超大规模集成电路作为主要的电子器件，体积和价格不断下降，同时功能和可靠性不断增强。

图 1-4　"天河一号"超级计算机

从 20 世纪 70 年代初开始，许多国家的科研工作者开始研制第五代智能计算机。第五代智能计算机应具有学习和掌握知识的机制，并且能模拟人的感觉、行为和思维等，但至今还没有根本性的突破。

1.1.2　计算机的分类

计算机的种类很多，可以根据不同的标准进行分类。下面分别从信息的形式及处理方式、计算机的用途、规模几个方面进行分类。

1）按信息的形式及处理方式分类

（1）数字计算机：处理的是二进制数字信号，其特点是解题精度高，便于信息存储，是通用性很强的计算工具。数字计算机适于实现科学计算、信息处理、实时控制和人工智能等应用。通常所说的电子计算机指的就是数字计算机。

（2）模拟计算机：用电压的大小来表示数的，即通过电的物理变化过程来进行数值计算，其优点是速度快，适于求解高阶的微分方程，故在模拟计算和控制系统中应用较多。虽然模拟计算机运算速度快，但其运算精度低、通用性差、信息存储困难，这种计算机主要用于求解数学方程或自动控制模拟系统的连续变化过程。

（3）数字模拟混合计算机：综合了数字计算机和模拟计算机的优点，所以既可以处理数字信号，也可以处理模拟信号，既能高速运算，又便于信息存储，但这种计算机设计困难，造价昂贵。

2）按计算机的用途分类

（1）专用计算机：面向某个特定应用领域设计的，具有效率高、速度快、价格低等优点，同时存在适应性差的缺点，如银行系统的计算机、网络计算机等。

（2）通用计算机：人们通常所说的计算机指的就是通用计算机，其功能多、配置全、用途广、通用性强，可在各种行业、各种工作环境下使用。

3）按计算机的规模分类

计算机按规模的不同，可分为嵌入式计算机、微型计算机、工作站、小型计算机、大型计算机和超级计算机六类，如图 1-5 所示。它们的差异存在于简易性、体积、功耗、性能、存储容量、指令系统和价格等方面。一般来说，嵌入式计算机结构简单、体积小（只作为系统的一个部件）、功能简单、运算速度较低、存储容量小、指令系统简单、价格低。超级计算机的结构复杂、体积大、功能强大、运算速度高、存储容量大、指令系统丰富、价格昂贵。介于嵌入式计算机与超级计算机之间的微型计算机、工作站、小型计算机和大型计算机，它们的结构规模依次增大，性能依次增强。

图 1-5　各类通用计算机之间的区别

（1）嵌入式计算机：在很多应用中，计算机只作为一个部件，成为其他设备的一部分，如作为机器人的大脑或者作为家用电器的控制部件，这种计算机称为嵌入式计算机。它成本低、用途广，其结构通常是面向特定应用，为特定应用专门开发设计的。

（2）微型计算机：用于满足单个用户的信息处理需要的计算机，通常也称为 PC（个人计算机）、微机。微型计算机以其设计先进（率先采用高性能微处理器）、软件丰富、功能齐全、价格便宜等优势而拥有较多的用户，大大推动了计算机的普及应用。个人计算机无须连接其他计算机的处理机、磁盘、打印机等共享资源，可独立工作。

（3）工作站：一种以个人计算机和分布式网络计算为基础的，主要面向专业的应用领域，具备强大的数据运算与图形图像处理能力，为满足工程设计、动画制作、科学研究、软件开发、金融管理、信息服务及模拟仿真等专业领域需求而设计开发的高性能计算机。常见的工作站有计算机辅助设计工作站、办公自动化工作站、图像处理工作站等。

（4）小型计算机：体积小、结构简单、可靠性高、设计试制周期短、成本较低，便于及时采用先进工艺，不需要经长期培训即可维护和使用，这些特点使小型计算机的应用范围更加广泛，如大型仪器的数据采集和分析、大学和研究所的科学计算、工业自动控制及企业管理等，也用作大型、巨型计算机系统的辅助机。

（5）大型计算机：包括国内常说的大、中型机，其特点是大型、通用，具有很高的运算速度和很强的管理能力。大型计算机的输入输出能力、非数值计算能力，以及稳定性、安全性都是微型计算机望尘莫及的，主要用于大型银行、大型公司、规模较大的高校和科研院所。

（6）超级计算机：也称巨型机，在所有计算机类型中具有所占面积最大、价格最贵，功能最强、浮点运算速度最快等特征。目前，巨型机多用于战略武器（如核武器和反导弹武器）的设计、空间技术、石油勘探、中长期大范围天气预报以及社会模拟等领域。巨型机研制水平、生产能力及其应用程度，已成为衡量一个国家经济实力与科技水平的重要标志。

我国在巨型机上取得了许多傲人的成绩。2022 年 5 月，国际 TOP 500 组织公布了最新全球超级计算机 500 强，我国共有 173 台超级计算机进入排行榜，占全球 34.6%，上榜总数排名第一。

1.1.3　计算机的发展趋势

从第一台计算机产生至今的半个多世纪里，计算机应用得到不断拓展，计算机类型不断分化，计算机也朝着微型化、巨型化、网络化、多媒体化和智能化等不同方向发展。

1）微型化

微型化指计算机的体积微型化。当前微型计算机的标志是运算部件和控制部件集成在一起，今后会逐步发展为存储器、通道处理机、高速运算部件、图形卡、声卡的集成，并进一步将系统的软件固化，以达到整个微型机系统的集成。

2）巨型化

巨型化即计算机功能巨型化，是指计算机具有高速运算、大存储容量等强大的功能，其运算能力一般在每秒百亿次以上，内存容量在几百兆字节以上。计算机巨型化发展集中体现了计算机科学技术的发展水平，推动了计算机系统结构、硬件和软件理论与技术，计算数学以及计算机应用等多个科学分支的发展。

由于硅芯片技术越来越接近其物理极限，所以超级计算机发展的另一个趋势是采用全新的元件和技术，使计算机的体系结构与技术都产生一次量与质的飞跃。新型的量子计算机、光子计算机、分子计算机和纳米计算机，在 21 世纪将会走进我们的生活，遍布各个领域。

3）网络化

计算机网络是计算机技术发展中崛起的又一个重要分支，是现代通信技术与计算机技术结合的产物。计算机网络将不同地理位置上具有独立功能的不同计算机通过通信设备和传输介质互连起来，在通信软件的支持下，实现网络中的计算机之间共享资源、交换信息、协同工作。计算机网络的发展水平已成为衡量国家现代化程度的重要指标，在社会经济发展中发挥着极其重要的作用。进入 20 世纪 90 年代之后，计算机网络已经广泛应用于政府、学校、企业、科研、家庭等领域，越来越多的人接触并了解到计算机网络的概念。

4）多媒体化

多媒体化是指计算机具有全数字式、全动态、全屏幕播放、编辑和创作多媒体信息的功能，具备控制和传输多媒体电子邮件、电视会议等多种功能。计算机的多媒体化使计算机由办公室、实验室中的专用品变为信息社会的普通工具，广泛地应用于工业生产管理、学校教育、公共信息咨询、商业广告、军事指挥与训练，甚至家庭生活与娱乐等领域。

5）智能化

智能化指计算机的处理能力智能化，就是让计算机来模拟人的感觉、行为、思维过程的机理，使计算机具备"视觉""听觉""语言""行为""思维""学习""证明"等能力，这也是第五代计算机要实现的目标。智能化的发展将使各种知识库及人工智能技术得到进一步普及，人们将用自然语言和机器对话。计算机将从以数值计算为主过渡到以知识推理为主，从而使计算机进入知识处理阶段。

未来计算机将是微电子技术、光学技术、超导技术和电子仿生技术相结合的产物。20 世纪 90 年代中期，第一台超高速光子数字计算机研制成功，其运算速度比电子计算机快 1000 倍。相信在不久的将来，超导计算机、神经网络计算机、量子计算机等全新的计算机也会诞生，计算机将会发展到一个更高、更先进的水平。

1.2 信息科学与信息技术

信息科学是以信息为主要研究对象，以信息的运动规律和应用方法为主要研究内容，以计算机相关技术为主要研究工具，以扩展人类的信息功能为主要目标的一门新兴综合性学科。信息科学是由信息论、控制论、计算机科学、仿生学、系统工程与人工智能等学科互相渗透、互相结合而形成的。

在信息科学中，常见的 3 个基本概念简介如下。

1）信息

世界充满信息（information），信息的内容千差万别，有的是能看得见、摸得着的有形的客观事物，如物体形状的大小、人体的胖瘦、花卉的颜色等；有的是看不见、摸不着的抽象的事物和概念，如天气的冷暖、价格的高低、味道的酸甜等。一般来说，信息是客观事物状态和特征的反映，是关于事物运动状态和规律的表征，也是关于事物运动的知识。日常生活中，符号、信号或消息所包含的信息可以帮助人类消除对客观事物认识的不确定性。

在计算机中，数据是信息的载体，数据均以二进制编码形式（0 和 1 组成的字符串）表示。信息和数据是两个相互联系、相互依存又相互区别的概念。数据是信息的表示形式，而信息是数据所表达的含义。例如，100km 是一项数据，但这一数据除了数字上的意义外，并不表示任何内容，而汽车已走了 100km 是对数据的解释，这就是信息。

2）信息系统

信息系统是一个由人、计算机及外围设备等组成的，能进行信息收集、传送、存储、维护和使用的系统，管理信息系统、决策支持系统、银行信息系统等都属于这个范畴。

3）信息技术

信息技术（information technology，IT）是管理和处理信息所采用的各种技术的总称。通常，信息技术是指利用电子计算机和现代通信手段获取、传递、存储、处理、显示和分配信息的技术。信息技术的应用包括计算机硬件和软件、网络通信技术、应用软件开发工具等。

1.3 信息的表示及存储

在计算机应用领域中经常使用信息和数据这两个概念，它们既有区别又紧密相关。

信息通常是指人们所关心的事情的消息或知识。同一消息或知识对不同的人、群体可能具有不同的意义，只有对接收者的行为或思想活动产生影响时，才能称为信息。信息可脱离原物质而借助于载体传输；载体以某种特殊的变化和运动反映信息的内容，并使接收者可以感知。

数据是信息的载体，在于反映信息的内容，并可被接收者识别，因此数据是信息的具体表现形式，信息是数据的含义。数据可分为两类：一类是数值数据，对这类数据可进行算术运算并得到明确的数值概念，如正数、负数、小数与整数；文字、声音、图像等归为另一类非数值数据。信息和数据形影不离，信息处理的本质就是数据处理，主要目标是获取有用的信息。

在不影响对问题理解的情况下，常把"信息"和"数据"这两个术语不加区别地使用。

1.3.1 信息存储单位

在计算机内部，各种信息都以二进制的形式出现。因此，计算机内的信息必然是以二进制编码形式存储的。这些信息的多少，需要用某个计量单位表达。在计算机中，信息的单位常采用位、字节、字、机器字长等几类。

1）位（bit）

位是度量数据的最小单位，为 1 位二进制数。它是信息表示中的最小单位，称为"信息基本单位"。

2）字节（byte，B）

字节由 8 位二进制位组成，即 1 B= 8 bit。计算机在存储数据时，通常把 8 位二进制数看作一个存储单元，称为 1 字节。字节是信息存储中最常用的单位，也是计算机存储信息的"基本单位"。

计算机的存储器通常都是用多少字节来表示它的容量的。常用的单位有：

（1）KB（千字节），$1KB = 2^{10}B = 1024B$；

（2）MB（兆字节），$1MB = 2^{20}B = 1024KB$；

（3）GB（吉字节），$1GB = 2^{30}B = 1024MB$；

（4）TB（太字节），$1TB = 2^{40}B = 1024GB$。

3）字（word）

字由若干个字节组成，并可作为一个独立的信息单位进行处理。字又称为计算机字，它的含义取决于机器的类型、字长以及使用者的要求，不同的计算机系统的字长不同，常用的固定字长有 8 位、16 位、32 位、64 位等。

4）机器字长

机器字长一般是指参加运算的寄存器所存储的二进制数的位数，它代表了机器的精度。机器的功能设计决定了机器的字长。字长越长，存放数的范围越大，精度越高。一般情况下，大型机用于数值计算，为保证足够的计算精度，需要较长的字长，如 64 位、128 位等；而小型机、微型机的一般字长为 16 位、32 位等。

1.3.2　计数制

1. 计数制的基本概念

在日常生活中，人们常用十进制来表述事物的量，即逢 10 进 1。实际上，这只不过是人们的习惯而已，并非必须的。生活中也常常遇到其他进制，如六十进制（每分钟 60s、每小时 60min，即逢 60 进 1）和十二进制（计量单位"一打"）。

在计算机中，最常用的是二进制，这是因为计算机是由千千万万个电子元件（如电容、电感、三极管等）组成的，这些电子元件一般都只有两种稳定的工作状态（如二极管的截止和导通），使用高、低两个电位表示"1"和"0"，在物理上最容易实现。

二进制的书写一般比较长，而且容易出错。因此，计算机中还用到了八进制和十六进制。一般用户与计算机打交道并不直接使用二进制数，而是十进制数（或八进制、十六进制数），然后由计算机自动转换为二进制数。但对于使用计算机的人员来说，了解不同进制数的特点及它们之间的转换是必要的。

2. 进位计数制

按进位的方法进行计算，称为进位计数制。

1）计数符号

每一种进制都有固定数目的计数符号。

十进制：10 个记数符号(0、1、2、…、9)；

二进制：2 个记数符号(0 和 1)；

八进制：8 个记数符号(0、1、2、…、7)；

十六进制：16 个记数符号(0～9、A、B、C、D、E、F)，其中 A～F 对应十进制的 10～15。

2）进位计数制三要素：数位、基数和位权。

（1）数位：指数码在一个数中所处的位置，用 ±n 表示。

（2）基数：指在某种计数制中，每个数位上所能使用的数码的个数，用 R 表示；对于 R 进制数，它的最大数符为 $R-1$。例如，二进制数的最大数符是 1，而八进制数的最大数符是 7。每个数符只能用一个字符来表示。

（3）位权：指在某种计数制中，每个数位上数码所代表的数值的大小。例如，一个数 257，如果把它看成十进制数，则 2 表示 2×10^2，5 表示 5×10^1，7 表示 7×10^0；如果把它看成八进制数，则 2 表示 2×8^2，5 表示 5×8^1，7 表示 7×8^0。

3. 进位计数制的基本特点

R 进位计数制的基本特点：

（1）逢 R 进一；

（2）采用位权表示。

例 1.1　十进制数 3058.72 可表示为

$(3058.72)_{10} = 3 \times 10^3 + 0 \times 10^2 + 5 \times 10^1 + 8 \times 10^0 + 7 \times 10^{-1} + 2 \times 10^{-2}$

例 1.2　二进制数 10111.01 可表示为

$(10111.01)_2 = 1 \times 2^4 + 0 \times 2^3 + 1 \times 2^2 + 1 \times 2^1 + 1 \times 2^0 + 0 \times 2^{-1} + 1 \times 2^{-2}$

例 1.3　十六进制数 3AB.65 可表示为

$(3AB.65)_{16} = 3 \times 16^2 + A \times 16^1 + B \times 16^0 + 6 \times 16^{-1} + 5 \times 16^{-2}$

4. **数制的表示方法**

1）后缀表示法

二进制数 ⟶ 1101B　　123D ⟵ 十进制数

八进制数 ⟶ 327O　　3B7H ⟵ 十六进制数

2）下标表示法

二进制数 ⟶ $(1101)_2$　　$(123)_{10}$ ⟵ 十进制数

八进制数 ⟶ $(327)_8$　　$(3B7)_{16}$ ⟵ 十六进制数

由于十进制最常用，所以通常将十进制的后缀（下标）省略。

5. **不同进位计数制之间的转换**

人们日常生活中使用的是十进制数，在计算机内部，各种信息都以二进制的形式表示，但二进制数读写很不方便。由于八进制数、十六进制数与二进制数有着简单直观的对应关系，在程序开发、调试及阅读机器内部代码时，人们经常使用八进制数或十六进制数来表示等价的二进制数，因此要掌握不同进位计数制之间的转换。

1）二进制数、八进制数、十六进制数转换为十进制数

采用"按权展开，相加求和"的方法，即用多项式展开，然后逐项累加。

例如：$(1001.1)_2 = 1 \times 2^3 + 0 \times 2^2 + 0 \times 2^1 + 1 \times 2^0 + 1 \times 2^{-1}$

$\qquad\qquad = 8 + 1 + 0.5$

$\qquad\qquad = (9.5)_{10}$

$(345.73)_8 = 3 \times 8^2 + 4 \times 8^1 + 5 \times 8^0 + 7 \times 8^{-1} + 3 \times 8^{-2}$

$\qquad\qquad = 192 + 32 + 5 + 0.875 + 0.046875$

$\qquad\qquad = (229.921875)_{10}$

$(A3B.E5)_{16} = 10 \times 16^2 + 3 \times 16^1 + 11 \times 16^0 + 14 \times 16^{-1} + 5 \times 16^{-2}$

$\qquad\qquad = 2560 + 48 + 11 + 0.875 + 0.01953125$

　　　　= (2619.89453125)$_{10}$

2）十进制数转换为二进制数、八进制数、十六进制数

将十进制数转换为基数为 R 的等效表示时，可将此数分成整数与小数两部分分别转换，然后再拼接起来即可实现。

十进制整数转换成 R 进制的整数，可以用十进制整数部分连续地除以 R，直到商为零为止。其余数为 R 进制的各位数码。此方法称为 "除 R 取余法"。

例如，将(57)$_{10}$转换为二进制数：(57)$_{10}$ = (111001)$_2$。

$$
\begin{array}{r|l}
2 & 57 \\
2 & 28 \\
2 & 14 \\
2 & 7 \\
2 & 3 \\
2 & 1 \\
& 0
\end{array}
\quad
\begin{array}{l}
\text{余数} \\
1 \\
0 \\
0 \\
1 \\
1 \\
1
\end{array}
\quad
\begin{array}{l}
\uparrow 低位 \\
\\
\\
\\
| 高位
\end{array}
$$

类似地，将(153)$_{10}$转换为八进制数：(153)$_{10}$ = (231)$_8$。

$$
\begin{array}{r|l}
8 & 153 \\
8 & 19 \\
8 & 2 \\
& 0
\end{array}
\quad
\begin{array}{l}
\text{余数} \\
1 \\
3 \\
2
\end{array}
\quad
\begin{array}{l}
\uparrow 低位 \\
\\
| 高位
\end{array}
$$

将(286)$_{10}$转换为十六进制数：(286)$_{10}$ = (11E)$_{16}$。

$$
\begin{array}{r|l}
16 & 286 \\
16 & 17 \\
16 & 1 \\
& 0
\end{array}
\quad
\begin{array}{l}
\text{余数} \\
\text{E} \\
1 \\
1
\end{array}
\quad
\begin{array}{l}
\uparrow 低位 \\
\\
| 高位
\end{array}
$$

十进制小数转换成 R 进制小数时，可将小数部分连续地乘以 R，直到小数部分为 0 或者达到所要求的精度为止（小数部分可能永不为零），得到的整数即组成 R 进制的小数部分，此法称为 "乘 R 取整法"。

例如，将(0.3125)$_{10}$转换成二进制数：(0.3125)$_{10}$ = (0.0101)$_2$。

$$
\begin{array}{r}
0.3125 \\
\times \quad 2 \\
\hline
0.6250 \\
\times \quad 2 \\
\hline
1.2500 \\
\times \quad 2 \\
\hline
0.5000 \\
\times \quad 2 \\
\hline
1.0000
\end{array}
\quad
\begin{array}{l}
\text{取整数} \\
\\
0 \\
\\
1 \\
\\
0 \\
\\
1
\end{array}
\quad
\begin{array}{l}
高位 \\
\\
\\
\\
\\
\\
\downarrow 低位
\end{array}
$$

要注意的是，十进制小数通常不能准确地换算为等值的二进制小数（或其他 R 进制小数），因为存在换算误差。

例如，将(0.5627)$_{10}$转换成二进制数：(0.5627)$_{10}$ ≈ (0.10010)$_2$。

$$
\begin{array}{r}
0.5627 \\
\times \quad 2 \\
\hline
1.1254 \\
\times \quad 2 \\
\hline
0.2508 \\
\times \quad 2 \\
\hline
0.5016 \\
\times \quad 2 \\
\hline
1.0032 \\
\times \quad 2 \\
\hline
0.0064
\end{array}
$$

整数

...... 1 ⎤ 高位

...... 0

...... 0

...... 1

...... 0 ↓ 低位

此过程会不断进行下去（小数位达不到 0），因此只能取到一定精度。

综上，若将十进制数 57.3125 转换成二进制数，即可分别进行整数部分和小数部分的转换，然后再拼在一起：$(57.3125)_{10} = (111001.0101)_2$

若将十进制转换为八进制或十六进制数，简便运算是先把十进制数转换成二进制数，再将二进制数转换成八进制数或十六进制数。

3）二进制、八进制、十六进制数的相互转换

因为 $2^3 = 8$，$2^4 = 16$，所以 3 位二进制数对应 1 位八进制数，4 位二进制数对应 1 位十六进制数。二进制数转换为八、十六进制数比转换为十进制数容易得多。因此，常用八、十六进制数来表示二进制数，表 1-1 列出了它们之间的对应关系。

表 1-1   十进制数、二进制数、八进制数和十六进制数之间的对应关系

十进制（D）	二进制（B）	八进制（O）	十六进制（H）	十进制（D）	二进制（B）	八进制（O）	十六进制（H）
0	0000	0	0	8	1000	10	8
1	0001	1	1	9	1001	11	9
2	0010	2	2	10	1010	12	A
3	0011	3	3	11	1011	13	B
4	0100	4	4	12	1100	14	C
5	0101	5	5	13	1101	15	D
6	0110	6	6	14	1110	16	E
7	0111	7	7	15	1111	17	F

将二进制数以小数点为中心分别向两边分组，转换成八（或十六）进制数，每 3（或 4）位为一组，不够位数在两边加 0 补足，然后将每组二进制数化成八（或十六）进制数即可。

例如，将$(1011010.100)_2$转换成八进制数和十六进制数：

001 011 010 . 100 $(1011010.100)_2 = (132.4)_8$

1   3   2   . 4

0101 1010 . 1000 $(1011010.1000)_2 = (5A.8)_{16}$

5   A   . 8

将十六进制数 F7.28 变为二进制数：

$$F \quad 7 \quad . \; 2 \quad 8 \qquad (F7.28)_{16} = (11110111.00101)_2$$

1111 0111 . 0010 1000

将八进制数 25.63 转换为二进制数：

$$2 \quad 5 \; . \; 6 \quad 3 \qquad (25.63)_8 = (10101.110011)_2$$

010 101 . 110 011

1.3.3　二进制数的运算

在计算机中，所有类型的数据都以二进制代码形式进行存储和处理。

1. 二进制数的算术运算

（1）二进制加法，其运算规则如下：

$0+0=0 \quad 0+1=1 \quad 1+0=1 \quad 1+1=0$（进位为 1）

例 1.4　完成下面八位二进制数的加法运算。

解　二进制加法运算的竖式运算过程如下：

```
    0 0 0 0 1 0 1 0          1 0 0 1 0 0 1 0  ←── 被加数
  + 1 1 0 1 0 0 0 1        + 0 1 0 1 0 0 1 1  ←── 加数
  ─────────────────          0 0 1 0 0 1 0    ←── 进位
    1 1 0 1 1 0 1 1        ─────────────────
                            1 1 1 0 0 1 0 1    ←── 和数
```

（2）二进制减法，其运算规则如下：

$0-0=0 \quad 1-0=1 \quad 1-1=0 \quad 0-1=1$（有借位时借 1 当 2）

例 1.5　完成下面八位二进制数的减法运算。

解　二进制减法运算的竖式运算过程如下：

```
    1 1 1 1 0 0 1 0          1 0 0 1 0 0 1 0  ←── 被减数
  - 1 1 0 0 0 0 0 0        - 0 1 0 1 0 0 1 1  ←── 减数
  ─────────────────          1 1 1 1 1 1 1    ←── 借位
    0 0 1 1 0 0 1 0        ─────────────────
                            0 0 1 1 1 1 1 1    ←── 差数
```

（3）二进制乘法，其运算规则如下：

$0 \times 0 = 0 \quad 0 \times 1 = 0 \quad 1 \times 0 = 0 \quad 1 \times 1 = 1$

（4）二进制除法，其运算规则如下：

$0 \div 1 = 0 \quad 1 \div 1 = 1 \quad 0 \div 0$ 和 $1 \div 0$ 均无意义

例 1.6　完成下面二进制数的乘法和除法运算。

解　完成二进制乘/除法运算的竖式运算过程如下：

```
      1 1 0 1  ←── 被乘数                    1 0 0 0 1  ←── 商
   ×  1 0 1 0  ←── 乘数         1 0 1 1 ) 1 0 1 1 1 0 1 1  ←── 被除数
   ───────────                           1 0 1 1
      0 0 0 0  ⎫                        ───────────
      1 1 0 1  ⎬ 部分积     除数           1 0 1 1
      0 0 0 0  ⎪                          1 0 1 1
      1 1 0 1  ⎭                        ───────────
   ───────────                                   0  ←── 余数
 1 0 0 0 0 0 1 0  ←── 乘积
```

2. 二进制数的逻辑运算

逻辑运算是计算机运算的一个重要组成部分。计算机通过各种逻辑功能电路，利用逻辑代数的规则进行各种逻辑判断，从而使计算机具有逻辑判断能力。

逻辑代数的奠基人是布尔，所以逻辑代数又称为布尔代数。布尔代数利用符号来表达和演算事物内部的逻辑关系。在逻辑代数中，逻辑事件之间的逻辑关系用逻辑变量和逻辑运算来表示。逻辑代数中有三种基本的逻辑运算，即"与""或""非"。在计算机中，逻辑运算也以二进制数为基础，分别用"1"和"0"来代表逻辑变量的"真""假"值。

二进制数的逻辑运算包括了"与""或""非""异或"等；逻辑运算是按位操作，即根据两个操作数对应位的情况来确定本位的输出，而与其他相邻位无关。

（1）"或"逻辑运算，也称逻辑加，运算符为"＋"或"∨"，其运算规则如下：

$0 \vee 0 = 0$　　$0 \vee 1 = 1$　　$1 \vee 0 = 1$　　$1 \vee 1 = 1$

即"见 1 为 1，全 0 为 0"。

（2）"与"逻辑运算，也称逻辑乘，运算符为"×"或"∧"，其运算规则如下：

$0 \wedge 0 = 0$　　$0 \wedge 1 = 0$　　$1 \wedge 0 = 0$　　$1 \wedge 1 = 1$

即"见 0 为 0，全 1 为 1"。

例 1.7　求八位二进制数$(10100110)_2$ 和$(11100011)_2$ 的逻辑"与"和逻辑"或"。

解　逻辑运算只能按位操作，其竖式运算的运算方法如下：

$$
\begin{array}{r}
1\,0\,1\,0\,0\,1\,1\,0 \\
\vee\ 1\,1\,1\,0\,0\,0\,1\,1 \\
\hline
1\,1\,1\,0\,0\,1\,1\,1
\end{array}
\qquad
\begin{array}{r}
1\,0\,1\,0\,0\,1\,1\,0 \\
\wedge\ 1\,1\,1\,0\,0\,0\,1\,1 \\
\hline
1\,0\,1\,0\,0\,0\,1\,0
\end{array}
$$

所以

$$(10100110)_2 \vee (11100011)_2 = (11100111)_2$$

$$(10100110)_2 \wedge (11100011)_2 = (10100010)_2$$

（3）"非"逻辑运算，运算符为"～"，其运算规则为非 0 则为 1，非 1 则为 0。

（4）"异或"逻辑运算，运算符为"⊕"，其运算规则为如果参加运算的两位相同，则结果为 0，否则结果为 1。

例 1.8　设 $M = 10010101B$，$N = 00001111B$，求$\sim M$、$\sim N$ 和 $M \oplus N$。

解　由于 $M = 10010101B$，$N = 00001111B$，则有$\sim M = 01101010B$，$\sim N = 11110000B$。

$$
\begin{array}{r}
1\,0\,0\,1\,0\,1\,0\,1 \\
\oplus\ 0\,0\,0\,0\,1\,1\,1\,1 \\
\hline
1\,0\,0\,1\,1\,0\,1\,0
\end{array}
$$

所以 $M \oplus N = 10011010B$。

1.3.4　数值数据的表示

1. 带符号数的表示

在计算机内部，数字和符号都用二进制码表示，两者合在一起构成数的机内表示形式，称为机器码，而它真正表示的数值称为这个机器码的真值。数的正、负是用 0 和 1 来表示的，用

0 表示正，用 1 表示负，一般将数的最高位作为符号位。例如，数 54 的二进制数为 110110，在机器中用 8 位二进制数表示 +54，其格式为

符号位，0 表示正

而用 8 位二进制数表示–54，其格式为

符号位，1 表示负

常用的机器码有原码、反码和补码三种。

1）原码

原码的定义：其最高位为符号位，0 表示正，1 表示负，其余位数表示该数的绝对值。通常用[X]原表示 X 的原码。

例如，$(19)_{10} = (10011)_2$，$(39)_{10} = (100111)_2$，那么用 8 位二进制数表示为

$$[+19]_原 = 00010011$$
$$[-39]_原 = 10100111$$

由于[+0]原 = 00000000，[-0]原 = 10000000，所以，在计算机中 0 的表示有+0 和 – 0 两种。

2）反码

反码的定义：正数的反码与原码相同，负数的反码是把其原码除符号位外的各位按位取反，即 0 变为 1，1 变为 0。通常用[X]反表示 X 的反码。例如：

$$[+44]_反 = [+44]_原 = 00101100$$

由于[-34]原 = 10100010，所以[-34]反 = 11011101。

[+0]反 = [+0]原 = 00000000，[-0]原 = 10000000，[-0]反 = 11111111，因此 0 的反码表示有两种。

3）补码

补码的定义：正数的补码与原码相同，而负数的补码是在其反码的最低有效位上加 1。通常用[X]补表示 X 的补码。例如：

$$[+12]_补 = [+12]_原 = 00001100$$

由于[-35]原 = 10100011，而[-35]反 = 11011100，所以[-35]补 = 11011101。

[+0]补 = [+0]原 = 00000000，[-0]反 = 11111111，规定[-0]补 = 00000000（溢出部分忽略），这样在用补码表示时，0 的表示方法就唯一了。

当机器数的位数是 8 时，补码表示的范围是[-128，127]。

2. 定点数和浮点数

计算机中参与运算的数有整数，也有小数。小数的表达有两种约定：一种是规定小数点的位置固定不变，这时的机器数称为定点数；另一种是小数点的位置是可以浮动的，这时的机器

数称为浮点数。

1）定点表示法

数的定点表示是指数据字中的小数点的位置是固定不变的。小数点位置可固定在符号位之后，这时的数据字就表示一个纯小数。

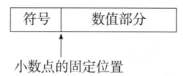

小数点的固定位置

例如，用 8 位字长的定点数表示 -0.125：$(-0.125)_{10} = (-0.001)_2$

它在机器中的表示为

符号位 小数点　数值部分

如果把小数点位置固定在数据字的最后，这时数据字就表示一个纯整数。

小数点的固定位置

例如，用 8 位字长的定点数表示十进制数 $+27$：$(+27)_{10} = (00011011)_2$

它在机器中的表示为

符号位　　　数值部分　　小数点

定点表示法所能表示的数值范围很有限，为了扩大定点数的表示范围，可通过编程技术采用多字节来表示一个定点数。

2）浮点表示法

浮点表示法就是小数点在数据字中的位置是浮动的。在以数值计算为主要任务的计算机中，在同样字长的情况下，浮点数表示的数的范围比定点数大。

浮点数在计算机中用于近似表示任意某个实数。具体地说，这个实数由一个整数或定点数（即尾数）乘以某个基数（计算机中通常是 2）的整数次幂（称为阶码）得到，这种表示方法类似于基数为 10 的科学记数法。不管是阶码还是尾数都是有符号数。设任意一个数 N，可表示为 $N = 2^E M$。其中，2 为基数，E 为阶码，M 为尾数。浮点数在机器中的表示方法如下：

阶码部分　　　　．　　　　尾数部分

例如，二进制数 -110101101.01101 可以写成 $-0.110101101101101 \times 2^{1001}$，这个数在机器中的格式为（阶码用 8 位表示，尾数用 24 位表示）

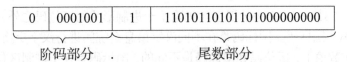

当浮点数的尾数为零或阶码为最小值时，机器通常规定，把该数看作零，称为"机器零"。在浮点数的和运算中，当一数的阶码大于机器所能表示的最大码时会产生"上溢"。上溢时机器一般不再继续运算而转入"溢出"处理。当一个数的阶码小于机器所能代表的最小阶码时会产生"下溢"，下溢时一般当作"机器零"来处理。

1.3.5　非数值数据的表示

1. BCD 码

编码是按一定规则组合而成的若干位二进制码，用来表示数或字符。BCD 码是用若干二进制数字表示十进制数。BCD 码不是一个二进制数，不能直接用于计算机内部的计算。BCD 码的转换方法是将要转换的十进制数的每一位用四位二进制数来表示，整数前及小数末尾的零不可省略。

例如，$(2586)_{10}$　$\dfrac{(0010\ 0101\ 1000\ 0110)_{\text{BCD}}}{2\quad\ 5\quad\ 8\quad\ 6}$

2. ASCII 码

计算机中使用 ASCII 码（美国标准信息交换代码）表示西文字符。ASCII 码使用 7 位二进制数码表示一个字符，用 1 字节来存放，其最高位为 0，可以表示 128 个不同字符，其中前 32 个和最后一个通常是计算机系统专用的，代表不可见的控制字符。

数字字符 0~9 的 ASCII 码是连续的，为 30H~39H（H 代表十六进制数）；大写英文字母 A~Z 和小写英文字母 a~z 的 ASCII 码也是连续的，分别为 41H~5AH 和 61H~7AH。因此，在知道一个字母或数字的 ASCII 码后，很容易推算出其他字母和数字的编码。例如，数字 0 的 ASCII 码为 0110000B（B 代表二进制），等于十进制的 48，可推算数字 5 的 ASCII 码应该是十进制数 48 + 5，即 53；大写字母 A 的 ASCII 码为 1000001B，等于十进制数 65，那么，大写字母 E 的 ASCII 码就应该为十进制数 65 + 4，即 69。

3. 汉字输入码

汉字输入码，又称"外部码"，简称"外码"，指用户从键盘上输入代表汉字的编码。根据所采用输入方法的不同，外码可以分为数字编码（如区位码）、字形编码（如五笔字型）、字音编码（如各种拼音输入法）和音形码 4 类。

区位码是一种最通用的汉字输入码，是根据我国国家标准《信息交换用汉字编码字符集基本集》(GB 2312—1980)，将 6763 个汉字和一些常用的图形符号分为 94 个区，按每区 94 个位的方法将它们定位在一张表上，成为区位码表。其中，1~9 区分布的是一些符号；10~15 区为自定义符号区，未编码；16~55 区为一级字库，共 3755 个汉字，按音序排列；56~87 区为二级字库，共 3008 个汉字，按部首排列；88~94 区为用户自定义汉字区（未编码）。

区位码表中，每个汉字或符号的区位码由 2 字节组成，第一字节为区码，第二字节为位码，区码和位码分别用一个两位的十进制数来表示，如"啊"字位于 16 区第 01 位，则"啊"字的区位码为区码 + 位码，即 1601。

国家标准 GB 2312—1980 中的汉字代码除了十进制形式的区位码之外，还有一种十六进制形式的编码，称为国标码。国标码是在不同汉字信息系统间进行汉字交换时所使用的编码。需要注意的是，在数值上，区位码和国标码是不同的，国标码是在十进制区位码的基础上区码和位码分别加十进制数 32。

4. 汉字机内码

汉字机内码又称"机内码"，简称"内码"，由扩充 ASCII 码所组成，指计算机内部存储、处理加工和传输汉字时所用的由 0 和 1 符号组成的代码。输入码被接收之后，就由汉字操作系统的"输入码转换模块"将其转换为机内码，与所采用的键盘输入法（汉字输入码）无关。机内码是汉字最基本的编码，不管是什么汉字系统和汉字输入方法，输入的汉字的外码都要转换成机内码，才能被存储和进行各种处理。

我们通常所说的内码是指国标内码，即 GB 内码。GB 内码用 2 字节来表示（即 1 个汉字要用 2 字节来表示），每字节的高位为 1，以确保 ASCII 码的西文与双字节表示的汉字之间的区别。

机内码与区位码的转换过程：将十进制区位码的区码和位码首先分别转换成十六进制，再分别加上十六进制数 A0 构成。

5. 汉字字形存储码和汉字字库

1）字形存储码

字形存储码也称汉字字形码，是存放在字库中的汉字字形点阵码。不同的字体和表达能力有不同的字库，如黑体、仿宋体、楷体等是不同的字体，点阵的点数越多时一个字的表达质量也越高，也就越美观。一般用于显示的字形码是 16×16 点阵的，每个汉字在字库中占 16×16/8 = 32 字节；一般用于打印的是 24×24 点阵字形，每个汉字占 24×24/8 = 72 字节；一个 48×48 点阵字形，每个汉字占 48×48/8 = 288 字节。

只有在中文操作系统环境下才能处理汉字，操作系统中有各种汉字代码转换模块，在不同场合下调用不同的转换模块工作。汉字以某种输入方案输入时，就由与该方案对应的输入转换模块将其变换为机内码存储起来。输出时先把机内码转换为地址码，再根据地址在字库中找到字形存储码，然后根据输出设备的型号、特性及输出字形特性使用相应转换模块把字形存储码转换为字形输出码，再把这个码送至输出设备输出。

2）汉字字库

一个汉字的点阵字形信息称为该字的字形。字形也称字模（沿用铅字印刷中的名词），两者在概念上没有严格的区分。存放在存储器中的常用汉字和符号的字模集合就是汉字字形库，也称汉字字模库，或称汉字点阵字库，简称汉字字库。

汉字字库容量的大小取决于字模点阵的大小，见表 1-2。

表 1-2 常用的汉字点阵字库情况

类型	点阵	每字所占字节数	字数	字库容量
简易型	16×16	32	8192	256KB
普及型	24×24	72	8192	576KB

续表

类型	点阵	每字所占字节数	字数	字库容量
提高型	32 × 32	128	8192	1MB
	48 × 48	288	8192	2.25MB
精密型	64 × 64	512	8192	4MB
	256 × 256	8192	8192	64MB

16 × 16 点阵用于显示要求不高的打印输出。24 × 24 点阵汉字字形较美观，多为宋体字，字库容量较大，在要求较高时使用，如在高分辨率的显示器上用作显示字模，可以满足事务处理的打印，也可用于一般报刊、书籍的印刷。32 × 32 点阵汉字可以更好地体现字形风格，表现笔锋，字库更大，常在使用激光打印机的印刷排版系统上采用。64 × 64 及以上的点阵汉字（最高可达 720×720）属于精密型汉字，表现力更强，字体更多，但字库十分庞大，只有在要求很高的书刊、报纸及广告等的出版工作中才使用。实际使用的字库文件，16 × 16 点阵的 CCLIB 文件大小为 237632 字节（232KB），24 × 24 点阵的 CCLIB24 文件大小为 607KB。

6. 汉字处理流程

汉字通过输入设备将外码送入计算机，再由汉字系统将其转换成内码进行存储、传送和处理；输出时再由汉字系统调用字库中汉字的字形码得到结果，过程如图 1-6 所示。

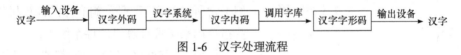

图 1-6 汉字处理流程

第2章　计算机系统概述

现在，计算机已发展成由巨型机、大型机、中型机、小型机和微型机组成的一个庞大的计算机家族，其中每个成员尽管在规模、性能、结构和应用等方面存在着很大差别，但它们的基本组成结构是相同的。一个完整的计算机系统是由硬件系统和软件系统两大部分组成的，如图 2-1 所示。计算机运行一个程序，既需要一定的硬件设备，也需要一定的软件环境支持。硬件系统是构成计算机系统的各种物理设备的总称，是看得见、摸得着的固体，通常包括主机、输入/输出设备、电源等，是计算机完成各种任务、功能的物质基础。软件系统是指在计算机硬件系统上运行的各种程序及文档的总和，是看不见、摸不着的东西，可提高计算机的工作效率，扩大计算机的功能。硬件是计算机的实体，软件是计算机的灵魂，二者缺一不可。

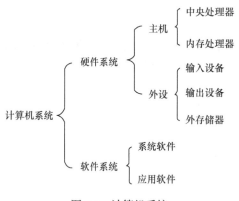

图 2-1　计算机系统

人们平时所说的计算机一般是指计算机的硬件系统。但从严格意义上说，计算机应包括硬件系统和软件系统，两者缺一不可。硬件系统是计算机应用的基础，它包括了各种设备；软件系统就是人们平常所说的程序，是一组有序的计算机指令，这些指令用来指挥计算机硬件系统工作。

任何可用软件实现的功能都能够用硬件来实现，反之亦然，这被称作硬件与软件的逻辑等价性。简单来说，就是随着大规模集成电路技术的发展和软件硬化的趋势，计算机系统的软、硬界限变得模糊。对于某一机器功能采用硬件方案还是软件方案，取决于器件价格、速度、可靠性、存储容量和变更周期等因素。

现在还可把许多复杂的、常用的程序制作成固件，即在形态上是硬件，在功能上是软件；本来要通过执行软件来实现的某种功能，可以直接通过硬件来实现。在未来，传统软件部分很有可能会逐渐"固化"甚至"硬化"。

2.1　计算机的基本组成与工作原理

2.1.1　计算机的基本组成

计算机发展至今，尽管在规模、速度、性能、应用领域等方面存在着很大的差别，但其逻辑结构仍然沿袭着冯·诺依曼结构，如图 2-2 所示。

计算机硬件由运算器、控制器、存储器、输入设备和输出设备五大部件组成。存储器包括内存储器和辅助存储器。内存储器简称内存，由高速缓冲存储器（cache）和主存储器组成。主存储器简称主存，由只读存储器（read-only memory，ROM）和随机存储器（random access machine，RAM）组成。运算器和控制器通常集成在同一个芯片上，称为中央处理器（central processing unit，CPU）。现代 CPU 芯片上除了集成运算器和控制器外，还有片内高速缓冲存储器。CPU 和内存合在一起称为主机。人们将完成信息输入 CPU 或内存储器中的设备称为输入设备，而将完成 CPU 或内存储器中的信息输出的设备称为输出设备。辅助存储器简称辅存，由于位于主机之外，所以又称为外存储器，简称外存。辅存中的信息既可以读出又可以写入，因此辅存为输入/输出设备。输入设备、输出设备和辅助存储器都位于主机之外，因此称为外围设备，简称外设。由于外设的作用是完成输入/输出操作，所以外设又被称为 I/O（输入/输出）设备。I/O 设备由适配器或接口电路、输入/输出设备本身组成。

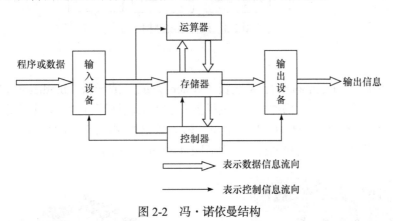

图 2-2　冯·诺依曼结构

2.1.2　计算机的工作原理

　　预先把指挥计算机如何进行操作的指令序列（称为程序）和原始数据输入计算机内存中，每一条指令中明确规定了计算机从主存的什么地方取数，进行什么操作，然后送到主存的什么地方等步骤。

　　计算机在运行时，先从内存中取出第 1 条指令，通过控制器的译码器接收指令的要求，再从存储器中取出数据进行指定的运算或逻辑操作等，然后再把结果送到内存中去。接下来取出第 2 条指令，在控制器的指挥下完成规定操作，依次进行下去，直到遇到停止指令。

　　程序与数据一样存储。计算机按照程序编排的顺序，一步一步取出命令，自动完成指令规定的操作，这就是计算机最基本的工作原理。该原理最初由美籍匈牙利数学家冯·诺依曼于 1945 年提出，所以称为冯·诺依曼原理。

2.2　计算机硬件系统

　　计算机硬件系统是指计算机中那些看得见、摸得着的物理设备，它是计算机软件运行的基础。直观地看，计算机硬件系统由主机、显示器、键盘和鼠标等几部分组成；系统地看，计算机硬件系统由五大功能部件组成，即运算器、控制器、存储器、输入设备和输出设备。这五大功能部件相互配合、协同工作。其中，运算器和控制器集成在一片或几片大规模或超大规模集成电路中，称为 CPU。硬件系统采用总线结构，各个部件之间通过总线相连构成一个统一的整体，如图 2-3 所示。

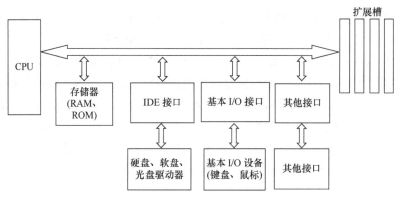

图 2-3　硬件系统结构

2.2.1　主板

主板又称主机板（mainboard）、系统板（systemboard）或母板（motherboard），是安装在机箱内最基本的也是最重要的部件之一。主板上安装了组成计算机的主要电路系统，一般有微处理器插槽、内存储器（ROM、RAM）插槽、输入输出控制电路、扩展插槽、键盘接口、面板控制开关和与指示灯相连的接插件等，如图 2-4 和图 2-5 所示。

图 2-4　BTX 结构主机板

图 2-5　主板上的对外接口

为了和其他设备进行通信，主板上有许多对外接口，主要包括以下对外接口。

（1）硬盘接口：硬盘接口可分为集成驱动电（IDE）接口和串行先进技术总线附属（SATA）接口。在型号老些的主板上多集成 2 个 IDE 接口，而新型主板上 IDE 接口大多缩减，甚至没有，代之以 SATA 接口。

（2）COM 接口（串口）：大多数主板都提供了两个 COM 接口，分别为 COM1 和 COM2，作用是连接串行鼠标和外置调制解调器（modem）等设备。

（3）PS/2 接口：PS/2 接口仅能用于连接键盘和鼠标。一般情况下，鼠标的接口为绿色、键盘的接口为紫色。PS/2 接口的传输速率比 COM 接口稍快一些。

（4）USB 接口：USB 接口是如今最为流行的接口，最大可以支持 127 个外设，并可独立供电，其应用非常广泛。USB 接口可从主板上获得 500mA 的电流，并且支持热拔插，真正做到了即插即用。目前 USB 2.0 和 USB 3.0 接口常同时出现在主板中。

（5）LPT 接口（并口）：一般用来连接打印机或扫描仪。

（6）MIDI 接口：声卡的 MIDI 接口和游戏杆接口是共用的，可以连接各种 MIDI 设备，如 MIDI 键盘等，市面上已很难找到基于该接口的产品。

2.2.2　中央处理器

中央处理器（CPU）由运算器和控制器组成，是所有计算机系统必备的核心部件。

（1）运算器：是对数据进行加工处理的部件，在控制器的作用下与内存交换数据，负责进行各类基本的算术运算、逻辑运算和其他操作。运算器中含有用于暂时存放数据或结果的寄存器，是 CPU 内部的临时存储单元，既可存放数据和地址，又可存放控制信息或 CPU 的状态信息。

（2）控制器：是整个计算机系统的指挥中心，负责对指令进行分析，并根据指令的要求，有序地、有目的地向各个部件发出控制信号，使计算机的各个部件协调一致地工作。

通常把具有多个 CPU 同时去执行程序的计算机系统称为多处理机系统。依靠多个 CPU 同时并行地运行程序是实现超高速计算的一个重要方向，称为并行处理。

CPU 性能主要体现在其运行程序的速度上，而影响运行速度的性能指标包括数据传送的位数（即字长）、CPU 的工作频率、缓存容量、指令系统和逻辑结构等参数。

（1）CPU 传送数据的位数是指计算机在同一时间能同时并行传送的二进制数据的位数。常说的 16 位机、32 位机、64 位机是指该计算机的 CPU 可同时处理 16 位、32 位和 64 位的二进制数据。

（2）主频也称时钟频率，用来表示 CPU 运算、处理数据的速度。通常 CPU 主频越高，CPU 处理数据的速度就越快。主频和实际的运算速度存在一定的关系，但并不是简单的线性关系。CPU 的运算速度还要看总线等各方面的性能指标。

（3）缓存容量也是 CPU 的重要指标之一，对 CPU 速度的影响非常大。实际工作时，CPU 往往需要重复读取同样的数据块，缓存容量增大可大幅度提升 CPU 内部读取数据的命中率，提高系统性能。但由于 CPU 芯片面积和成本的因素的限制，缓存都很小。

世界上第一个 CPU 是由英特尔（Intel）公司于 1971 年推出的 4004，至今经历了五十多年的发展，其处理信息的字长也经历了 4 位、8 位、16 位、32 位直到如今的 64 位，主频从最初的几兆赫到现在的几吉赫，集成度从几千个晶体管到几十亿个晶体管，并且还在不断提高。图 2-6 为两款典型 CPU。

图 2-6　Intel 公司的 CPU

目前，除了 Intel 公司以外，生产 CPU 的著名公司还有 AMD、IBM、Cyrix 等，其中 AMD 大有赶超 Intel 之势。国产的有龙芯，目前最新的龙芯 2F 已经赶上 Intel 中端 P4 的水平。

2.2.3　存储器

在计算机系统中，存储器包括内存储器和外存储器。内存储器容量小、价格贵、断电后数据会丢失（指 RAM），但存取速度快；外存储器容量大、价格低，存取速度慢，但断电后数据不会丢失。内存储器用于存放那些立即要用的程序和数据；外存储器用于存放暂时不用的程序和数据。外存储器中的程序、数据只有调入内存中才能由 CPU 处理，处理的结果常存在外存储器上。

1. 内存储器

计算机中直接与 CPU 交换信息的存储器称为内存储器（或主存储器），它是相对于外存而言的。内存主要用于存放程序和数据（包括原始数据、中间数据和最后结果），所以内存质量好坏与容量大小会影响计算机的运行速度。计算机中的内存条如图 2-7 所示。

图 2-7　内存条

人们平常使用的程序，如即时通信软件、打字软件、游戏等，都安装在硬盘（外存）上，若要使用这些软件的功能，则必须先把它们调入内存中才可运行。通常，内存储器分为只读存储器（ROM）、随机存取存储器（RAM）和高速缓冲存储器（cache）三类。

1）只读存储器

只读存储器是只能从中读数据，不能往里写数据的存储器。ROM 中的内容是厂家制造时用特殊方法写入的，或者利用特殊的写入器才能写入。当计算机断电后，ROM 中的信息不会丢失。当计算机重新被加电后，其中的信息保持不变，仍可被读出。ROM 适宜存放计算机启动的引导程序、启动后的检测程序、系统最基本的输入输出程序、时钟控制程序以及计算机的系统配置和磁盘参数等重要信息，如存储基本输入输出系统（BIOS）参数的 CMOS 芯片。

2）随机存取存储器

随机存取存储器又称随机读写存储器。计算机工作的存储区，一切要执行的程序和数据都要先装入该存储器内。随机的含义是指既能读取数据，也可以写入数据。RAM 有两大特点：一是存储器中的数据可反复使用，只有向存储器写入新数据时，存储器中的内容才被更新；二是存储器中的信息会随着计算机的断电自然消失，所以说 RAM 是计算机处理数据的临时存储区，要把数据长期保存起来，必须将数据保存在外存中。RAM 通常由几个芯片组成一个内存条，如图 2-7 所示。

3）高速缓冲存储器

高速缓冲存储器的读写数据的速度介于 CPU 和内存之间。在计算机工作时，系统先将数据由外存读入 RAM，再由 RAM 读入 cache，然后 CPU 直接从 cache 中取数据进行处理，目的是解决 CPU 和主存储器之间速度不匹配的问题。

2. 外存储器

在计算机系统中，除内存储器外，一般还有外存储器（也称为辅助存储器）。目前，常用的外存储器有硬盘、U 盘、光盘、SD 卡等几种。

1）硬盘

通常，硬盘固定安装在计算机主机箱中，称为固定式硬盘，如图 2-8 所示；移动式硬盘通过 USB 接口和计算机连接，如图 2-9 所示，方便用户携带大容量的数据。

用户关心的硬盘的基本性能参数主要包括容量、转速、传输速率等。

（1）容量：硬盘的容量以兆字节（MB）、吉字节（GB）或太字节（TB）为单位，常见换算式为：1TB = 1024GB，1GB = 1024MB，1MB = 1024KB，而硬盘厂商通常规定 1GB = 1000MB，故人们在格式化硬盘时看到的容量会比厂家的标称值要小。

图 2-8　固定式硬盘　　　　　　　　　　　图 2-9　移动式硬盘

（2）转速：转速（rotational speed 或 spindle speed）是硬盘内电机主轴的旋转速度，也就是硬盘盘片在一分钟内能完成的最大转数。它在很大程度上直接影响硬盘的速度。硬盘转速越快，硬盘寻找文件的速度也就越快，相对的硬盘的传输速率也就越高。家用普通硬盘的转速一般为 5400r/min 和 7200r/min。

（3）传输速率：硬盘的传输速率是指硬盘读写数据的速度，单位为兆字节每秒（MB/s）。硬盘传输速率与硬盘接口类型有关。

硬盘是计算机最主要的部件之一，因此要注意保养。

（1）保持计算机工作环境清洁：除了防尘，环境潮湿或电压不稳定都可能导致硬盘损坏。

（2）养成正确关机的习惯：在硬盘工作时，突然关闭电源可能会导致磁头与盘片猛烈摩擦而损坏硬盘；还会使磁头不能正确复位而造成硬盘的划伤。

（3）正确移动硬盘，注意防震。硬盘高速转动时，轻轻的震动都可能使盘片与读写头相互摩擦而产生盘片坏轨或读写头毁损，因此要等硬盘完全停转后再移动主机。

2）U 盘

U 盘（又称闪盘、优盘）是一种可直接插在 USB 端口上进行读写的新一代外存储器。U盘小巧便于携带、存储容量大、价格便宜且性能可靠。U 盘中无任何机械式装置，抗震性能极强，还有防潮防磁、耐高低温等特性，安全可靠性很好。比起硬盘，USB 2.0 的最大传输速率仍然差许多；但 USB 3.0 的速度较快，最高传输速率大约为 220Mbit/s，可击败普通机械硬盘。

3）光盘

光盘是 20 世纪 70 年代发明的光学存储介质，它利用聚焦的氢离子激光束处理记录介质以存储和再生信息。人们常见的 CD、VCD 和 DVD 都属于光盘，如图 2-10 所示。光盘使用激光进行读写，具有携带方便、存储容量大、读写速度快、信息保存时间长、不易受干扰等特点，是多媒体计算机的关键部件之一。

根据是否可写，光盘分成两类：一类是只读型光盘，包括 CD-Audio、CD-Video、CD-ROM、DVD-Audio、DVD-Video、DVD-ROM 等；另一类是可记录型光盘，包括 CD-R、CD-RW、DVD-R、DVD + R、DVD + RW、DVD-RAM、Double layer DVD + R 等。

4）SD 卡

1999 年，由日本松下公司主导，日本东芝公司和美国 SanDisk 公司联合研发出了 SD 卡（secure digital memory card），它是一种基于半导体闪存工艺的存储卡，如图 2-11 所示。在 2000年，这几家公司发起成立了 SD 协会，吸引了包括 IBM、Microsoft、Motorola、NEC、Samsung等大量厂商参加。在这些领导厂商的推动下，SD 卡已成为目前数码设备中应用最广泛的一种存储卡。SD 卡具有大容量、高性能、安全、易格式化等多种特点，应用领域广泛。

(a) 光驱动器	(b) 光盘

图 2-10　光驱动器和光盘　　　　　　　　　图 2-11　SD 卡

2.2.4　输入输出设备

1．输入设备

输入设备是指计算机输入数据和信息的设备，是人或外部与计算机进行交互的一种装置，用于把原始数据和处理这些数据的程序输入计算机中。计算机能够接收各种各样的数据，既可以是数值型的数据，也可以是各种非数值型数据，如图形、图像、声音等，都可以通过不同类型的输入设备输入计算机中，进行存储、处理和输出。计算机中常用输入设备主要有键盘、鼠标、扫描仪、摄像头、光笔、手写输入板、游戏杆、语音输入装置等。

1）键盘

键盘可将英文字母、数字、标点符号等数据输入计算机中，从而向计算机发出命令、输入数据，指挥计算机的工作。操作者可很方便地利用键盘和显示器与计算机对话，对程序进行修改、编辑、控制和观察计算机的运行。

现在最常用的键盘是 104 键键盘，如图 2-12 所示，其布局按照不同的功能分为四个区：字符键区、功能键区、光标控制键区和小键盘区。键盘左上方是功能键区，左边是字符键区，右边为小键盘区，中间为光标控制键区。

图 2-12　键盘

（1）字符键区。字符键区最上面一排是 10 个数字键，中间是 26 个字母键，下面最长的键是空格键，此外还有一些符号键，如>、<、?、/、;等。使用时按一个键就输入一个字符（字母、数字或符号）。其中，Shift 键与数字键或符号键同时按下时，表示输入的是该键的上面一个字符；直接按字母键时，输入的是小写字母；Shift 键与字母键同时按下时，输入的是大写字母。Caps Lock 键是英文字母大小写转换键。此外，还有一些键的功能如下：

① Enter：回车键或换行键。

② Ctrl：控制键，常与其他键或鼠标组合使用。

③ Alt：变换键，常与其他键组合使用。

④ Backspace：退回键，按一次，删除光标左边一个字符。

⑤ Tab：制表键，按一次，光标跳 8 格。

（2）功能键区。键盘最上面一行 F1～F12 这 12 个键称为功能键，可以用于输入某一串字符、某一条命令或调用某种功能。在不同的软件中，功能键具体的功能有所不同。

（3）光标控制键区。光标控制键是指在整个屏幕范围内进行光标移动或其他相关操作。

① ↑、↓、←、→：光标上移一行、光标下移一行、光标左移一列、光标右移一列。

② Home、End、PgUp、PgDn：光标移动键，它们的操作与具体软件定义有关。

③ Delete：删除光标所在位置右边的字符。

④ Insert：设置改写或插入状态。

（4）小键盘区。又称作数字键区，这些键有两种功能：编辑或输入数字，但在任何瞬间只有一种功能有效。用户可以用 Num Lock 键在编辑和输入数字这两种功能之间进行转换。

2）鼠标

鼠标的主要用途是定位光标或用来完成某种特定的操作。用户通过鼠标可方便、直观地操作计算机，代替通过键盘输入烦琐的指令，使计算机的操作更加简便。按照鼠标按键数目的不同，鼠标可分为两键鼠标、三键鼠标和四键鼠标，如图 2-13 所示。按其工作原理及其内部结构的不同，鼠标还可分为机械式、光机式、光电式和光学式。

图 2-13　几种鼠标外观

2. 输出设备

输出设备是计算机的终端设备，用于接收计算机数据的输出显示、打印、声音、控制外围设备操作等，也用于把各种计算结果数据或信息以数字、字符、图像、声音等形式表示出来。常见的有显示器、打印机、绘图仪、影像输出系统、语音输出系统、磁记录设备等。

1）显示器

显示器（display）通常也被称为监视器，是计算机的标准输出设备，是人机对话的主要工具之一，其作用是显示输出的字符、数据、图形、表格等各种形式的数据处理结果。显示系统由显示适配器（又称显示卡）和监视器两部分组成。显示卡是监视器的控制电路和接口，它插在主板的扩展槽内，通过专用信号线与监视器相连。

显示器的主要技术参数包括：屏幕尺寸、宽高比、点距、像素、分辨率、刷新频率等。

（1）屏幕尺寸：指矩形屏幕的对角线长度，一般以英寸（$1in \approx 2.54cm$）为单位。

（2）宽高比：是指屏幕横向与纵向的比例，一般为 4：3 和 16：10。

（3）点距：指屏幕上荧光点间的距离，它决定像素的大小以及屏幕能达到的最高分辨率。点距越小越好。

（4）像素：屏幕上能被独立控制其颜色和亮度的最小区域，即荧光点，是显示画面的最小组成单位。屏幕像素点的多少与屏幕尺寸和点距有关。

（5）分辨率：屏幕像素的点阵，常写成（水平点数）×（垂直点数）形式。分辨率越高屏幕越清晰。常用分辨率有 640×480、800×600、1024×768、1024×1024、1600×1200 等。

（6）刷新频率：每分钟内屏幕画面更新的次数。刷新频率越高画面闪烁越小。在设置显示器刷新频率时，不要超过显示器允许的最高频率，否则可能烧坏显示器。

显示器可分为阴极射线管（CRT）显示器、液晶（LCD）显示器、发光二极管（LED）显示器、3D 显示器、等离子显示器（PDP）等，如图 2-14 所示。由于 CRT 显示器功耗较大且有一定辐射，因此已被淘汰，LED 显示器已经成为主流，而 3D 显示器和等离子体显示器是以后显示器的发展方向。

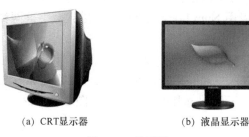

(a) CRT显示器　　　　　　　(b) 液晶显示器

图 2-14　显示器

2）打印机

打印机是计算机的输出设备之一，是将计算机的运算结果或中间结果以人所能识别的数字、字母、符号和图形等，依照规定的格式印在纸上的设备。衡量打印机优劣的主要指标是打印分辨率、打印速度和噪声。

打印机可分为针式打印机、喷墨打印机、激光打印机和其他类打印机，如图 2-15 所示，每类又有单色（黑色）和彩色两种。

(a) 针式打印机　　　　　　(b) 喷墨打印机　　　　　　(c) 激光打印机

图 2-15　打印机

（1）针式打印机：以机械撞击方式输出，它的打印成本低且易使用，单据打印多采用这类打印机。但是它的打印质量低、工作噪声大，无法适应高质量、高速度的打印需求。

（2）喷墨打印机：将墨水通过精细的喷头喷到纸上，从而完成打印。与针式打印机相比，它具有分辨率高、噪声小、打印质量高等优点，占领了广大中低端市场。但由于使用一次性喷头，因而它的使用成本较高，耗材较贵。

（3）激光打印机：为用户提供了更高质量、更快速、更低成本的打印方式。虽然激光打印机的价格比喷墨打印机贵，但从单页的打印成本上讲，激光打印机则要便宜很多。

（4）其他打印机：除了以上三种常见的打印机，还有热转印打印机和大幅面打印机等几种应用于专业方面的打印机机型，一般用于专业图形输出。

2.2.5　总线

总线是连接计算机中各个部件的一组物理信号线。总线在计算机组成与发展过程中起着关键性的作用，因为总线不仅涉及各个部件之间的接口、信号交换规则，还涉及计算机扩展部件和增加各类设备时的基本约定。

在微型机中，总线是 CPU、内存储器、I/O 接口之间相互交换信息的通道，它包括三种类型的总线：数据总线、地址总线和控制总线。

（1）数据总线：CPU 与内存储器、I/O 接口之间相互传送数据的通道。

（2）地址总线：CPU 向内存储器和 I/O 接口传递地址信息的通道，它的宽度决定了微型机的直接寻址能力。

（3）控制总线：CPU 与内存储器和 I/O 接口之间相互传递控制信号的通道。

在计算机系统中，总线使各个部件协调地执行 CPU 发出的指令。CPU 相当于总指挥部，各类存储器提供具体的机内信息（程序与数据），I/O 设备担任着计算机的"对外联络任务"（输入与输出信息），而由总线去沟通所有部件之间的信息流。

2.2.6 机箱

机箱是计算机的外壳，从外观上可分为卧式和立式两种。机箱内部还包括了用于固定软硬驱动器的支架、面板上必要的开关、指示灯和显示数码管等。配套的机箱内还有电源。

通常在机箱正面都有电源开关 Power 和 Reset 按钮，Reset 按钮用来重新启动计算机系统（有些机器没有 Reset 按钮）。在主机箱的正面有一个或两个软盘驱动器的插口（现代计算机多没有），用以安装软盘驱动器，此外还有一个光盘驱动器插口。

在主机箱的背面配有电源插座，用来给主机及其他的外围设备提供电源。一般 PC 都有一个并行接口和两个串行接口。并行接口用于连接打印机，而串行接口用于连接鼠标等串行设备。另外，通常 PC 还配有一排扩展卡插口，用来连接其他的外围设备。

2.2.7 其他设备

在计算机硬件中，多媒体设备是用户日常工作、学习和娱乐过程中不可缺少的组成部分。

1）声卡

声卡是多媒体技术中最基本的组成部分。它从话筒中获取声音的模拟信号，通过模数转换器（ADC）将声波信号采样，转换成数字信号，再存储到计算机中。重放时，这些数字信号送到数模转换器（DAC），以同样的采样速度还原为模拟波形，放大后送到扬声器发声。

2）音箱

音箱把音频电能转换成相应的声能，并把它辐射到空间去。它是音响系统极其重要的组成部分，担负着把电信号转变成声信号的关键任务。根据音箱是否带有放大电路，音箱可分为有源音箱和无源音箱。由于有源音箱的音质和效果更好，所以目前市场上的有源音箱是主流产品。

3）光盘驱动器、刻录机、DVD

光盘驱动器是读取光盘中数据的专门设备。光盘驱动器有一个数据传输速率指标，称为倍速。一倍速的数据传输速率是 150Kbit/s，24 倍速（24×）的数据传输速率是 24 × 150Kbit/s = 3.6Mbit/s。目前常见光盘驱动器的传输速率为 40×、50×和 56×。

DVD-ROM 是 CD-ROM 的后继产品。DVD-ROM 盘片尺寸与 CD-ROM 盘片完全一致，不同之处是 DVD-ROM 采用了较低的激光波长。DVD-ROM 向下兼容，具有 CD-ROM 的所有功能。

2.2.8 摩尔定律与计算机性能指标

1. 摩尔定律

被称为计算机第一定律的摩尔定律是指集成电路芯片上可容纳的晶体管数目，约每隔 18 个月便会增加一倍，性能也将提升一倍。摩尔定律是由英特尔（Intel）创始人之一戈登·摩尔提出的，它是戈登·摩尔经过长期观察总结的经验，并非数学、物理定律，而是对发展趋势的一种分析预测。因此，无论是它的文字表述还是定量计算，都应当容许一定的宽裕度。从这个意义上看摩尔的预言，实在是相当准确而又难能可贵，所以才会得到业界人士公认，并产生巨大的反响。

2. 计算机性能指标

描述计算机性能的指标多种多样，主要包括：

（1）处理机字长：处理机运算器中一次能完成二进制数运算的位数，如 32 位、64 位。

（2）主频：CPU 主频是指 CPU 内核工作的时钟频率，单位是 MHz、GHz 等。

（3）时钟周期：主频的倒数，单位是μs、ns。

（4）CPU 执行时间：表示 CPU 执行一般程序所占用的 CPU 时间，等于 CPU 时钟周期数与 CPU 时钟周期的乘积。

2.3 计算机软件系统

按照国际标准化组织（ISO）对软件的定义，计算机软件由程序和有关的文档组成。程序是为实现一定功能而编写的指令序列，文档则是描述程序操作及使用的有关资料。程序是软件的主体，一般保存在存储介质（如硬盘、闪存盘等）中。一台计算机中全部程序的集合，统称为这台计算机的软件系统。计算机软件按功能的不同，可以分为系统软件和应用软件两大类。

2.3.1 系统软件

系统软件又称系统程序，它是计算机设计者为了充分发挥计算机的效能而向用户提供的一系列软件。系统软件负责管理、控制、维护、开发计算机的软硬件资源，用来扩大计算机的功能、提高计算机的工作效率、提供给用户一个便利的操作界面，并且为应用软件提供了资源环境。系统软件主要包括：操作系统、语言处理程序、数据库系统、系统服务程序等。

1. 操作系统

计算机系统是由硬件和软件组成的一个相当复杂的系统，它有着丰富的软件和硬件资源。为了有效地管理这些资源，并使各种资源得到充分利用，计算机系统中设置一组专门的系统软件对计算机系统的各种资源进行管理，这个系统软件就是操作系统。

操作系统能够控制和管理计算机硬件和软件资源、合理地组织计算机的工作流程，并为用户使用计算机创造良好的工作环境。操作系统的规模和功能可大可小，随不同的要求而异，常见的操作系统有 DOS、Windows、UNIX、Linux 等。

1）DOS 操作系统

当 IBM 公司设计出 IBM-PC 微机时，微软公司为其设计了操作系统，随后 IBM 公司在此基础上开发了自己的 PC-DOS 操作系统，微软公司自己又开发了 MS-DOS 操作系统。这两个操作系统的功能完全相同，使用方法也相同，下面统称为 DOS 操作系统。

2）Windows 操作系统

1985 年，美国微软公司开发出一种图形用户界面操作系统 Windows 1.0。它用图形方式替代了 DOS 操作系统中复杂的命令行形式，使用户能够轻松地操作计算机，大大提高了人机交互能力。1990 年 Windows 3.0 正式发布，由于在界面、人性化、内存管理多个方面的巨大改进，获得用户的认同。1995 年微软发布了 Windows 95，在市场上非常成功，它在发行的一两年内，成为有史以来最成功的操作系统。2001 年微软发布 Windows XP。2009 年微软发布 Windows 7，开始支持有触控技术的 Windows 桌面操作系统，2012 年 9 月 Windows 7 成为世界上占有率最高的操作系统。2015 年 7 月，Windows 10 操作系统正式发布。

3）UNIX 操作系统

UNIX 操作系统是贝尔实验室于 1969 用 C 语言研制开发的一个多用户、多任务分时操作系统。经过五十多年的发展，已成为国际上目前使用最广泛、影响最大的网络操作系统之一。从大型机、小型机、工作站甚至微型计算机都可以看到它的身影，很多操作系统都是它的变体，如惠普公司的 HP-UX、SUN 公司的 Solaris、IBM 公司的 AIX 等。UNIX 具有结构紧凑、功能强、效率高、使用方便和可移植性好等优点，尤其在网络功能方面，UNIX 表现稳定，网络性能好，负载吞吐力大，易于实现高级网络功能配置，是因特网中服务器的首选操作系统。但由于 UNIX 最初是为小型机设计的，对硬件要求较高，且现阶段的 UNIX 操作系统各版本之间兼容性不好，这些都限制了 UNIX 的进一步流行。

4）Linux 操作系统

Linux 是由芬兰赫尔辛基大学的一个大学生 Linus B. Torvalds 在 1991 年首次编写的。Linux 是 UNIX 操作系统的变种，具有 UNIX 操作系统的许多功能和特点，但没有 UNIX 操作系统高昂的价格。Linux 是开源的，可免费获得其源代码并能随意修改，故吸收了无数程序员关注，不断壮大。

2. 计算机语言

用户使用计算机语言编写程序，程序与数据一起组成了源程序；源程序送入计算机之后，由计算机将其翻译成机器语言，再在计算机上运行，最后输出结果。常见的计算机语言如下。

1）机器语言

由硬件直接提供的一套指令系统就是机器语言。因此，机器语言也就是由 0 和 1 按一定规则排列组成的一个指令集，它是计算机唯一能够识别和执行的语言。机器语言程序就是机器指令代码序列，其优点是执行效率高、速度快，缺点是直观性差、可读性不强。机器语言是第一代计算机语言。

2）汇编语言

记住每一台计算机的指令系统显然是不可能的，汇编语言为机器语言指令的操作性质安排了助记符，用助记符来表示指令中的操作码和操作数的指令系统就是汇编语言。它比机器语言前进了一步，可读性较好，但仍是面向机器的语言，是第二代语言。

与高级语言相比，用机器语言和汇编语言编写的程序节省内存，执行速度快，并可直接利用和实现计算机的全部功能，但编制程序的效率不高，难度较大，维护较困难，因此属于低级语言。

3）高级语言

高级语言是一种更接近于人类自然语言和数学语言的计算机语言，它是第三代语言。高级语言的特点是与计算机的指令系统无关。它从根本上摆脱了语言对机器的依赖，使之独立于机器。程序的设计由面向机器改为面向过程，所以也称为面向过程语言。目前世界上有几百种计算机高级语言，常用的和流传较广的有几十种，其特点和适应范围也不相同，如 FORTRAN 适于科学计算，PASCAL 用于结构程序设计，C 用于系统软件设计等。

4）非过程语言

非过程语言是第四代语言。使用这种语言时，不必关心问题的解法和处理过程的描述，只要说明所要完成的任务和条件，指明输入数据及输出形式，就能得到所要的结果，而其他的工作都由系统来完成。因此，它比第三代语言具有更多的优越性。

如果说第三代语言要求人们告诉计算机怎么做，那么第四代语言只要求人们告诉计算机做什么，所以人们称第四代语言是面向目标（或对象）的语言，如 Visual C++ 、Java 语言等。

5）智能性语言

智能性语言是第五代语言。它具有第四代语言的基本特征，还具有一定的智能和许多新的功能，如 PROLOG 语言即为智能性语言，它广泛应用于抽象问题求解、数据逻辑、自然语言理解、专家系统和人工智能等许多领域。

3. 语言处理程序

用机器语言编写程序只能用 0、1 两个二进制数字，不仅难于理解，而且出错率高。后来为了减轻程序员负担、降低出错率，便出现了汇编程序。汇编程序可将汇编语言自动翻译成机器语言。但是汇编语言仍旧存在和机器语言一样的问题：可读性仍旧不高、对硬件依赖性太强，所以人们一直努力设计一种接近于数学语言或者人类的自然语言，同时又不依赖硬件的语言。1954 年世界上第一个高级程序设计语言 FORTRAN 诞生，随之也出现了相应的程序。

（1）源程序就是用汇编语言或各种高级语言按规定使用的符号及语法规则编写的程序。

（2）将计算机本身不能直接读懂的源程序翻译成相应的机器语言程序，称之为目标程序。

计算机将源程序翻译成机器指令时，有解释方式和编译方式两种。编译方式与解释方式的工作过程如图 2-16 所示。

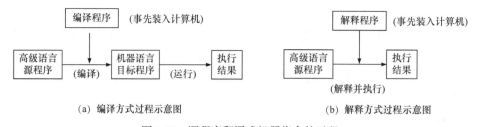

(a) 编译方式过程示意图　　　　　　　　(b) 解释方式过程示意图

图 2-16　源程序翻译成机器指令的过程

由图 2-16 可看出，编译方式是把源程序用相应的编译程序翻译成相应的机器语言的目标程序，然后通过连接装配程序，连接成可执行程序，再执行可执行程序而得到结果。编译之后形成的程序称为目标程序，连接之后形成的程序称为可执行程序。目标程序和可执行程序都是以文件方式存放在磁盘上的，再次运行该程序，只需直接运行可执行程序，不必重新编译和连接。

解释方式是将源程序输入计算机后，用该种语言的解释程序将其逐条解释，逐条执行，执行完只得结果，而不保存解释后的机器代码，下次运行该程序时还要重新解释执行。

4. 数据库系统与系统服务程序

数据库系统主要由数据库（DB）和数据库管理系统组成。常见的关系型数据库系统有FoxPro、Access、SQL Server、Oracle 等。

系统服务程序也称软件研制开发工具、支持软件、支撑软件或工具软件，主要有编辑程序、调试程序、装配和连接程序、测试程序等。

2.3.2　应用软件

应用软件是指为用户解决某个实际问题而编制的程序和有关资料，从不同方面对其分类。

1）应用软件包和用户程序

（1）应用软件包是指软件公司为解决带有通用性的问题精心研制的供用户选择的程序。

（2）用户程序是为特定用户解决特定问题而开发的软件，面向特定用户，如银行、邮电等，具有专用性。

2）通用应用软件和专用应用软件

（1）通用应用软件，如文字处理软件、表格处理软件等，为各行各业的用户所使用。

（2）专用应用软件，如财务管理系统、计算机辅助设计软件、应用数据库管理系统等，为某些特殊的用户所使用。

还有一类专业应用软件是供软件设计开发人员使用的，称为软件开发工具，也称支持软件，如计算机辅助软件工程（CASE）工具、VisualC＋＋和VisualBasic 等。

2.4　计算机系统安全

当今社会是科学技术高度发展的信息社会，人类的一切活动均离不开信息。计算机是对信息进行收集、分析、加工、处理、存储、传输等的主体部分，但是计算机并不安全。攻击者可利用计算机存在的缺陷对其实施攻击和入侵，窃取重要机密资料，甚至导致计算机瘫痪等，给社会造成巨大的经济损失，甚至危害到国家和地区的安全。因此，计算机安全问题是一个关系到人类生活与生存的大事情，必须给予充分重视并设法解决。

计算机系统安全威胁多种多样，来自各个方面，主要是人为因素和自然因素。自然因素是一些意外事故，如服务器突然断电或者台风、洪水、地震等破坏了计算机网络，这些因素并不可怕。可怕的是人为因素，即人为入侵与破坏，主要来自于计算机病毒和黑客。

2.4.1　计算机病毒

计算机病毒是能自我复制的一组计算机指令或者程序代码，被编制或插入计算机程序中，用以破坏计算机功能或者毁坏数据，影响计算机的使用。它不仅破坏计算机系统的正常运行，而且还具有很强的传染性。由于计算机病毒对计算机系统安全造成的危害越来越严重，消除和预防计算机病毒已成为计算机系统日常维护中非常重要的一项工作。

1. 计算机病毒的特点

与正常程序相比，病毒程序具有以下 6 个特点。

1）传染性

计算机病毒不但具有破坏性，还具有传染性，一旦病毒被复制或产生变种，其传播速度之快令人难以预防。计算机病毒会通过各种渠道从已被感染的计算机扩散到未被感染的计算机，在某些情况下造成被感染的计算机工作失常甚至瘫痪。

计算机病毒一旦进入计算机并得以执行，它就会搜寻其他符合其传染条件的程序或存储介质，确定目标后再将自身代码插入其中，达到自我繁殖的目的。只要一台计算机染毒，如果不及时处理，那么病毒会在这台计算机上迅速扩散。

2）破坏性

计算机病毒的破坏性因计算机病毒的种类不同而差别很大。有的计算机病毒仅干扰软件的运行而不破坏该软件；有的恶性病毒甚至可以毁坏整个系统，使系统无法启动；有的可以毁掉部分数据或程序，使之无法恢复；有的无限制地侵占系统资源，使系统无法正常运行。总之，计算机病毒的破坏性表现为侵占系统资源，降低运行效率，使系统无法正常运行。

3）隐蔽性

计算机病毒具有很强的隐蔽性，有的可以通过病毒软件检查出来，有的根本就查不出来，有的时隐时现、变化无常，这类病毒处理起来通常很困难。

4）寄生性

病毒程序一般不独立存在，而是寄生在磁盘系统区或文件中。侵入磁盘系统区的病毒称为系统病毒，其中较常见的是引导区病毒。寄生于文件中的病毒称为文件型病毒。

5）潜伏性

有些病毒像定时炸弹一样，让它什么时间发作是预先设计好的，如黑色星期五病毒，不到预定时间一点都觉察不出来，等到条件具备的时候就迅速爆炸开来，对系统进行破坏。潜伏性的第二种表现是指，计算机病毒的内部往往有一种触发机制，当不满足触发条件时，计算机病毒除了传染外不做什么破坏；触发条件一旦得到满足，则执行破坏系统的操作。

6）可触发性

病毒因某个事件或数值的出现，诱使病毒实施感染或进行攻击的特性称为可触发性。病毒既要隐蔽又要维持杀伤力，就必须具有可触发性。病毒具有预定的触发条件，这些条件可能是时间、日期、文件类型或某些特定数据等。病毒运行时触发机制检查预定条件是否满足。如果满足，启动感染或破坏动作，使病毒进行感染或攻击；如果不满足，病毒继续潜伏。

2. 计算机病毒的分类

计算机病毒有以下 3 种分类方法。

1）按病毒的触发条件分类

（1）定时发作型病毒。这类病毒在自身内设置了查询系统时间的命令，当查询到系统时间后即将它和预先设置的数据相比较，如果一致就调用相应的病毒表现或破坏模块。

（2）定数发作型病毒。这类病毒本身设有计数器，能对被病毒传染文件个数或者用户执行系统命令的个数进行计数，达到预定值时就调用相应的病毒表现或破坏模块。

（3）随机发作型病毒。这类病毒发作时具有随机性，没有一定的规律。

2）按破坏的后果分类

（1）良性病毒。这类病毒的目的只在于表现自己，大多数是恶作剧。病毒发作时往往会占用大量 CPU 时间和内、外存等资源，降低运行速度，干扰用户的工作，但它们不破坏系统的数据，一般不会使系统瘫痪，消除病毒后，系统就恢复正常。

（2）恶性病毒。这类病毒的目的是破坏。病毒发作时会破坏系统数据，甚至删除系统文件，重新格式化硬盘等，其造成的危害十分严重，即使消除了病毒，造成的破坏也难以恢复。

3）按攻击的机种分类

个人计算机结构简单，软硬件的透明度高，其薄弱环节也广为人知，所以已发现的病毒绝大多数是攻击个人计算机及其网络的。也有少数病毒以工作站或小型机为主要攻击对象，例如，蠕虫程序就是一种小型机病毒。

3. 计算机病毒的防治

计算机病毒的防治包括计算机病毒的检测、清除和预防。

1）病毒的检测

病毒的检测有两种情形：一种是系统运行出现异常后，怀疑有病毒存在并对它检测；另一种是主动对磁盘或文件进行检查，或监控系统运行过程，以便识别和发现病毒。检测方法有人工检测和自动检测两种。

（1）人工检测计算机是否感染病毒是保证系统安全必不可少的措施。利用某些工具软件（如 Norton 等）提供的有关功能，可进行病毒的检测。这种方法的优点是可以检测出一切病毒（包括未知的病毒），缺点是不易操作，容易出错，速度也比较慢。

（2）自动检测是使用专用的病毒诊断软件来判断一个系统或磁盘是否感染病毒的一种方法，具有操作方法易于掌握、速度较快的优点，缺点是易错报或漏报变种病毒和新病毒。

检测病毒最好的办法是人工检测和自动检测并用，自动检测在前，而后进行人工检测，相互补充，可得到较好的效果。

2）病毒的清除

软件清除病毒方便实用，对使用人员的要求不高。一般来说，能检测的病毒种类要比能清除的种类要多，部分检测出来的病毒可能无法清除，此时必须采取人工清除的方法。

3）病毒的预防

防重于治，鉴于新病毒的不断出现，检测和清除病毒的方法和工具总是落后一步，预防病毒就显得更加重要了。因此，系统中的重要数据要定期备份；对新购买的软件必须进行病毒检查；不在计算机上运行来历不明的软件或盗版软件；对重要科研项目所用的计算机系统要实行专机、专盘和专用；发现计算机系统的任何异常现象，应及时检测，一旦发现病毒，应立即采取消毒措施，不得带病操作。

2.4.2　黑客

黑客就是在别人不知情的情况下进入他人的计算机系统，并控制他人计算机的人。他们是精通计算机网络的高手，从事窃取情报、制造事端、散布病毒和破坏数据等犯罪活动，其主要的犯罪手段有数据欺骗、采用潜伏机制来执行非授权的功能和"后门程序"等。

计算机犯罪是一种不同于普通刑事犯罪的高科技犯罪，随着计算机应用的深入推广，其危害也日益加重。为此，我国政府已经制定了相关的法律法规来防范计算机犯罪。

第 3 章　Windows 10 操作系统

3.1　操作系统的简介

3.1.1　操作系统的概念

操作系统（operating system，OS）是管理和控制计算机硬件与软件资源的计算机程序，是配置在计算机硬件上的第一层系统软件，其他软件都必须在操作系统的支持下才能运行。如图 3-1 所示，操作系统所处位置为用户和计算机硬件系统之间的接口，也是计算机硬件和其他软件的接口。操作系统的功能包括管理计算机系统的硬件、软件及数据资源，控制程序运行，改善人机界面，为其他应用软件提供支持等。

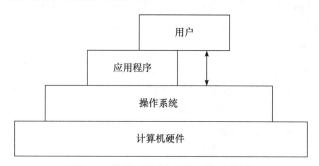

图 3-1　操作系统作为接口的示意图

3.1.2　操作系统的功能

为了使计算机系统能协调、高效和可靠地工作，也为了给用户一种方便友好的使用计算机的环境，在计算机操作系统中，通常都设有处理器管理、存储器管理、设备管理、文件管理等功能模块，它们相互配合，共同完成操作系统既定的全部职能。

1. 处理器管理

计算机系统中处理器是最宝贵的系统资源，处理器管理是为了合理地保证多个作业能顺利完成并且尽量提高 CPU 的效率，使用户等待的时间最少。

2. 存储器管理

计算机系统中存储器的层次结构如图 3-2 所示。这里的存储器管理指对主存储器进行管理，目的是为多个程序的运行提供良好的环境，方便用户使用，并提高内存利用率。存储器管理主要包括：

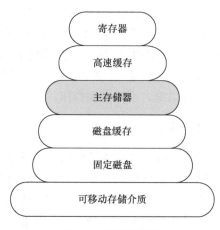

图 3-2　存储器层次

（1）内存分配：为应用程序分配内存。

（2）存储保护：阻止用户程序的相互破坏和对系统的非法访问。

（3）虚拟存储：采用相应的技术把外存储器当作内存来用，从而使内存空间得到扩充。

3. 设备管理

设备管理是指管理各类外围设备（简称外设），其主要任务包括外设分配、启动和故障处理等。当用户需要使用外设时，必须向操作系统提出请求，操作系统将可用外设分配给用户之后方可使用。当用户的程序运行到要使用某外设时，由操作系统负责驱动外设，以完成程序的运行。

4. 文件管理

文件管理是指操作系统对信息资源的管理。在操作系统中，将负责存取管理信息的部分称为文件系统。文件是在逻辑上具有完整意义的一组相关信息的有序集合，每一个文件都有一个文件名。文件管理支持文件的存储、检索和修改等操作，以及实施文件保护。操作系统一般都提供了功能较强的文件系统，有的还提供了数据库系统来实现信息的管理工作。

5. 用户与操作系统的接口

为了方便用户对操作系统的使用，操作系统提供了"用户与操作系统的接口"。该接口通常可以分为用户接口和程序接口。前者是为了用户直接或间接地控制自己的作业，通常以命令形式呈现；后者是为用户程序在执行过程中访问系统资源而设置的，由一组系统调用所组成，每一个系统调用都是一个完成特定功能的子程序。

3.1.3　操作系统的分类

操作系统的类型可分为单用户操作系统、批处理系统、分时操作系统、实时操作系统、网络操作系统、分布式操作系统等。下面将简单介绍它们各自的特点。

（1）单用户操作系统。在一个计算机系统内，一次只支持一个用户程序的运行，系统的全部资源都提供给该用户使用，用户对整个系统有绝对的控制权。它是针对一台机器、一个用户设计的操作系统。

（2）批处理系统。用户提交的作业存储在系统外存储器上，在用户提交作业之后，获得结果之前，不再与操作系统进行数据交互。批处理系统的主要特点是数据被成批地处理，由操作系统负责自动完成作业，且支持多道程序运行。

（3）分时操作系统。用户提交的作业直接存储于系统内存，用户可与分时操作系统交互，对作业运行进行控制；支持多个用户登录，且所有用户共享 CPU 和其他系统资源。

（4）实时操作系统。系统能够及时响应外部事件的请求，在规定时间内完成对该事件的处理，并控制所有实时任务协调一致地运行。某些任务必须优先处理，有些任务会延迟完成。

（5）网络操作系统。网络操作系统是在计算机网络系统中管理一台或多台主机的软硬件资源、支持网络通信、提供网络服务的软件集合。

（6）分布式操作系统。分布式计算机系统是将多台计算机连接起来组成的计算机网络，系统中的计算机可以互相协作完成一个共同任务，例如，把一个计算问题分成若干个子计算，每个子计算分布在网络中的不同计算机上来执行。管理分布式计算机系统中各个资源的操作系统称为分布式操作系统。

3.1.4 Windows 10 的发展及其特征

1. Windows 操作系统简介

Windows 是微软公司推出的一系列操作系统。1985 年，Windows 1.0 的问世，是微软第一次对个人计算机操作平台进行用户图形界面的尝试，此后不断完善，相继推出了 Windows 2.0、Windows 3.0 等基于 MS-DOS 操作系统的版本。

自 1995 年起，微软发行了 Windows 95、Windows 98、Windows ME 等 Windows 9X 系列操作系统。Windows 9X 是一种 16 位/32 位的混合源代码的准 32 位操作系统，所以不是很稳定。2000 年，微软公司发行了 NT 系列的 Windows 2000 操作系统。在 Windows 2000 基础上，微软公司发布了 Windows XP 操作系统。Windows XP 拥有一个新的用户图形界面，整合了防火墙，以解决一直困扰微软的安全问题。

2007 年，微软正式推出 Windows Vista 操作系统，引入用户账户控制的新安全措施，并引入了立体桌面、侧边栏等，使界面更加华丽。但其没有充分重视兼容性问题，且对系统资源的占用过大，它在推出后市场反响不佳。为了挽回市场，2009 年微软推出了新一代 Windows 7 操作系统。Windows 7 操作系统中集成了微软多年来研发操作系统的经验和优势，克服了 Windows Vista 兼容性不好的问题，并对硬件有着更广泛的支持。到 2012 年 9 月，Windows 7 的市场占有率已经超越 Windows XP，成为当时世界上占有率最高的操作系统。

2012 年，微软发布 Windows 8 操作系统。

2015 年 7 月，操作系统 Windows 10 正式发布。

2. Windows 10 操作系统的特点

（1）生物识别技术。Windows 10 新增的 Windows Hello 功能将带来一系列对于生物识别技术的支持。除了常见的指纹扫描外，系统还能通过面部或虹膜扫描来让访问者登录。启用这些新功能需要使用新的 3D 红外摄像头。

（2）Cortana 搜索功能。Cortana 可用来搜索硬盘内的文件、系统设置、安装的应用，甚至是互联网中的其他信息。作为一款私人助手服务，Cortana 还能像在移动平台那样帮用户设置基于时间和地点的备忘。

（3）平板模式。Windows 10 提供了针对触控屏设备优化的功能，同时还提供了专门的平板电脑模式，"开始"菜单和应用都将以全屏模式运行。如果设置得当，系统会自动在平板电脑与桌面模式间切换。

（4）多桌面。如果用户没有多显示器配置，但依然需要对大量的窗口进行重新排列，那么 Windows 10 的虚拟桌面应该可以帮到用户。在该功能的帮助下，用户可将窗口放进不同的虚拟桌面当中，并在其中进行轻松切换，使原本杂乱无章的桌面也就变得整洁起来。

（5）贴靠辅助。Windows 10 不仅可以让窗口占据屏幕左右两侧的区域，还能将窗口拖动到屏幕的四个角落使其自动拓展并填充 1/4 的屏幕空间。

（6）命令提示符（CMD）窗口升级。在 Windows 10 中，用户不仅可对 CMD 窗口的大小进行调整，还能使用辅助粘贴等熟悉的快捷键。

3. Windows 10 操作系统的配置

目前 Windows 已是受全球用户欢迎的操作系统。以安装 Windows 10 为例，其最低配置如下：

（1）处理器：1 GHz 或更快的 32 位或 64 位处理器。

（2）内存：32 位处理器需 16 GB，64 位处理器需 32GB。

（3）显卡：支持 DirectX 9 或更高版本（包含 WDDM 1.0 驱动程序）。

（4）硬盘空间：16GB 以上。

（5）显示器：分辨率在 800 像素 × 600 像素及以上（低于该分辨率则无法正常显示部分功能），或可支持触摸技术的显示设备。

（6）互联网：需要连接互联网进行更新和下载，以及利用某些功能。在初始设备设置时需要互联网和 Microsoft 账户连接。

3.2　桌　面　操　作

3.2.1　系统启动与退出

在中文 Windows 10 操作系统安装完成后，第一次启动所看到的各种设置都是默认的。一般将 Windows 10 启动后的屏幕称为桌面，桌面包含桌面背景、桌面图标和任务栏。所有的操作都起始于桌面，打开的文件、文件夹和程序，都会显示在桌面上。图 3-3 是一个经典的桌面类型。

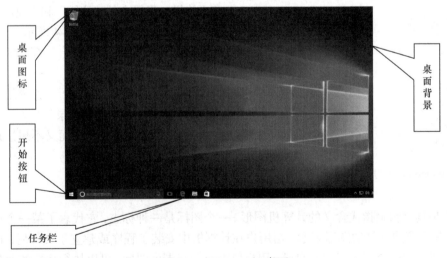

图 3-3　Windows 10 桌面

与其他 Windows 操作系统相似，Windows 10 操作系统的退出方法也可分为 3 类。

1. 正常关机

正常关机又称作安全关机，单击"开始"菜单中"电源"命令项，再选择"关机"命令，系统会把正常运行的程序结束、正在高速旋转工作的部件停下，需要存储和写入的进行写入，最后断电，完成关机。

2. 强制关机

强制关机就是瞬间断电，需要结束后台运行的程序，以及主板、处理器等这些硬件的运作，通过长按主机电源按钮来实现。频繁强制关机会给计算机硬件造成很大的伤害，会损害硬盘、导致数据丢失等，因此应该尽量避免强制关机。

3. 其他命令

单击"开始"菜单中"电源"命令项，可看到睡眠、更新并关机、关机、更新并重启以及重启等命令。

（1）睡眠：睡眠模式是为了省电而设计的。单击"睡眠"，系统将当前用户正在进行的工作暂时存储到硬盘并注销，将计算机转入省电模式（关闭显示器、硬盘及主板大部分电源，只保留内存及 CPU 低供电）。

图 3-4　Windows 10 "用户"菜单

（2）重启：系统出现问题，有时需要重新启动计算机以消除故障，系统将所有的未保存的内容存盘，并保存系统设置，然后重新启动计算机。

（3）更新并关机：在关机之前系统自动下载安装包，在下次开机之时系统自动安装更新系统。这个功能可节省用户的等待时间，为用户带来更佳的体验。

（4）更新并重启：在关机之前系统自动下载安装包，紧接着会重启开机，系统自动安装更新系统。更新并重启往往是在系统安装了重要应用并要立即启用时才会执行。

Windows 7 "关机"菜单中的"注销"和"锁定"命令移至 Windows 10 的"用户"菜单，如图 3-4 所示。

（1）切换用户：当多名用户使用一台计算机时，单击用户名可切换到其他用户窗口。

（2）注销：将保存用户的工作和设置，并关闭所有运行的程序及桌面窗口，然后让用户重新登录。

（3）锁定：当用户暂时离开计算机而又不想让别人对系统进行操作时，可用"锁定"功能。

3.2.2　图标

图标是具有明确指代含义的计算机图形。一个图标是一种标志，它代表了某一个程序和文件。图标是程序或文件的图形表示，当用户在计算机中安装了程序或建立了文件后，这些程序或文件会建立起一个图标来表示自己。用户单击或者双击该图标，可以执行相应的命令和迅速地打开程序文件。

1. 图标的分类

（1）系统类图标：由微软公司开发 Windows 时定义的，用来代表特定的 Windows 文件和程序，如"此电脑" 、"回收站" 等系统定义类的图标。

（2）程序类图标：各类软件公司开发软件时定义的，安装该软件后会自动生成的图标。例如，用户安装了"迅雷"下载软件，就会在桌面上建立一个迅雷应用程序的图标 。

（3）用户类图标：用户可将系统图标或程序图标更换为自己喜欢的图标，而这类被更换的图标称为用户类图标。

注意：很多系统类图标是不可更换的，而程序类图标通常可以更换。

2. 图标的操作

图标的操作大致可以分为双击、间隔单击、右击、拖动四种操作方式。

（1）双击：连续两次快速单击鼠标左键，可以直接打开图标对应的程序或文件。

（2）间隔单击：用鼠标左键单击一次图标，然后间隔数秒后再单击一次，此时会发现图标下面的文字标题变成蓝底白字，此刻用户可修改这些文字，所以间隔单击的目的就是对图标的名称进行修改。

（3）右击：一般是程序的特定功能菜单操作，当用右击图标后会看到一个菜单，在这个弹出菜单中用户可以选择相关操作。右击图标时，不同图标程序呈现的菜单有所不同，即不同图标关联了不同的程序，弹出的菜单也随之不同。

（4）拖动：将图标从一个位置拖动到另一个位置，操作方法就是在要拖动的图标上按住鼠标左键不放，然后移动鼠标，此时发现图标呈虚影状随鼠标一起移动，当移动到用户满意的位置后放开鼠标，图标将停留在这个位置上。

3. 图标的排列

考虑到桌面图标过多、桌面凌乱的情况，Windows 10 提供了图标的排列功能。

（1）右击桌面的空白区域，出现快捷菜单。

（2）单击菜单中的"排序方式"选项。

（3）选取要排列的方式，随后就会看到排列后的效果。

提示：Windows 10 提供了 4 种排列方式（名称、大小、项目类型、修改日期），用户可根据自己的需要进行选择。

4. 快捷方式

为了方便用户从繁多的 Windows 文件中快速查找到程序或文件，并打开执行，Windows 系统定义了一种快捷方式类执行图标，简称快捷方式。它的最大标志是图标左下角有一个箭头标志，如 360 安全浏览器快捷方式图标 。快捷方式的应用，保证了不管图标相关联的程序安装在计算机的哪个位置，都可以执行或打开该图标相关联的程序或文件。

快捷方式的创建有 3 种方法：

（1）安装程序时自动创建快捷方式。

（2）右击目标程序或文件，在弹出的快捷菜单中选择"创建快捷方式"命令。

（3）右击目标程序或文件，在弹出的快捷菜单中选择"发送到"命令，再在弹出的二级菜单中选择"桌面快捷方式"选项。

3.2.3　任务栏

在 Windows 中，任务栏就是指位于桌面下方的小长条。如图 3-5 所示，任务栏中包含"开始"按钮、搜索框、快速启动区、应用程序区、通知区、时钟和显示桌面按钮。

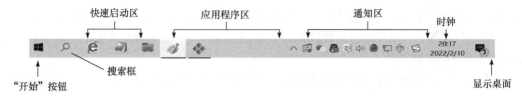

图 3-5　Windows 10 任务栏

1. 任务栏的功能

（1）"开始"按钮 **⊞**。有关该按钮的介绍详见 3.2.4 节。

（2）搜索框。一方面可以上网，另一方面可以直接连接到本地计算机系统的相关设置。

（3）快速启动区。通过鼠标点击程序图标启动程序，方便用户打开常用程序。Windows 10 采用锁定与解锁的方式设置快速启动程序。

① 锁定：右击目标程序图标，在弹出的快捷菜单中选择"固定到任务栏"命令，也可以将程序拖动到任务栏中。

② 解锁：右击目标程序图标，在弹出的快捷菜单中选择"从任务栏取消固定"命令。

（4）应用程序区是系统进行多任务工作时的主要区域之一，它可存放大部分正在运行的程序窗口。

（5）通知区。存放音量、网络和操作中心等一系列小图标，以及一些正在运行的程序图标，如 360 安全卫士图标、QQ 图标。

（6）时钟。时钟显示出当前的系统时间，包括具体时间和日期。

（7）显示桌面。在任务栏的最右边，并成为单独的一块区域。单击该图标，则会最小化所有窗口，切换到桌面；再次单击该图标，就会返回之前的桌面。

Windows 10 任务栏也有窗口预览功能，将鼠标停靠在任务栏程序图标上，以方便预览已打开程序或者文件的窗口内容，如图 3-6 所示。

图 3-6　窗口预览功能

Windows 10 系统提供了 Jump List（跳转列表）功能，它可以显示最近使用的项目列表，能帮助用户迅速地访问历史记录。在 Windows 10 中，右击任务栏中的程序图标，即可显示跳转列表。在该列表中列出了多个最近使用过的文件，选择任一文件即可打开该文件。例如，如果右击 360 浏览器图标，最近访问过的网页链接就会显示出来；如果右击文件资源管理器的图标，则会列出最近打开的文件夹。如果用户想让某些文件一直留在列表中，单击其右边的小图钉标志，可把它固定在列表中以方便以后重复打开。图 3-7 显示了资源管理器的跳转列表。

　　此外，单击 Windows 10 任务栏中搜索按钮，也可以看到最近使用的应用、文档、网页等，如图 3-8 所示。

图 3-7　跳转列表

图 3-8　Windows 10 搜索框

2. 任务栏的设置

　　在 Windows 10 中，右击任务栏空白处，在弹出的快捷菜单中选择"任务栏设置"命令，在弹出的对话框中可以对任务栏进行设置，常见的功能设置如图 3-9 所示。

图 3-9　任务栏设置对话框

（1）锁定任务栏：选中任务栏锁定，可以固定任务栏的位置与宽度。

（2）在桌面模式下自动隐藏任务栏：当鼠标离开任务栏所在位置时，任务栏自动隐藏。

（3）使用小任务栏按钮：控制快速启动区及应用程序区中程序图标的大小。

（4）任务栏在屏幕上的位置：控制任务栏在屏幕中的位置（左侧、右侧、顶部、底部）。

（5）合并任务栏按钮：控制程序图标的显示方式（始终合并按钮、任务栏已满时从不合并）。

（6）通知区：自定义通知区中出现的图标和通知。

（7）多显示器设置：双屏下，不同显示器中的任务栏可以显示各自的任务。

3.2.4 "开始"菜单

"开始"菜单中存放可以修改系统设置的绝大多数命令，而且还可以使用安装到当前系统里面的所有程序。"开始"菜单与"开始"按钮是 Windows 系列操作系统图形用户界面的基本部分，可以称为操作系统的中央控制区域。在默认状态下，"开始"按钮位于屏幕的左下方，即 Windows 标志。

单击"开始"按钮 ■（或按快捷键 Ctrl＋Esc，或按 Win 键）即可打开、关闭"开始"菜单，"开始"菜单如图 3-10 所示（注："开始"菜单中所显示的菜单命令与 Windows 10 操作系统各安装版本的具体设置以及用户的设置有关，因此，用户所见到的"开始"菜单与这里所显示的菜单可能不同）。

1. "开始"菜单的构成

Windows 10 "开始"菜单可以分为下列 3 部分，如图 3-10 所示。

（1）左部列表包含了"用户"、"文档"、"图片"、"设置"和"电源"几个菜单项，其中"用户"和"电源"两项已在 3.2.1 节中介绍。单击"设置"打开 Windows 设置窗口，如图 3-11 所示，可快速完成对 Windows 10 系统的各项设置；单击"文档"或"图片"可以打开文件资源管理器，所看到的文档和图片是那些以系统默认存储路径所保存的文档和图片。

图 3-10　"开始"菜单

图 3-11　Windows 设置窗口

（2）中部是所有程序列表。列表中可看到系统中已安装的所有应用程序，且是按照数字 0～9、拼音 A～Z 顺序依次排列的；在列表的顶端是最新安装应用程序的列表。如果想将某个常用的应用程序固定到右侧的磁贴区，用右击该应用程序，在弹出窗口中选择"固定到'开始'

屏幕"选项，即可将此应用的快捷方式添加到磁贴区；反之，如想将某个应用从磁贴区删除，则在弹出窗口中选择"从'开始'屏幕取消固定"选项。此外，这里还可完成应用程序的快速卸载，只需用右击该应用程序，在弹出的快捷菜单中选择"卸载"命令即可。单击"更多"选项，在弹出的菜单中可选择"固定到任务栏"命令，可以将该应用的快捷方式固定到任务栏上；选择"以管理员身份运行"选项，可以以管理员身份运行此程序；选择"打开文件位置"选项，可以打开该应用快捷方式的所在文件夹。

（3）右侧是系统的开始屏幕，也称为磁贴区。将鼠标停在磁贴区右侧边缘，可以拖动改变磁贴区的大小。将应用程序添加到磁贴区后，可对其进行管理。例如，右击应用程序的图标，在弹出的菜单上选择"从'开始'屏幕取消固定"命令，可将该磁贴从磁贴区清除；在弹出的菜单中选择"调整大小"命令，可控制应用程序磁贴的大小；在弹出菜单中选择"更多"命令，可完成"关闭动态磁贴""固定到任务栏""应用设置"等任务；将不同功能的磁贴分组，单击组与组之间的空白处，可对组命名，如图 3-12 所示。

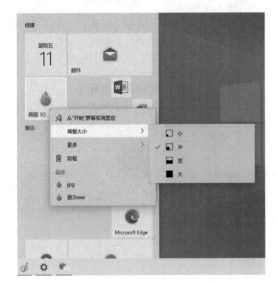

图 3-12　磁贴区管理

2."开始"菜单的设置

Windows 10 系统用户可通过设置"开始"菜单的属性来显示个性化"开始"菜单。右击"开始"按钮，在弹出菜单中选择"设置"命令，在打开的"Windows 设置"窗口中，选择"个性化"选项，在弹出的窗口中选择"开始"选项，就会弹出"开始"菜单设置窗口，如图 3-13 所示。可设置磁贴、"开始"屏幕的显示模式、应用程序列表的显示模式，以及是否在"开始"菜单或任务栏的跳转列表中显示最近打开的项等。

3.2.5　控制面板

控制面板是 Windows 图形用户界面的一部分，允许用户查看并操作基本的系统设置和控制，也是用户接触较多的系统窗口。在搜索框中输入"控制面板"，可快速打开"控制面板"窗口。

1. 控制面板的查看方式

Windows 10 控制面板的默认查看方式为"类别"模式，如图 3-14 所示。单击"控制面板"

窗口右上角查看方式旁的下拉箭头，从中可选择"大图标""小图标"方式查看。以大小图标方式查看控制面板时，可以显示"控制面板"窗口中的所有选项。

2. 查看系统设备

在图 3-14 所示的"控制面板"窗口中单击"系统和安全"图标，再单击"系统"，弹出"系统"窗口，如图 3-15 所示。

图 3-13　"开始"菜单属性设置　　　　　图 3-14　"控制面板"窗口

图 3-15　"系统"窗口

（1）查看计算机基本情况：在"系统"窗口中，列出了计算机中安装的操作系统、CPU 的有关信息，可以更改计算机名。

（2）查看系统设备：在下方单击"设备管理器"，系统弹出"设备管理器"窗口，如图 3-16 所示。该窗口中，用户可以看到所有已经安装在系统中的硬件设备。

3. 卸载程序

当用户需要在 Windows 10 中卸载或更改应用程序时，也可使用"控制面板"的"程序"下的"程序和功能"来完成。在图 3-17 中的列表框中，右击要卸载的程序，在弹出的快捷菜单中选择"卸载/更改"命令，就会执行相应操作（注意：部分程序只有"卸载"选项）。

图 3-16　"设备管理器"窗口

图 3-17　"卸载或更改程序"窗口

3.2.6　通知区

在任务栏的右侧是通知区，可细分为工具栏与通知区两部分。

1. 工具栏的设置

工具栏的作用是方便用户在任务栏里快速启动一些程序，如语言栏 英 S 。

设置工具栏的方法如下：右击任务栏空白处，在弹出的快捷菜单中选择"工具栏"选项，出现子菜单，根据需要勾选工具。单击"新建工具栏"可以添加新的工具，如图 3-18 所示。

（1）如果勾选了"地址"复选框，那么任务栏中就会显示如图 3-18 所示的地址栏输入框，在这里可直接输入网址，然后就能快速地跳转到网站了。

（2）如果勾选了"链接"复选框，收藏到浏览器链接文件夹（如 C:\Users\HH\Favorites\链接）中的网址都会在这里显示，可省去打开浏览器查找收藏夹的麻烦。

（3）如果勾选了"桌面"复选框，那么单击桌面右侧的双箭头图标就可以快速打开计算机桌面上的所有文件和软件，省去了返回桌面的时间。

（4）如果勾选了"新建工具栏"复选框，可以将那些常打开的文件夹添加到该工具栏，同样单击右侧图标就会显示文件夹中的所有文件列表，可快速从中选择需要查看的文件。

2. 通知区的设置

在搜索框中输入"通知"，选择"通知和操作设置"选项，如图 3-19 所示；或者在 Windows 窗口输入"通知"，选择打开"通知和操作设置"。然后，决定需要接收哪些通知，打开开关。

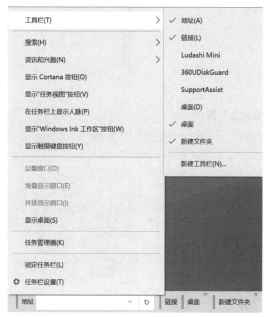
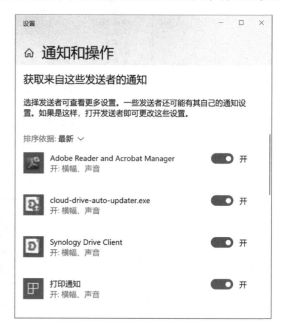

图 3-18　"工具栏"设置对话框　　　　　图 3-19　"通知和操作"窗口

3.2.7　输入法

在中文 Windows 10 系统中，用户也可以根据自己的需要，安装不同的输入法程序。

1. 输入法的添加与删除

在"Windows 设置"窗口中选择"时间和语言"选项，在打开的窗口中选择"语言"选项，如图 3-20 所示。

（1）在打开的"语言"窗口，选择"首选语言"下的"中文(简体，中国)"选项，单击"选项"按钮，就会打开"语言选项"窗口，如图 3-21 所示。

（2）在"语言选项"窗口中，可查看系统中已安装的中文输入法，单击不同的输入法下的"选项"按钮，可以设置该输入法的中英文切换方式和快捷键；单击"删除"按钮可以将该输入法从系统中删除。

（3）还可单击"添加键盘"选项来加入新的中文输入法。

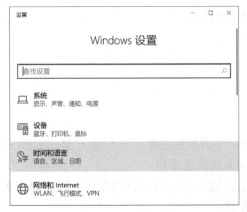

图 3-20　输入法添加与删除的过程

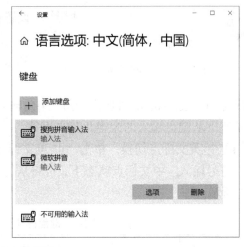

图 3-21　输入法切换

2. 输入法的切换

使用鼠标与键盘，均可对输入法进行切换。

1）使用鼠标进行输入法的切换

单击任务栏上的"输入法"图标，出现如图 3-22 所示菜单，其中列出了可选的输入法名称，单击需要的输入法名称即可。

2）使用键盘进行输入法的切换

（1）Ctrl + Shift 快捷键按顺序依次切换输入法。

（2）Windows + 空格键按顺序依次切换输入法。

（3）Alt + Shift 快捷键语种间的切换。

图 3-22　输入法列表

3. 输入法的打开与隐藏

在搜索框中输入"语言栏"，选择"使用桌面语言栏（如果可用）"打开"高级键盘设置"窗口之后，再选择"语言栏选项"打开"文本服务和输入语言"对话框，就可在"语言栏"选项卡中设置输入语言的热键；还可以设置语言栏位置及状态。

（1）悬浮于桌面上。

（2）停靠于任务栏。

（3）隐藏。

4. 中文输入法状态窗口

当选定了一种中文输入法后（不同输入法窗口中的按钮功能大同小异），显示如图 3-23 所示的输入法状态窗口。

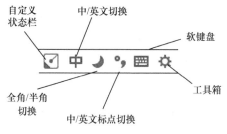

图 3-23　输入法状态窗口

通过输入法状态窗口的按钮可以控制中文输入法的切换。

（1）自定义状态栏。单击"自定义状态栏"按钮，设置输入法状态栏的图标与颜色。

（2）中/英文切换。单击"中/英文切换"按钮（按 Shift 键）可切换中文和英文输入。

（3）全角/半角切换。单击"全角/半角切换"按钮（按 Shift＋空格键），可切换全角、半角输入状态。全角状态下从键盘输入的为全角字符，半角状态下从键盘输入的为半角英文字符。

（4）中/英文标点切换。单击"中/英文标点切换"按钮（按 Ctrl＋.键），可切换中文、英文标点符号输入。中文标点状态下，可将从键盘输入的符号转换为中文标点，其对应关系如表 3-1 所示。

表 3-1　键盘符号与中文标点的对应关系

名称	标点	键盘的对应键	名称	标点	键盘的对应键
顿号	、	\	分号	；	;
双引号	""	"	冒号	：	:
感叹号	！	!	逗号	，	,
间隔号	·	@	问号	？	?
破折号	——	-	句号	。	.
省略号	……	^	左括号	（	(
左书名号	《	<	右括号	）	)
右书名号	》	>	连接号	—	&
单引号	''	'	人民币符号	¥	$

（5）软键盘。大部分输入法都提供了 13 种软键盘，单击图 3-23 中的"软键盘"按钮，在弹出的菜单中单击"软键盘"命令，屏幕上就会显示所有软键盘类型，如图 3-24 所示。

　　单击软键盘上的按键，所对应的字符就会出现在文档中。软键盘使用完后，单击图 3-23 中的"软键盘"按钮即可关闭软键盘。

　　（6）工具箱。单击"工具箱"按钮可以对输入法的各种功能进行设置。

图 3-24　软键盘菜单

3.2.8　网络设置

　　网络连接分为有线连接与无线连接两种模式。在 Windows 10 中将网络连接的图标放置在通知区，其图标样式为有线连接或无线连接。

1. 进入网络配置窗口的方法

　　进入网络配置窗口的常用方法有以下两种：

　　（1）单击"网络连接"图标，选择"网络和 Internet"→"以太网"→"网络和共享中心"命令。

　　（2）打开"控制面板"窗口，选择"网络和 Internet"→"网络和共享中心"命令，打开"网络和共享中心"窗口，如图 3-25 所示，进行窗口配置。

图 3-25　"网络和共享中心"窗口

2. IP 地址设置

　　如图 3-26 所示，IP 地址的设置步骤如下：

　　（1）单击"以太网"选项，弹出"以太网 状态"对话框。

　　（2）单击"属性"按钮，弹出"以太网 属性"对话框。

　　（3）选择"Internet 协议版本 4（TCP/IPv4）"选项，单击"属性"按钮。

　　（4）进入 IP 地址设置对话框，选择自动获得 IP 地址或手动设置。

　　（5）完成后单击"确定"按钮返回上一菜单，并查看网络连接情况。

图 3-26　设置 IP 地址

3. 设置新的连接或网络

如果用户需要设置网络连接，打开"网络和共享中心"窗口，选择"设置新的连接或网络"选项。在弹出的对话框中选择"连接到 Internet"选项，之后按照 Windows 10 系统提示完成网络设置，如图 3-27 所示。

图 3-27　"设置连接或网络"对话框

4. Windows 网络诊断

当网络连接出现异常时，"网络连接"图标出现黄色叹号提醒用户注意。打开"网络和共享中心"窗口，单击"网络"选项，弹出"Windows 网络诊断"对话框，系统自动为用户诊断网络连接问题。

3.2.9 桌面外观设置

Windows 10 系统对桌面外观设置进行了优化。右击桌面空白处，在弹出的快捷菜单中可通过"显示设置"和"个性化"命令，直接打开设置窗口进行设置，如图 3-28 所示。

1. 屏幕分辨率调整

屏幕分辨率就是屏幕上显示的像素个数。例如，分辨率 1920×1080 的意思是水平方向含有像素数 1920 个，垂直方向含有像素数 1080 个。屏幕尺寸一样的情况下，分辨率越高，显示效果就越精细和细腻。进入图 3-28 "显示"设置窗口：

（1）在"分辨率"下拉选项中选择适当的分辨率数值，一般选择系统推荐数值。

（2）单击"保留更改"按钮确认更改，单击"还原"按钮回到之前的设定。

图 3-28　"显示设置"和"个性化"窗口

2. 桌面个性化设置

Windows 10 系统个性化设置主要包括"背景""颜色""锁屏界面""主题"等设置。进入图 3-28 "背景"设置窗口：

（1）在"背景"下拉框中可以选择"图片"、"纯色"和"幻灯片"，按照系统提示完成。

（2）通过选择"高对比度设置"→"主题设置"，用户可自定义主题，包括背景、颜色、声音及鼠标指针。用户也可以通过网络下载、安装，使用更多个性化主题。

3.3　窗　口　操　作

3.3.1　启动程序

以 Windows 10 系统中"记事本"应用程序的启动为例，启动程序的常见方法有以下三种，其余任何一个程序均可照此方法启动：

（1）直接启动：双击桌面上或文件夹中应用程序（如"记事本"）的图标。

（2）从"开始"菜单启动：打开"开始"菜单，单击"Windows 附件"→"记事本"选项，便启动了"记事本"程序，屏幕上出现如图 3-29 所示的"记事本"工作窗口，"记事本"图标也随之出现在任务栏中。

图 3-29 "记事本"工作窗口

（3）从搜索框启动：在搜索框中输入应用程序名"记事本"，会出现要找的应用程序名，单击即可打开相应程序。

3.3.2 窗口的操作

在 Windows 10 中所有程序都是运行在一个方框内，在这个方框内集成了诸多的元素，而这些元素则根据各自的功能又被赋予不同的名字，这个集成诸多元素的方框称为窗口。窗口具有通用性，大多数的窗口的基本元素都是相同的。

1. 窗口的组成

在 Windows 10 中每个应用程序都有一个窗口，Windows 10 是一个多窗口的系统，它是一个可以同时运行多道程序的集成化环境。

以图 3-30 "此电脑"窗口为例，窗口中包含以下内容：

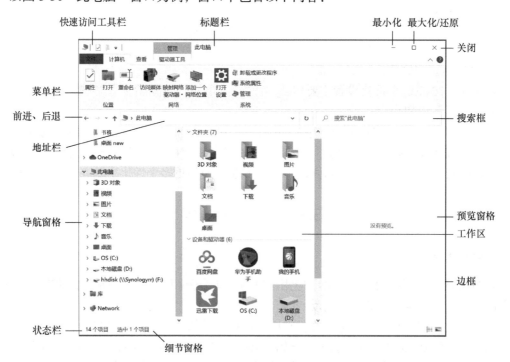

图 3-30 "此电脑"窗口

（1）标题栏：位于窗口的顶部，单独占一行，用于显示应用程序或文档名。

（2）前进、后退按钮：使用户的操作更便捷，类似于浏览器中的设置。同时其右侧向下箭头分别给出浏览的历史记录或可能的前进方向。

（3）地址栏：用于显示当前浏览位置的详细路径信息。Windows 10 的地址栏提供按钮功能，用户单击 ▶ 按钮，弹出一个下拉菜单，里面列出了该文件夹下一级的文件夹，在菜单中选择相应的路径便可以跳转到对应的文件夹。

（4）搜索框：窗口右上角的搜索框与桌面任务栏中的"搜索框"的作用和用法相同，都具有动态搜索功能，当输入一部分关键字的时候，搜索就已经开始了。用户可根据实际情况添加"修改时间""大小"等筛选条件用来更快速地搜索程序或文件。

（5）菜单栏：由多个菜单构成，每个菜单都包含一系列功能相似的菜单命令，通过这些菜单命令，用户可完成各种操作。对于不同应用程序，其菜单栏内容是不同的。默认状态下Windows 10 菜单栏为隐藏状态，单击菜单栏中的 ∨ 按钮，"菜单栏"即可以固定显示；再单击 ∧ 按钮，"菜单栏"可以再次隐藏；也可以通过单击菜单选项名，以展开其中的各个选项。

（6）快速访问工具栏：存放着常用的工具命令按钮，用户可通过工具栏快速地对程序、文件或文件夹进行操作。

（7）导航窗格：位于窗口左侧，采用树状结构文件夹列表布局，一般分为快速访问、计算机、库、网络四个大类。用户可以通过导航窗格快速定位目标文件夹。

（8）工作区：显示窗口中的操作对象和操作结果。

（9）预览窗格：位于窗口右侧，用户可在不打开文件的情况下直接预览文件内容。

（10）细节窗格：显示当前用户选定对象的详细信息。

（11）状态栏：显示当前窗口的相关信息和被选中对象的状态信息。

（12）"最小化"按钮：单击"最小化"按钮，窗口缩小为任务栏中的一个图标按钮。

（13）"最大化/还原"按钮：单击最大化按钮，可使窗口充满整个桌面，此时"最大化"按钮变为还原按钮；单击"还原"按钮，窗口还原为最大化前的大小。

（14）"关闭"按钮：单击此按钮，关闭窗口。

（15）边框：光标放置于边框处，执行拖动操作，可改变窗口的大小。

2. 窗口的基本操作

灵活掌握窗口的各项基本操作，对用户使用计算机系统产生极大的帮助。

1）活动窗口

虽然 Windows 10 可同时运行多个窗口，但每次只能选中一个窗口进行操作，这个正在进行操作的窗口就是活动窗口，其他窗口则为非活动窗口。一般情况下，如果在桌面上同时打开多个窗口，活动窗口总是排列在最前，其标题栏及任务栏上的图标高亮显示，光标插入点在窗口中闪烁，如图 3-31 所示。

注意：有些程序可以设置其运行窗口总是在最前排显示，如 QQ 影音。

2）窗口最小化

单击窗口右上角的"最小化"按钮，或右击标题栏选中"最小化"按钮，可使窗口最小化。

3）窗口最大化

当窗口不处于最大化状态时，单击窗口右上角的"最大化"按钮、双击标题栏或右击标题栏选中"最大化"按钮，可使窗口最大化。

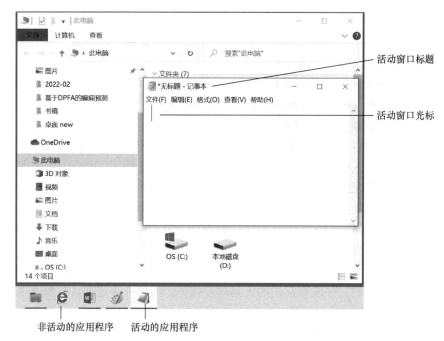

图 3-31　活动窗口的特征

4）移动窗口

可以利用鼠标或键盘进行窗口的移动。

（1）利用鼠标：鼠标左键按住标题栏不放，移动鼠标，将窗口拖动到新的位置后松开，即可完成窗口的移动。

（2）利用键盘：当右击标题栏弹出的快捷菜单中选中"移动"命令后，通过键盘方向键对窗口进行移动，按回车键完成移动。当窗口处于最大化时，不能用键盘移动。

5）改变窗口尺寸

当窗口未处于最大化状态时，其形状都是可以改变的。改变窗口尺寸有以下两种方法：

（1）单一边框改变：将指针置于一条边框线上，当指针变成一个双向箭头时按住鼠标左键不放，拖动双向箭头移动窗口的边框至新位置，当窗口尺寸满足要求时，松开鼠标左键。

（2）移动窗口角：矩形窗口的四个角称为窗口角。将指针置于窗口角处，指针会变成一个倾斜 45°角的双向箭头，按住鼠标左键不放，拖动双向箭头将该角连同两条边框移到新位置，当窗口大小满足要求时，松开鼠标左键。

6）关闭窗口

关闭窗口即关闭相应的程序，它和最小化窗口是完全不同的意思。关闭应用程序窗口是终止该应用程序的运行，将程序从内存中清除；最小化窗口后程序仍在内存中运行，只是从前台变为后台运行。关闭窗口的常用方法有以下几种：

（1）单击窗口右上角"关闭"按钮 ❌ 。

（2）右击标题栏，选择控制菜单中的"关闭"选项。

（3）单击菜单栏中"文件"菜单中"退出"选项。

（4）按 Alt＋F4 键。

（5）右击工具栏中目标程序的图标按钮，在弹出的快捷菜单中选择"关闭窗口"选项。

7）切换窗口

当桌面上打开多个窗口时，可以采用以下方法切换窗口：

（1）单击应用程序窗口：当要切换的应用程序窗口可见时，只需单击窗口露出的任意地方，此窗口便变为活动窗口。

（2）使用任务栏切换窗口：将指针移至任务栏中目标程序图标上，在该图标上方会显示与该程序相关的所有打开的窗口的预览缩略图，单击需要打开的缩略图，即可切换至该窗口。

（3）用 Alt＋Tab 快捷键切换：按 Alt＋Tab 键，切换面板中会显示当前所有打开的窗口以及桌面的缩略图，并且除了当前选定的窗口外，其余的窗口都呈现透明状态。按住 Alt 键不放，反复按 Tab 键就可以在现有窗口缩略图中切换。

（4）Win 键■＋Tab 键的 3D 切换：按 Win 键■＋Tab 键，可以体验 3D 切换效果，图 3-32 为窗口 3D 切换效果。禁用 aero 的系统无法实现 3D 切换（普通家庭版没 aero 功能），桌面主题若选择"基本和高对比主题"选项，也将自动禁用 aero。

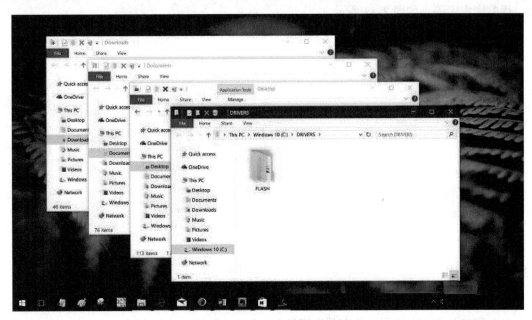

图 3-32　窗口 3D 切换效果

8）排列窗口

当桌面运行窗口过多时，用户可根据 Windows 系统提供的窗口排列功能管理窗口。右击"任务栏"空白处，在弹出的快捷菜单中有"层叠窗口"、"堆叠显示窗口"以及"并排显示窗口" 3 种窗口排列模式供用户选择。

3. 窗口的特殊操作

1）1/4 分屏显示

用户如要进行复制、校对等工作，往往希望能分屏显示任务。Windows 10 可以实现 1/4 分屏，即将窗口平均分为 4 份。只需要按住窗口标题栏，将窗口分别向桌面的左上角，或右上角，或左下角，或右下角拖动，当预览窗口占满整个屏幕的 1/4 时松开鼠标即可。若想恢复原来的大小，只需要拖动窗口离开桌面边缘即可。

2）全屏显示

只需拖动窗口，使标题栏与桌面顶部相接触，即可完成窗口的全屏显示。若想恢复原来的大小，只需拖动标题栏离开桌面顶部即可。

3）窗口摇一摇

当桌面窗口过多时，用鼠标选中一个窗口，轻轻晃动，其他窗口立刻最小化。再晃一下，消失的窗口又会出现在原来的位置。

4. 库

Windows 10 中的库是指专用的虚拟视图。用户可以将需要的文件和文件夹都集中到库里，就如同网页收藏夹一样，只需要单击库中的链接，就能快速打开添加到库中的文件夹，而不管它们原来深藏在本地计算机或局域网中的哪个位置。另外，库中内容会随着原始文件夹的变化而自动更新。一般系统都有视频、图片、文档、音乐 4 个库。用户也可以增加新库，如迅雷下载、优酷影视库等，如图 3-33 所示。

图 3-33　库窗口

3.3.3　菜单操作

菜单是各种应用程序命令的集合，Windows 菜单分为两类。

（1）窗口菜单：主要用来放在某个窗口上。

（2）弹出菜单：用鼠标右击时显示的菜单或作为子菜单添加到窗口菜单中。

1. 认识菜单命令

在菜单中，有些命令在某些时候可用，有些命令包含有快捷键，有些命令还有级联的子命令，下面分别对这些命令进行介绍。

（1）Windows 10 用户可使用鼠标对菜单进行操作，当用鼠标选中某个命令时，默认设置下该命令会以蓝色透明状态显示。

（2）可用命令：菜单中可选用的命令以黑色字符显示，不可选用的命令以灰色字符显示。命令不可选用是因为不需要或无法执行这些命令，单击灰色字符命令将没有反应。

（3）快捷键：有些命令的右边有快捷键，用户通过这些快捷键，可直接执行相应的菜单命令。通常相同意义的操作命令在不同窗口中具有相同的快捷键，因此熟悉快捷键的使用，将有助于用户简化操作步骤。

（4）带下划线字母命令：每条命令都有一个带下划线的字符，用括号括起来；打开菜单后可以在键盘上敲击相应字母来选择该命令。

（5）设置命令：如果命令的后面有省略号"..."，表示选择此命令后将弹出一个对话框或者一个设置向导。这种形式的命令表示可以完成一些设置或者更多的操作。

（6）复选框：当选择某个命令后，该命令的左边出现一个复选标记"√"，表示此命令正在发挥作用；再次选择该命令，则"√"标记会消失，表示该命令不起作用。

（7）单选按钮：有些菜单命令中，有一组命令，每次只能有一个命令被选中，当前选中的命令左边出现一个单选标记"·"。选择该组的其他命令，标记"·"将出现在新选中命令的左边，原来选中命令的标记"·"消失。

（8）级联菜单：如果命令的右边有一个向右的箭头 ▶，则单击此箭头后会弹出一个级联菜单，级联菜单通常给出某一类选项或命令，有时是一组应用程序。

（9）快捷菜单：在 Windows 中，右击桌面上的任何对象，都将会弹出一个快捷菜单，该菜单提供对该对象的各种操作功能。使用快捷菜单可对某些功能进行快速操作。

2. 选择菜单

使用鼠标选择 Windows 窗口的菜单时，只需单击菜单栏上的菜单项区域，就可以打开该菜单。将指针移至所需的命令处单击，即可执行所选的命令。在使用键盘选择菜单时，用户可按下列步骤进行操作：

（1）按 Alt 或 F10 键时，菜单栏的第一个菜单项被选中。

（2）利用键盘左、右方向键选择需要的菜单项。

（3）按 Enter 键打开选择的菜单项。

（4）利用上、下方向键选择其中的命令，按 Enter 键即可执行该命令。

3. 撤销菜单

在用户打开 Windows 窗口的菜单后，如果不进行菜单命令的操作，用户可选择撤销菜单的操作。单击菜单外的任何地方，即可撤销菜单的选择。使用键盘撤销菜单时，可以按 Alt 或 F10 键返回到文档编辑窗口，或连续按 Esc 键逐渐退回到上级菜单，直到返回到文档编辑窗口。

4. 打开控制菜单

应用程序的控制菜单位于窗口的左上角，单击可打开该菜单，以控制窗口大小和位置，以及关闭应用程序窗口。也可以按 Alt + 空格键打开窗口的控制菜单，如图 3-34 所示。

控制菜单一般包含以下命令：

（1）还原：窗口被扩大或缩小之后，将窗口恢复为原来的大小。

（2）移动：将窗口移动到桌面的其他地方。

（3）大小：改变窗口大小。

（4）最小化：将窗口最小化。

（5）最大化：将窗口最大化。

（6）关闭：关闭窗口，退出运行的应用程序（双击控制菜单也可实现关闭功能）。

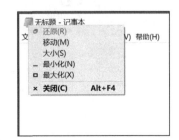

图 3-34　控制菜单

单击控制菜单外的区域，可取消控制菜单（但窗口不关闭）。

3.3.4 快速工具栏操作

快速工具栏可以帮助用户用按钮来使用命令。图 3-35 窗口中，只要单击工具栏中一个按钮，就会执行相应命令。

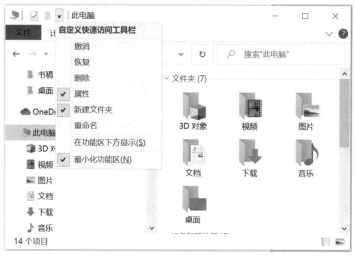

图 3-35 工具栏

3.3.5 对话框操作

对话框与窗口很相似，但对话框不能改变大小，而窗口一般都可以进行最大化和最小化等操作。一般而言，当屏幕显示一个对话框时，对程序窗口的其他操作将不起作用，直到该对话框关闭为止。

一般情况下，对话框中包含各种各样的选项，如图 3-36 所示。

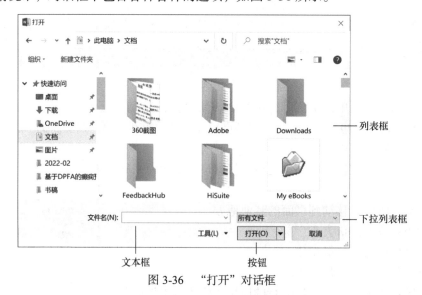

图 3-36 "打开"对话框

（1）选项卡：选项卡多用于对一些比较复杂的对话框进行分页，实现页面的切换操作。

（2）文本框：文本框可以让用户输入和修改文本信息。

（3）按钮：按钮在对话框中用于执行某项命令，单击按钮可实现某项功能。

（4）列表框：列表框显示一组可用选项。如果列表框不能列出全部选项，可使用滚动条来滚动显示。

（5）下拉列表框：通过下拉箭头打开下拉列表框，其中显示可用选项。

（6）数值框：数值框用于提供用户输入数字的矩形框，还可以通过箭头增加和减少数值。

（7）单选按钮：单选按钮的标记为一个圆点"·"，一组单选按钮同时出现，用户只能选择其中一个。

（8）复选框：复选框的前方有"√"按钮，一组复选框出现时，用户可以选择任意多个。

可以使用下列方法之一来关闭对话框：

（1）单击对话框中的"确定"按钮。

（2）单击对话框中的"取消"按钮。

（3）双击控制菜单。

（4）选择控制菜单中的"关闭"命令。

（5）按 Esc 键。

（6）按 Alt + F4 快捷键。

（7）单击右上角的"关闭"按钮 ▉ ✕ ▉ 。

3.3.6　帮助和支持

在使用 Windows 10 的过程中，经常会遇到一些计算机故障或疑难问题，使用 Windows 10 系统内置的"Windows 帮助和支持"可以找到常见问题的解决方法。该帮助系统提供了比较丰富的疑难解答说明与操作步骤提示，以帮助用户解决所遇到的计算机问题。

1. Windows 帮助和支持

Windows10 打开帮助和支持的操作方法：

（1）F1 键：传统上，F1 键是 Windows 内置的打开帮助文件的快捷键。然而 Windows 10 只将这种传统继承了一半，如果在打开的应用程序中按下 F1，而该应用提供了自己的帮助功能的话，则会将其帮助窗口打开。反之，Windows10 会调用用户当前的默认浏览器打开 Bing 搜索页面，以获取 Windows10 中的帮助信息。

（2）询问 Cortana：Cortana 是 Windows 10 中自带的虚拟助理，它不仅可帮助用户安排会议、搜索文件，回答用户问题也是其功能之一，因此有问题找 Cortana 也是一个不错的选择。

（3）使用入门应用：Windows 10 内置了一个入门应用，可以帮助用户在 Windows 10 中获取帮助。该应用就有点像之前版本按 F1 打开的帮助文档，但在 Windows 10 里是以一个 App 应用来提供的，通过它也可以获取到新系统各方面的帮助和配置信息。

2. 程序内的帮助与支持

打开程序内的"帮助与支持"的常用方法：

（1）用鼠标单击应用程序窗口中的帮助菜单，可以打开应用程序帮助系统。

（2）选择目标程序窗口，按 F1 键快速打开应用程序帮助系统。

例如，当打开 Word 2019 窗口时，按 F1 键，显示了帮助窗格，如图 3-37 所示。

图 3-37　Word 2019 的帮助窗格

3.4　文　件　操　作

3.4.1　文件资源管理器

文件资源管理器是 Windows 10 系统提供的文件资源管理工具，可用它查看此计算机系统中的所有文件。特别是它提供的树形文件系统结构，使用户能更清楚、直观地认识计算机中的文件和文件夹。如图 3-38 所示。

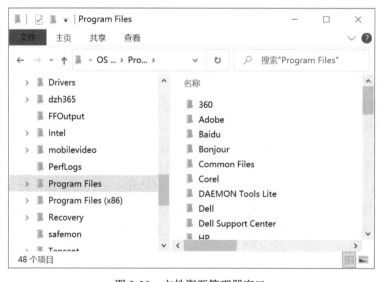

图 3-38　文件资源管理器窗口

打开文件资源管理器的常用方法有以下几种：

（1）右击"开始"按钮，单击"Windows 系统"中的"文件资源管理器"选项，即可打开 Windows 10 文件资源管理器窗口。

（2）在搜索框中输入"文件资源管理器"，打开 Windows 10 文件资源管理器。

（3）右击 Windows 按钮，在弹出的菜单中选择"文件资源管理器"选项。

（4）按 Win ▦ + E 键打开 Windows 10 文件资源管理器。

3.4.2 文件和文件夹

1. 文件和文件夹的概念

1）文件的概念

文件是保存在存储介质上的一种带标识的有逻辑意义的信息项序列的集合。它是计算机以实现某种功能或某个软件的部分功能为目的定义的一个最小组织单位。计算机中的所有程序和数据都是以文件的形式存放在外存储器上的。

文件有很多种，可以是文档、程序、快捷方式和设备。文件使用图标和文件名来标识，每个文件都对应一个图标，都必须有也只能有一个文件名。通过文件名可以识别这个文件是哪种类型，特定的文件都会有特定的图标，也只有安装了相应的软件才能正确显示这个文件的图标。

2）文件夹的概念

文件夹是用来协助用户管理计算机一组相关文件的集合，可以存放文件和子文件夹。每个文件夹对应一块磁盘空间，它提供了指向对应空间的地址，它没有扩展名，也就不像文件那样格式用扩展名来标识。但它有几种类型，如文档、图片、相册、音乐等。

每个磁盘都有一个根文件夹（如 D:\），是在磁盘格式化时建立的，而其他一般文件夹则是由用户按需要建立的。注意：Windows 10 中不在同一文件夹下的文件或子文件夹可同名，但是同一文件夹下不允许有相同的文件名和子文件夹名。

2. 文件和文件夹的命名

文件名是文件（夹）最显著的特征，通过它用户可找到想要的文件（夹），并区分不同类型的文件。每个文件的命名规则都是相同的，通常是由主文件名和扩展名两部分组成的，在主文件名和扩展名中间用"."隔开。主文件名不能省略，但扩展名可以省略。文件夹通常没有扩展名。

1）文件名和文件夹名的命名规则（即主文件名的命名规则）

（1）文件名和文件夹名最多可使用 255 个字符，如用中文字符则不能超过 127 个汉字。

（2）文件名和文件夹名不能用以下字符：斜线 / 、反斜线 \、竖线 |、问号 ?、星号 *、双引号""、小于号 <、大于号 >、冒号 :。

（3）文件名和文件夹名不区分英文字母大小写。

（4）文件名和文件夹名可以使用多分隔符，也可以使用空格。

（5）文件名和文件夹名的命名可以含有特殊意义，便于整理、记忆。例如，存放音乐的文件夹，可以命名为"yinyue"等。

2）扩展名

文件扩展名通常是由 3～4 个英文字母组成，大多数扩展名其实就是相关英文单词缩写，用来标明此文件属于哪种类型。大多数情况下用户都不需要自己去添加文件的扩展名，系统会自动识别并添加，常见的扩展名及其对应的文件类型如表 3-2 所示。

表 3-2 常见的扩展名及其对应的文件类型

扩展名	文件类型	扩展名	文件类型
docx	Word 文档	exe	可执行程序文件
xlsx	Excel 表格	jpg	图形文件
pptx	PowerPoint 演示文稿	bmp	位图文件
txt	文本文件	mp3	音频文件
rar	压缩文件	mp4	视频文件
zip	压缩文件	dat	数据文件
htm	网页文件	com	可执行程序文件

3）通配符

当查找文件、文件夹时，可以使用通配符代替一个或多个真正的字符。

（1）通配符"*"表示 0 个或多个字符。例如，ab*.txt 表示以 ab 开头的所有扩展名为"txt"的文件。

（2）通配符"?"表示任意一个字符。

3.4.3 文件（夹）的选定

Windows 10 中，要对某个或多个文件或文件夹进行操作时，首先要选定文件或文件夹。下面为选定文件（夹）的几种常用方法：

（1）单击该文件或文件夹，即可完成选定。

（2）选定多个连续的文件或文件夹。

① 先单击要选定的第一个文件或文件夹，再按住 Shift 键，并单击要选定的最后一个文件或文件夹。

② 在文件或文件夹旁按住鼠标不放，拖动指针会出现半透明蓝色框，释放鼠标将选定框中的所有文件和文件夹。

（3）按住 Ctrl 键，逐个单击要选定的文件或文件夹，即可选定不连续的文件或文件夹。

（4）选定全部的文件或文件夹。

① 按 Ctrl＋A 快捷键选定当前文件夹中全部文件或文件夹。

② 通过拖动半透明选框，覆盖所有文件或文件夹。

（5）取消选定。

① 在选定的多个文件或文件夹中取消个别文件或文件夹时，先按住 Ctrl 键，再单击要取消的文件或文件夹。

② 若取消全部文件或文件夹，在非文件名的空白区单击一下即可。

3.4.4 文件（夹）的建立、删除和更名

文件或文件夹的创建、删除、更名、移动等基础操作都可以在桌面或上级文件夹窗口中完成，其操作方法基本相同。

1. 新建文件夹

在 Windows 10 中，有许多方法可以建立文件夹。

1）弹出菜单创建法

（1）在桌面或"文件资源管理器"窗口空白处右击，弹出快捷菜单。

（2）选择"新建"命令，单击"文件夹"命令。

（3）输入新文件夹的名字，按"回车"键确定。

2）快捷键创建法：

（1）打开要建立新文件夹的窗口。

（2）按 Ctrl + Shift + N 快捷键。

（3）键入新文件夹的名字，按"回车"键确定。

3）"菜单栏"创建法

（1）找到"菜单栏"中"主页"菜单。

（2）选择"文件"下拉菜单中的"新建"命令，选择"文件夹"。

（3）输入文件夹名，按"回车"键确定。

2. 删除文件（夹）

Windows 10 中删除文件夹将同时删除其内部所有文件与子文件夹。删除文件或文件夹的几种方法如下：

（1）选定要删除的文件或文件夹，然后按 Del 键，单击"是"按钮即可删除。

（2）用鼠标将要删除的文件或文件夹拖放到桌面上的"回收站"图标上。

（3）选定要删除的文件或文件夹上，右击弹出快捷菜单，选择"删除"命令。

（4）选定需要删除的文件或文件夹，然后选择菜单栏"主页"中的"删除"命令。

3. 重命名文件（夹）

改变文件名或文件夹名的过程称为重命名，重命名的方法有以下几种：

（1）先选定要更名的文件或文件夹，使其呈反蓝选中状态，再次单击该文件或文件夹的名字，进入编辑状态。在方框中输入新的文件或文件夹名。最后单击方框以外任意位置，或按回车键。

（2）选定需要更名的文件或文件夹右击，在弹出菜单中选择"重命名"命令，输入新名字，按回车键确定。

（3）选定需要更名的文件或文件夹，选择菜单栏"主页"中的"重命名"命令，选定的名字上出现一个方框，在方框中输入新的名字，按回车键确定。

（4）选定要更名的文件或文件夹，按 F2 键，输入新名字，按回车键确定。

3.4.5　文件（夹）的复制和移动

Windows 10 使用中，用户经常要对文件或文件夹进行复制和移动操作。下面介绍几种复制和移动文件或文件夹的方法。

1. 复制文件或文件夹

（1）选定要复制的文件或文件夹，按住鼠标左键拖动文件或文件夹到目标位置，松开鼠标，即可完成复制。注意：文件或文件夹与目标位置不能处于同一磁盘分区。

（2）选定要复制的文件或文件夹，按住 Ctrl 键，同时拖动文件或文件夹到目标位置，松开鼠标即可完成复制。

（3）选定要复制的文件或文件夹，按住鼠标右键拖动文件或文件夹到目标位置，松开鼠标选择"复制到当前位置"即可完成复制。

（4）选定要复制的文件或文件夹，按快捷键 Ctrl + C，在目标位置按快捷键 Ctrl + V，即可完成复制。

（5）选定要复制的文件或文件夹，右击出现弹出菜单，选择"复制"命令，在目标位置空白处右击，在弹出菜单中选择"粘贴"命令，即可完成复制。

（6）选定要复制的文件或文件夹，右击出现弹出菜单，在"发送到"命令中选择目标位置单击即可完成复制。此功能常用于向移动磁盘中复制文件或文件夹。

2. 移动文件或文件夹

（1）选定要移动的文件或文件夹，按住鼠标左键拖动文件或文件夹到目标位置，松开鼠标即可完成移动。注意：此方法与复制相反，只能移动在同一个磁盘分区里的文件或文件夹。

（2）选定要移动的文件或文件夹，按住 Shift 键，同时拖动文件或文件夹到目标位置，松开鼠标即可完成移动。

（3）选定要移动的文件或文件夹，按住鼠标右键拖动文件或文件夹到目标位置，松开鼠标选择"移动到当前位置"即可完成移动。

（4）选定要移动的文件或文件夹，按 Ctrl + X 快捷键，在目标位置按 Ctrl + V 快捷键，即可完成移动。

（5）选定要移动的文件或文件夹，右击出现弹出的快捷菜单，选择"剪切"命令，在目标位置空白处右击，在弹出菜单中选择"粘贴"命令，即可完成移动。

3. 撤销和恢复功能

Windows 10 为用户提供了撤销和恢复服务，在执行文件的重命名、删除、复制、移动等操作之后，如果发现操作失误，可以在快速访问工具栏中选择"撤销"命令挽回错误操作，或选择"恢复"命令取消撤销操作。当用户使用"撤销"命令之后，"恢复"命令自动转为可用状态。

"撤销"命令的快捷键为 Ctrl + Z，"恢复"命令的快捷键为 Ctrl + Y。

3.4.6　文件（夹）的查找

随着用户的使用，计算机中存储的文件和文件夹会越来越多，即使将文件按不同文件夹分门别类地保存，查找时也会对用户带来一定的不便。这时，可使用 Windows 10 提供的搜索命令。

用户要查找一个文件或文件夹，可采用以下几种方法：
（1）通过任务栏中的搜索框来进行查找。
（2）在文件资源管理器窗口的搜索框中进行查找。
（3）利用 Windows 10 提供的"键盘选择"功能。用鼠标选中工作区，用户可快速键入目标文件或文件夹的开头几个字符，系统会迅速定位与字符相匹配的第一个文件或文件夹。

3.4.7　文件（夹）的查看与排列

如果用户对文件或文件夹的图标大小、列表方式等感到不满意，Windows 10 还提供了"查看"菜单用于更改。

1. 文件或文件夹图标的显示方式

打开"菜单栏"中"查看"菜单或右击窗口空白位置，在弹出的快捷菜单中选择"查看"命令。Windows 10 提供了"超大图标"、"大图标"、"中图标"、"小图标"、"列表"、"详细信息"、"平铺"和"内容"8 种模式显示文件和文件夹。同一时间内，用户只能从这几个选项中选择其中一个。图 3-39 为"中图标"显示方式。

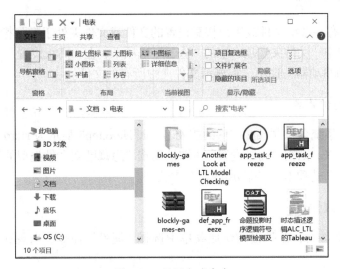

图 3-39　显示方式命令

2. 文件或文件夹图标的排序方法

打开"菜单栏"中"查看"菜单或右击窗口空白位置，在弹出的快捷菜单中选择"排序方式"命令。Windows 10 提供了按"名称"、"修改日期"、"类型"和"大小"等 8 种排序方式。使用方法与"查看"命令相同。同时，用户还可选择"递增"或"递减"命令。如图 3-40 所示。

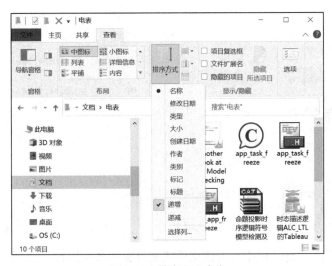

图 3-40　排序方式命令

3.4.8 文件（夹）的高级设置

用户在使用过程中可能需要对文件或文件夹进行一些特殊操作。这时，可通过"菜单栏"打开"查看"菜单，单击"选项"，在弹出的对话框中对文件或文件夹进行设置。图 3-41 为"文件夹选项"对话框的"查看"选项卡。

1. 显示文件或文件夹

在计算机中，有些系统文件或用户特意设置的文件或文件夹处于隐藏状态。若希望显示隐藏的文件，可以选中"文件夹选项"中的"查看"选项卡，在"高级设置"中选择"显示隐藏的文件、文件夹和驱动器"选项，将显示文件夹中所有的文件。

2. 显示文件的扩展名

默认情况下，系统会隐藏某些文件的扩展名，如 Hero.mp3 显示为 Hero。如果要把这些文件的扩展名显示出来，则在"高级设置"中取消勾选"隐藏已知文件类型的扩展名"即可。也可以直接在"查看"选项卡中"显示/隐藏"中选择。

3.4.9 文件（夹）属性

右击文件或文件夹，在弹出的快捷菜单中选择"属性"命令，出现如图 3-42 所示的对话框。

图 3-41 "文件夹选项"对话框的"查看"选项卡　　　图 3-42 文件夹"属性"对话框

用户可以在"属性"对话框中查看该文件或文件夹的各种属性，如"类型""大小""位置"等。在对话框底部针对文件属性有两个复选框，即只读、隐藏，还可选择"高级"按钮来修改相应的文件属性。

（1）只读文件。用户可查看只读文件的名字，只读文件能被应用，也能被复制，但不能被修改和删除。如果将可执行文件设置为只读文件，不会影响它的正常执行，且可避免意外的删除和修改。

（2）隐藏文件。隐藏文件一般不显示，除非用户知道隐藏文件的名字，否则看不到也无法使用隐藏文件。

3.4.10　文件的打印

当计算机连接打印机后，就具备了文件打印功能。打开该文件，单击"菜单栏"中"文件"菜单，选择"打印"命令，进入"打印"对话框。用户可以在对话框中进行参数设置，设置完成之后单击"确定"按钮即可。Windows 10 中并不是所有格式的文件都可执行打印命令。右击目标文件，在弹出的快捷菜单中出现"打印"命令时，才可以对该文件进行打印。

3.4.11　回收站

1. 回收站的概念

回收站是一个特殊的文件夹，默认在每个硬盘分区根目录下的 RECYCLER 文件夹中，且是隐藏的。当用户将文件删除并移到回收站后，实质上就是把它放到了这个文件夹中，仍然占用磁盘的空间。只有在回收站里删除它或清空回收站才能使文件真正地被删除，为计算机获得更多的磁盘空间。"回收站"窗口如图 3-43 所示。

2. 恢复删除的文件

恢复删除的文件有以下方法，如图 3-44 所示。

（1）选中要恢复的文件，单击"回收站工具"菜单中"还原选定的项目"命令可恢复文件。

（2）选中要恢复的文件，右击，在弹出的菜单中选择"还原"命令。

（3）单击"回收站工具"菜单中"还原所有项目"命令即可将回收站中所有文件恢复。

图 3-43　"回收站"窗口

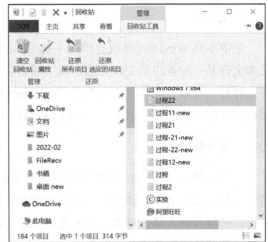

图 3-44　回收站工具

图 3-45　"回收站 属性"对话框

3. 真正删除文件

在回收站中真正删除文件的方法：

（1）选中要删除的文件，单击"主页"菜单栏中的"删除"命令，即可删除文件。

（2）选中要删除的文件，右击，在弹出的菜单中选择"删除"命令。

（3）选中要删除的文件，单击快速工具栏中的"删除"按钮，即可删除文件。

（4）选中要删除的文件，按 Delete 键，单击"是"按钮删除文件。

（5）单击"回收站工具"菜单中的"清空回收站"按钮，删除所有文件。

4. 回收站的属性

右击桌面上的"回收站"图标，在弹出的快捷菜单中选择"属性"命令，可以修改回收站属性。图 3-45 是"回收站 属性"对话框的"常规"选项卡。

"回收站 属性"对话框中有以下选项：

（1）回收站位置：回收站存储空间放置在哪个磁盘空间中。

（2）自定义大小：回收站存储空间的大小，用户也可以自行修改。

（3）不将文件移到回收站中：选择该选项将忽略回收站，这时删除文件就是彻底删除。

（4）显示删除确认对话框：不选定该框，删除文件时 Windows10 不会显示删除确认对话框。

3.5　实 用 工 具

3.5.1　记事本

记事本是 Windows 系统自带的一种基本的文本编辑程序，通常用于查看与编辑文本文件。文本文件是一种常用的文件类型，其扩展名为 txt。

打开"开始"菜单，依次单击"Windows 附件"中的"记事本"，即可启动记事本，或直接在搜索框中输入"笔记本"，也可打开笔记本工具。

3.5.2　写字板

写字板是 Windows 10 中自带的一款文本编辑程序，比记事本功能更加全面和实用，支持的文件格式除了文本文件之外，还包括富文本格式（扩展名为 rtf）和图像文件。在写字板中还可以链接或嵌入其他对象，如图像或其他文档。

打开"开始"菜单，依次单击"Windows 附件"中的"写字板"，即可启动写字板工具，或直接在搜索框中输入"写字板"，也可打开写字板工具，如图 3-46 所示。

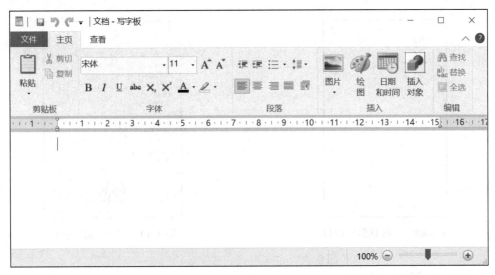

图 3-46　"写字板"窗口

3.5.3　画图

使用"画图"程序可以绘制简单的图像，也可以修改现有图片。Windows 10 中的"画图"程序相比以前版本的"画图"有较大的改进，所有的工具都被集中到"功能区"中，且可方便地对各种对象进行修改，使用起来更加方便。

打开"开始"菜单，依次单击"Windows 附件"中的"画图"，即可启动画图工具，或直接在搜索框中输入"画图"，也可打开画图工具，并自动创建一个名为"无标题"的图像文件，如图 3-47 所示。

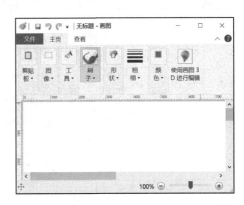

图 3-47　"画图"窗口

3.5.4　计算器

打开"开始"菜单，单击"Windows 附件"中的"计算器"，即可启动计算器，如图 3-48 所示；或直接在搜索框中输入"计算器"，也可打开计算器工具。

3.5.5　录音机

"录音机"程序用于从传声器等设备将声音录制为数字音频文件。录制之前，需先正确地连接音频输入设备。例如，若选择使用麦克风作为音频输入设备，则首先要将麦克风插入计算机声卡的红色录音插孔中。打开"开始"菜单，单击"Windows 附件"中的"录音机"，即可启动录音机，如图 3-49 所示；或直接在搜索框中输入"录音机"，也可打开录音机工具。

图 3-48　"计算器"窗口

图 3-49　"录音机"窗口

3.5.6　Microsoft Media Player

Microsoft Media Player（图 3-50）是 Windows 10 自带的媒体播放器，可播放音频和视频。打开"开始"菜单，单击"Windows 附件"中的"Microsoft Media Player"，即可启动，或直接在搜索框中输入"Media Player"，也可打开 Microsoft Media Player 工具。

图 3-50　"Microsoft Media Player"窗口

3.5.7　系统管理工具

打开"开始"菜单，单击"Windows 管理工具"，可看到其中包含了"磁盘清理""碎片整理和优化驱动器""计算机管理""资源监视器"等查看或修改系统的工具。

1. 磁盘清理

磁盘清理可清除用户不知道也不使用的文件，使计算机运行速度变快，如图 3-51 所示。

（1）打开"磁盘清理"程序，选择需要清理的磁盘。

（2）计算机自动计算磁盘中文件的类型并分类，列出其所占空间大小。

（3）选择清理的文件类型，确认清除。

2. 磁盘碎片整理程序

整理磁盘碎片，提高计算机运行速度，如图 3-52 所示。使用方法如下：

（1）打开"优化驱动器"窗口，选择磁盘分区，单击"分析"按钮，确定磁盘是否需要清理。

（2）如果需要清理，单击"优化"按钮开始清理。

（3）用户可以通过"配置计划"功能，设置磁盘碎片自动整理的时间、频率等。

图 3-51　"磁盘清理"窗口　　　　图 3-52　"碎片整理和优化驱动器"窗口

3. 计算机管理

计算机管理工具是对整个计算机系统资源进行查看和管理的工具，包括系统工具、存储及服务和应用程序（图 3-53）。系统工具主要查看系统所有硬件的状态及其驱动程序；存储主要完成磁盘管理，可以查看磁盘分区大小、状态及未使用空间大小；服务和应用程序主要用来查看系统后台中启动/未启动的服务，可手工更改服务的启动方式（自动/手工）。

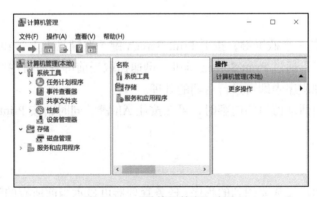

图 3-53　"计算机管理"窗口

4. 资源监视器

资源监视器可以监控 CUP、内存和磁盘的使用率以及网络的运行情况，如图 3-54 所示。

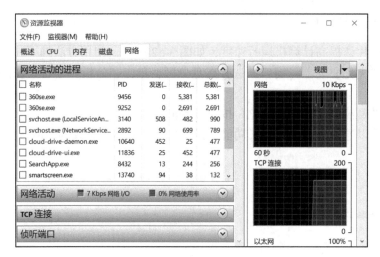

图 3-54　　"资源监视器"窗口

3.5.8　剪贴板

1. 剪贴板的使用

剪贴板是内存中的一块区域，是 Windows 内置的一个非常有用的小工具，通过剪贴板，信息可以在各种不同的程序之间传递分享。通过对文件的"复制""剪切"操作，数据就会传输到剪贴板中。但剪贴板只能保留一份数据，每当新的数据传入时，旧的数据便会被覆盖。

Windows 在复制文件时，可以复制一个超过 1GB 的文件，原来剪贴板中存放的只是文件的信息而已，并非整个文件本身；只有在复制小文件，诸如文本、图片等时，剪贴板中存放的才是源数据本身。所以粘贴前删除原文件，粘贴操作将不能进行。

剪贴板存放的信息量较大时，将严重影响系统运行的速度，必要时可采用复制一个字符来更新系统剪贴板里的信息。

2. 屏幕截图

Print Screen 键是一个截屏键，按下 Print Screen 键（在键盘上），当前屏幕上显示的内容将会被全部截取下来。通过 Print Screen 键可以迅速抓取当前屏幕所有内容，然后粘贴到"画图"之类的图像处理程序中即可进行后期的处理。

当只想截取当前活动窗口的内容时，可在按住 Alt 键的同时，按 Print Screen 键进行屏幕抓图。

3.5.9　任务管理器

任务管理器是用户经常要用到的程序，任务管理器可显示当前所有的程序和服务。用户可以用它结束一些异常程序和服务，如一些正常方法无法关闭的恶意软件。

打开任务管理器有如下三种方法：

（1）右击任务栏，从弹出的快捷菜单中选择"任务管理器"命令打开 Windows 10 "任务管理器"窗口，如图 3-55 所示。

（2）使用快捷键 Ctrl + Alt + Delete，在弹出的界面中选择"任务管理器"。

（3）使用 Ctrl + Shift + Esc 快捷键，打开 Windows 10 的"任务管理器"窗口。

在任务管理器的"进程"选项卡中，列出了目前正在运行的应用程序名，选定其中的一个任务，单击"切换到"按钮，可使该任务对应的应用程序窗口成为活动窗口，同时任务管理器会最小化；单击"结束任务"按钮，表示要结束该任务的运行状态。

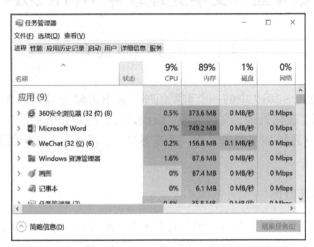

图 3-55　Windows 10 "任务管理器"窗口

第 4 章　文字处理软件 Word 2019

4.1　Word 2019 简介

Word 2019 是 Office 2019 中的一个重要组件，是由微软公司推出的一款优秀的文字处理软件，具有文字编辑、表格处理、文件管理、版面设计、拼写和语法检查、打印和兼容性等功能。此外，Word 2019 还增加了翻译文档、墨迹书写、学习工具、横向翻页等功能，为用户提供了更加便捷的操作。

4.1.1　Word 2019 界面概述

Word 2019 启动后即可进入 Word 2019 的主界面，如图 4-1 所示。从图 4-1 可以看出，Word 2019 将软件的功能集中到窗口上方的功能区中，对不同命令进行了分组并划分到各个选项卡中，便于用户查找与使用。Word 2019 的主窗口包括标题栏、快速访问工具栏、选项卡、功能区、功能区按钮、状态栏、导航窗格、文档编辑区、视图控制区等部分。

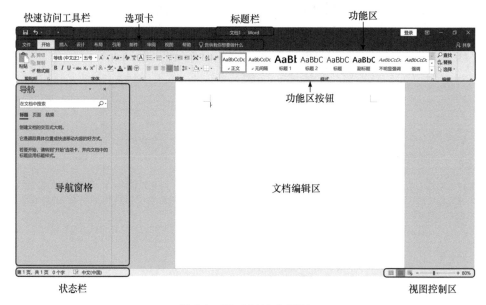

图 4-1　Word 2019 主界面

下面将具体介绍 Word 2019 主界面。

1. 标题栏

标题栏位于主窗口最上方中央处，用于显示正在编辑文档的文件名及所使用的软件名。在标题栏右击可打开"控制菜单"，用于控制 Word 窗口的移动、大小和关闭等操作。如果是新建的未命名文档，则自动以"文档 X"命名，X 为数字。程序名称紧接文档标题，显示当前打开应用程序的名称。标题栏左侧是快速工具访问栏。在标题栏右侧，从左至右依次为 Microsoft 账户登录按钮、功能区显示选项按钮以及窗口控制按钮。窗口控制按钮依次是"最小化""最大化/还原""关闭"按钮。

2. 快速访问工具栏

快速访问工具栏位于 Word 2019 界面的左上角，其位置可以改变。通过单击快速访问工具栏的下拉菜单按钮 ，选择"在功能区下方显示"，快速访问工具栏将会在功能区下方显示。快速访问工具栏默认包括"保存""撤销""重复"命令，用户也可以根据需要，自行添加其他常用命令。在添加其他常用命令时，单击快速访问工具栏中的下拉菜单按钮，选择"其他命令"，弹出"Word 选项"对话框，用户从左侧常用命令的列表中选中要添加的命令，然后单击中间的"添加"按钮，用户所选中的命令将会被添加至右侧窗口。与之相同，用户可以通过中间的"删除"按钮删除不需要的命令。窗口最右侧两个标识上下的按钮用于调整图标在快速访问工具栏中的次序，如图 4-2 所示。

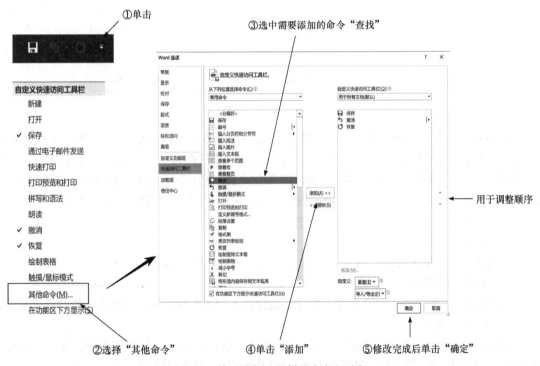

图 4-2　快速访问工具栏的自定义过程

3. 功能区

Word 2019 沿用了之前版本的横跨窗口顶部的功能区。功能区由命令、组、选项卡组成。Word 2019 包含 10 个基本的选项卡，每个选项卡内都包含若干个组，每个组都包含了常用的按钮。当组中的按钮无法满足用户更多的需求时，用户可通过单击某些组右下角的小箭头按钮 ，打开更完善的对话框，进行更细微的操作，这个箭头按钮被称为"对话框启动器"。如图 4-3 所示，在"开始"选项卡下的"字体"组右下角，单击"对话框启动器"，可以打开"字体"对话框，在对话框内可对字体的大小、格式等进行更细致的操作。设置完成之后单击"确定"保存设置。

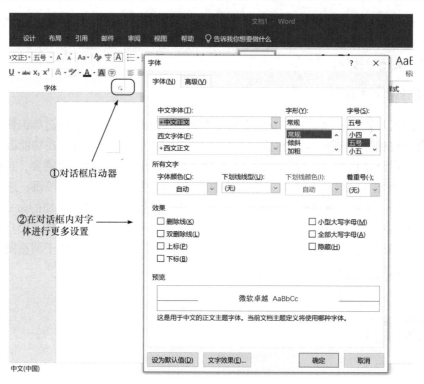

图 4-3　打开对话框

　　功能区的设置极大地方便了用户在图文处理时的查找和使用，但是当用户暂时不使用功能选项，并且希望获得更多工作空间时，可以对功能区进行隐藏。用可通过单击功能区右下角的"折叠功能区"按钮∧隐藏功能区。如果需要在此显示功能区，则只需再次双击选项卡或单击"固定功能区"按钮⇥；此外，也可以利用 Ctrl + F1 快捷键隐藏或显示功能区。

　　下面对功能区中的 10 个基本选项卡进行介绍。

　　1）"文件"选项卡

　　该选项卡主要用于新建、打开、保存、打印、共享、导出 Word 文档。

　　2）"开始"选项卡

　　该选项卡由剪贴板、字体、段落、样式、编辑共 5 个组组成，涵盖了图文编辑的常用功能。

　　3）"插入"选项卡

　　该选项卡由页面、表格、插图、加载项、媒体、链接、批注、页眉和页脚、文本、符号、媒体共 11 个组组成。"插入"选项卡主要在用户插入某一对象时使用。

　　4）"设计"选项卡

　　该选项卡由文档格式、页面背景共 2 个组组成，主要用于设置文档的主题、水印、页面颜色、页面边框。

　　5）"布局"选项卡

　　该选项卡由页面设置、稿纸、段落、排列共 4 个组组成，主要用来对页面的布局进行设置。

　　6）"引用"选项卡

　　该选项卡由目录、脚注、信息检索、引文与书目、题注、索引、引文目录共 7 个组组成，主要用于向文档中插入目录、题注、引用等。

7）"邮件"选项卡

该选项卡由创建、开始邮件合并、编写和插入域、预览结果、完成共 5 个组组成，主要用于实现邮件合并等功能。

8）"审阅"选项卡

该选项卡由校对、语言、辅助功能、语言、中文繁简转换、批注、修订、更改、比较、保护、墨迹共 11 个组组成，主要对文档进行修订、校对等操作时使用。

9）"视图"选项卡

该选项卡由文档视图、沉浸式、页面移动、显示、缩放、窗口、宏、SharePoint 共 8 个组组成，主要在设置窗口视图时使用。

10）"帮助"选项卡

该选项卡仅由帮助 1 个组组成，用于为用户提供帮助，反馈改进 Office 建议、显示在线和学习培训内容。

4. 状态栏

状态栏处于 Word 2019 界面底端，为用户提供关于当前文档的信息，包括了页码、字数、语言、显示比例等。用户也可根据自己的需求决定状态栏所需显示的信息。如图 4-4，用户右击状态栏，弹出自定义界面，根据自身需求选择需要在状态栏显示的信息。

图 4-4　自定义状态栏

5. 文档视图

Word 2019 为用户提供了 5 种文档视图，以满足用户在不同状态下的编辑需要。视图的正确使用可以节省图文处理的时间，提高工作效率。Word 2019 提供了两种切换不同视图的方法：一是单击状态栏右侧的"视图区"可对阅读视图、页面视图、Web 版式视图进行切换，如图 4-5 所示；二是选择"视图"选项卡，从"视图"组中选择需要的视图方式，如图 4-6 所示。

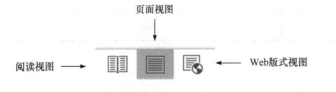

图 4-5　切换视图方法一

图 4-6　切换视图方法二

1）页面视图

页面视图是 Word 2019 的默认视图。在页面视图下，用户不仅可对文档进行编辑排版、页眉页脚设计，也可处理文本框、图片或检查文档的最后外观。页面视图是一种最接近打印效果的视图。

2）阅读视图

阅读视图以全屏方式显示，页面分为两屏，顶端的功能区被工具栏取代，主要用于阅读文档。在该视图下，用户无法对文档内容进行编辑，但可以查看文档中的注释。工具栏中的"工具"为用户提供了多种阅读工具来辅助阅读，用户在查看文档时只需单击左侧或右侧按钮即可完成翻屏；用户也可在"视图"中设置该视图相关选项，如显示导航窗格、更改页面颜色等。Word 2019 在阅读视图中提供了 3 种页面背景色：白底黑字、褐色背景及适用于黑暗环境的白底黑字，方便用户在各种环境中舒适地阅读。用户可以通过单击右上角的"关闭"按钮或按 Esc 键退出阅读视图。

3）Web 版式视图

Web 版式视图以网页形式显示文档内容，不显示页码和节号信息，而显示为一个不带分页符的长页，文档中的内容会自动换行来适应网页窗口的大小，超链接显示为带下划线的文本。该视图模拟了 Web 浏览器的显示效果，用户可以通过该视图直观地看到文档在网站发布时的外观。

4）大纲视图

大纲视图主要用于设置文档格式、显示和调整标题的层级结构。在大纲视图下，可方便地折叠和展开各层级的文档，检查文档结构，也可通过工具栏调整文档内的文本级别。

5）草稿视图

草稿视图取消了分栏、页眉页脚、页面边距、图片等元素，仅显示标题和正文，是一种最节省计算机系统资源的视图方式。该视图适用于文档排版只保存在计算机中，无须打印的文档。该视图可完成文本的录入、编辑和简单的排版，但打印输出的排版效果可能与预想不同。

4.1.2　Word 2019 的文件格式

Word 2019 采用的文件格式为.docx，该格式基于 Office Open XML 标准使用了 XML 和 ZIP 压缩技术。相比旧版本的.doc 格式，新格式更容易在各个平台被解析，而且在实践中，新格式下文件的体积也变得更小、更轻便，功能限制更少。Word 文件常见扩展名如表 4-1 所示。

表 4-1　Word 常见扩展名

XML 类型	扩展名
Word 文档	docx
启用宏的 Word 文档	docm
Word 模板	dotx
启用宏的 Word 模板	dotm

4.1.3　Word 2019 的新特性

Word 2019 在原先的版本之上又新增了许多新功能，很大程度地提高了用户的工作效率。本节将对 Word 2019 的新特性进行介绍。

1. 横向翻页

Word 2019 增加了全新的翻页功能，可以同时并排查看页面。使用"视图"选项卡下面的"翻页"功能，文档会像书本一样将页面横向叠放，甚至连翻页动画也像传统的书本翻页一样。在"视图"选项卡中有"垂直"和"翻页"两种翻页功能选项。当进入翻页模式时，页面变成书本样式，通过拖动下方的滑块，可以实现翻书的浏览效果。

2. 墨迹书写

Word 2019 新增了墨迹书写功能，通过它可以突出显示重要内容、绘图、将墨迹转换为形状，或进行数学运算。Word 2019 提供普通笔、荧光笔和铅笔 3 种类型的笔，每种笔有 5 种粗细和 8 种特殊图案效果可选择。绘制出墨迹形状之后，可任意对其移动、复制、更改颜色或方向。选择"文件"选项卡→"选项"，打开"Word 选项"对话框，选择自定义功能区，在右侧"主选项卡"里选择"绘图"，单击"确定"按钮后，即可进入墨迹书写模式。如果设备已启用触摸，"绘图"选项卡会自动打开。

3. 学习工具

Word 2019 增加了学习工具功能，可从"视图"选项卡中的"学习工具"功能来开启。进入学习模式后，可以调整列宽、页面颜色、文字间距，且这些操作都不会影响 Word 的原内容格式。想结束阅读时，单击"关闭学习工具"按钮即可退出。当使用学习工具时，即进入沉浸式学习状态。此外，开启"语音朗读"功能，不用眼睛盯着看，也能阅读文档，除了音量，还能切换语速和声源。

4. 翻译文档

Word 2019 采用了 Microsoft Translator 翻译服务，可以自动检测语言。只需单击"审阅"选项卡下的"翻译"功能，选择"翻译文档"，Word 就能翻译整个文档，并且将译文自动生成另一个可编辑的文档。除了全文翻译，还可以选定特定词语或段落进行翻译。单击"审阅"选项卡菜单中的"翻译"功能，选择"翻译所选内容"，Word 右侧会弹出"翻译工具"窗口，选中文档中的一段文字，就能实时进行翻译。单击下方的"插入"按钮，Word 还能将原文直接替换为译文。

5. 视觉效果

Word 2019 增加了图标库和 3D 图像，支持图标修改颜色、增加阴影和三维特效。3D 模型插入文件的方法与插入其他图像的方法基本相同，插入之后，只需单击或按住鼠标等操作，即可完成 3D 图形的旋转或倾斜等操作。

4.2　Word 2019 的基本操作

本节对 Word 2019 文档的基本操作和文本的简单编辑进行介绍。重点讲解文档的创建、打开、保存、关闭操作。

4.2.1　文档的创建

创建文档是 Word 2019 对文档进行编辑的第一个必要步骤。Word 2019 为用户提供了多种建立文档的方法。

1. 新建空白文档

（1）如果用户不通过已存在的文档来启动 Word 2019，则应用程序在启动时，Word 2019 会自动为用户创建一个名为"文档 X"的空白文档，X 在此处为数字。

（2）如果用户已经启动了 Word 2019 进行文档编辑，但在编辑过程中需要创建新的空白文档，则可以通过以下三种方式完成。

① 单击界面顶端快速访问工具栏中的"新建文档按钮" ▯ 完成空白文档创建。

② 通过按 Ctrl + N 快捷键完成空白文档的创建。

③ 单击"文件"选项卡→选择"新建"命令→选中"空白文档"图标，完成空白文档的创建，如图 4-7 所示。

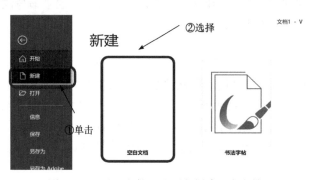

图 4-7　通过"文件"选项卡创建空白文档

2. 使用模板新建文档

Word 模板是一个包含了各类样式、页面布局及示例文本等元素的文档，通过模板可以快速生成页面设置、各类样式等参数统一的多个文档，极大地节约了用户时间，简化了用户操作。Word 2019 为用户提供了多种可供选择的模板，包括简历、日历、求职信、宣传册、报告、报表、奖状、证书、要求等。用户在创建文档时可以根据自身需要选择对应的模板，这种通过模板创建文档的方式使得文档的针对性更强。如图 4-8 所示，单击"文件"选项卡→选择"新建"命令→选择需要的模板，即可创建对应的文档；若未找到需要的模板，还可通过搜索联机模板进一步查找。

图 4-8　使用模板创建文档

4.2.2　文档的打开

对于新建或已存在的文档，在关闭之后下次使用时，就需要打开。Word 2019 为用户提供了多种打开文档的方式。

1. 直接打开文档

当用户需要打开某个文档时，先在文件资源管理器中找到需要打开的文档，然后双击文档即可打开文档。

2. 利用"打开"对话框打开已存在文档

（1）如图 4-9 所示，单击"文件"选项卡，再选择"打开"选项，随后选择"浏览"，在打开对话框中通过浏览文件找到所需要打开的文档的存放位置，选中所需要打开的文档，然后再单击"打开"，即可完成文档的打开。

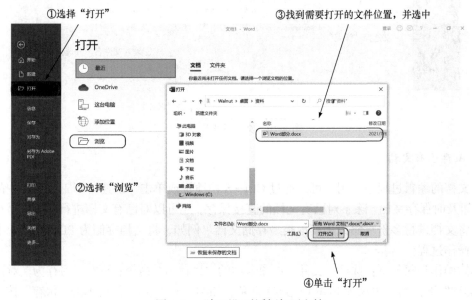

图 4-9　"打开"对话框打开文档

（2）通过快捷键 Ctrl + O 调出"打开"界面，如图 4-9 所示，随后选择"浏览"，找到要打开文档的位置并选中要打开的文档，单击"打开"按钮即可。

（3）单击界面顶端快速访问工具栏中的"打开"按钮　，可调出"打开"对话框，找到需要打开文档的位置并选中要打开的文档。如果未显示"打开"按钮，则可通过自定义快速访问工具栏添加"打开"文档。

4.2.3　文档的保存

1. 文档的首次保存

在用户完成新文档的创建后，文档在磁盘中只是以临时文件的形式存在。因此，需要对新创建的文档进行保存，使之在磁盘中以永久文件的形式保存起来。具体操作如下：

（1）选择"文件"选项卡中的"保存"，或单击"快速访问工具栏"中的"保存"按钮，就会打开"另存为"对话框，如图 4-10 所示。

（2）在"另存为"对话框中，找到需要将文件保存到的位置。

（3）在"文件名"中输入存储文档的名称。

（4）在"保存类型"中选择需要保存的格式，默认选用"Word 文档(*.docx)"，然后单击

"保存"按钮完成文档的保存。

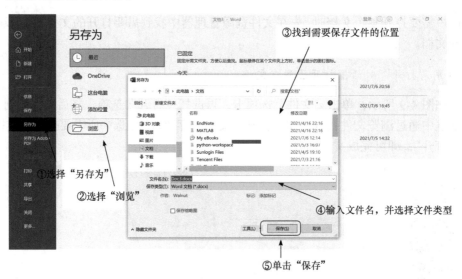

图 4-10　文档的首次保存

2. 保存已有文档

在文档的编辑过程中，用户可以通过 Ctrl＋S 快捷键或单击"快速访问工具栏"中的"保存"按钮及时保存文档。除了对已有文档的直接保存，还可以对已有文档进行另存。另存的目的在于将文档进行多份存储或用其他类型存储文档。例如，将文档存储为 PDF 格式，下面介绍具体操作过程。

具体操作步骤如下：选择"文件"选项卡中的"另存为"命令；再在"另存为"对话框的"保存类型"下拉列表中选择 PDF（*.pdf）选项，如图 4-11 所示；最后单击"保存"按钮，将".docx"格式的文件转化为".pdf"格式进行保存。

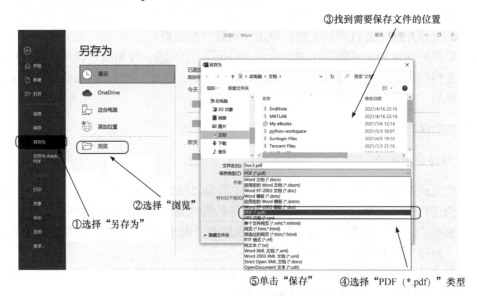

图 4-11　将文档另存为 PDF 格式

3. 设置自动保存

为了防止用户忘记保存、停电、死机等情况下造成的文档数据丢失，Word 2019 为用户提供了每隔一定时间就自动保存文档的功能，以降低损失。具体操作步骤如下：

（1）选择"文件"选项卡中的"选项"命令，弹出"Word 选项"对话框。

（2）选择"Word 选项"对话框中的"保存"选项卡。

（3）勾选"保存自动恢复信息时间间隔"复选框，根据自身需要调整自动保存文档的时间间隔，然后单击"确认"按钮保存设置，如图 4-12 所示。自动保存的时间间隔越小，其自动保存就会越频繁。当 Word 文档很大时，自动保存很频繁可能会导致 Word 程序变慢。

有了以上设置，即使 Word 文档因意外未保存，下次打开 Word 时，在文档左侧也可选择恢复最近一次保存的文档。

图 4-12　文档的自动保存设置

4.2.4　文档的关闭

选择"文件"选项卡中的"关闭"选项，或单击文档右上角的"关闭"按钮完成文档的关闭。如果用户关闭未保存的新文档或修改过的旧文档，Word 会自动显示提示框，提示用户对文档进行保存。

4.3　文　本　操　作

4.3.1　在文档中添加文本

1. 输入文字

文字的输入以文档中闪烁的光标为起点，输入模式一般为从左至右，达到文档的最右侧会自动转到下一行。当输入完一段文字后，按 Enter（回车）键就可以进行手动分段。具体操作如下：首先创建一个新文档，在文档的页边空白范围以内的空白区域内双击，在光标闪烁处就可以输入内容，如图 4-13 所示。表 4-2 给出快速移动光标的按键说明。

在光标闪烁处输入文字

图 4-13　输入文字

表 4-2　光标键移动光标

按键	光标移动情况
↑/↓/←/→	光标移至上一行/下一行/左一个字符/右一个字符
Home/End	光标移至行首/行尾
PageUp/PageDown	光标移至上一屏/下一屏
Ctrl + PageUp/PageDown	光标移至上一页窗口顶部/下一页窗口顶部
Ctrl + Home/End	光标至文档开始处/文档结尾处
Ctrl + ←/→	光标左移一个单词/右移一个单词
Ctrl + ↑/↓	光标上移一段/下移一段

2. 输入特殊字符

在编辑文档的过程中，有时需要输入一些特殊的字符，如¤、@、#等符号。@、#这些可直接从键盘上输入，但¤的符号从键盘上无法直接输入，此时需要使用 Word 的插入符号功能。具体操作步骤如下：先在文档中将光标移至需要插入字符的位置；再在"插入"选项卡"符号"组中单击"符号"下拉按钮，然后选择"其他符号"命令，在弹出的"符号"对话框中选择符号的字体和子集等信息；最后选中需要插入的符号，单击"插入"按钮，完成后单击"关闭"按钮。若需要插入特殊字符则在弹出的"符号"插入框中选择"特殊字符"的选项卡。其余操作同上，如图 4-14 所示。

3. 插入日期

在文档中，可以直接通过键盘输入日期，如 2021 年 7 月 9 日。但如果要求文本中输入的日期是随系统日期变化的，则需要通过 Word 里面的功能实现。操作方法如下：

（1）将光标移至需要插入日期的位置。

（2）选择"插入"选项卡，在"文本"组中单击"日期和时间"按钮，在弹出的对话框中，选择插入日期的格式，选中"自动更新"复选框，日期就会随着系统日期变化。单击"确定"按钮，完成操作，如图 4-15 所示。

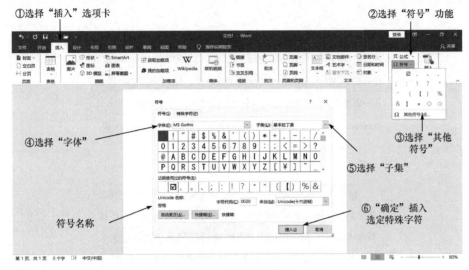

图 4-14 插入特殊符号

4.3.2 文档内容编辑

1. 选择文本

图 4-15 插入日期

在 Word 中要对文本或图片进行操作时，需要先完成选择操作，然后才能对文本或图片进行格式设置、编辑等操作。一般使用鼠标选择，也可以使用键盘选择。

1）使用鼠标选定文本

（1）在文本上拖动鼠标连续选定。从选中位置开始按住鼠标左键，然后移动鼠标选择文本，松开鼠标后即可看到选中的文本，选中的文本处于灰色背景状态，如图 4-16 所示。

> Microsoft Office 2019 的首个预览版完整套装已于 2019 年第二季度发布，与前代版本不同的是，Office 2019 仅能在 Windows 10 操作系统上运行。基本组件包含熟悉的 Word、 Excel 和 PowerPoint。用户因为不同的套装，还可以获得其他组件包括 Outlook、Visio、Access、Publisher、OneDrive For Business、Skype for Business 等。

图 4-16 拖动鼠标选中文档

（2）选定一行文本。光标移动到该行的最左边直至其变为一个向右上方的箭头，然后单击鼠标，即可选定该行的内容，如图 4-17 所示。

（3）选定一段文本。将光标定位于段内任意位置，然后三击鼠标，即可选定一个段落，或将光标移至该段落的最左边，直至其为一个向右上方的箭头，然后双击鼠标也可选定一个段落。

（4）选定不相邻的多段文字。先选定一段文字，再按住 Ctrl 键不放，然后再选定其他文字段，如图 4-18 所示。

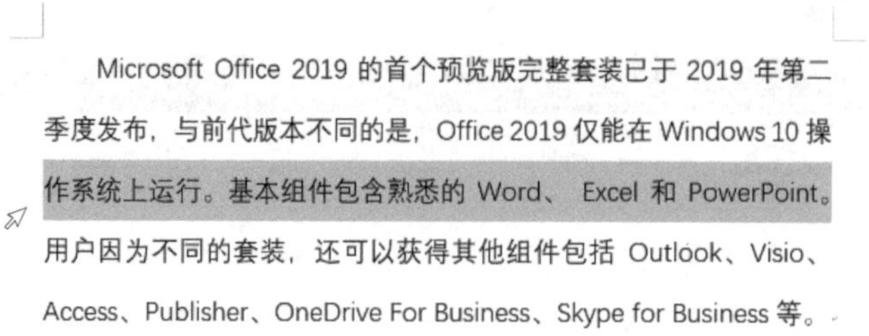

Microsoft Office 2019 的首个预览版完整套装已于 2019 年第二季度发布，与前代版本不同的是，Office 2019 仅能在 Windows 10 操作系统上运行。基本组件包含熟悉的 Word、 Excel 和 PowerPoint。用户因为不同的套装，还可以获得其他组件包括 Outlook、Visio、Access、Publisher、OneDrive For Business、Skype for Business 等。

图 4-17　选定一行文本

Microsoft Office 2019 的首个预览版完整套装已于 2019 年第二季度发布，与前代版本不同的是，Office 2019 仅能在 Windows 10 操作系统上运行。基本组件包含熟悉的 Word、 Excel 和 PowerPoint。用户因为不同的套装，还可以获得其他组件包括 Outlook、Visio、Access、Publisher、OneDrive For Business、Skype for Business 等。

图 4-18　选定不相邻的多段文字

（5）竖向选择文本。光标移至要选定文本的一角，先按住 Alt 不放，再按住鼠标左键，拖动鼠标产生一块矩形的灰色区域，在该矩形内的文本都会被选中，如图 4-19 所示。

Microsoft Office 2019 的首个预览版完整套装已于 2019 年第二季度发布，与前代版本不同的是，Office 2019 仅能在 Windows 10 操作系统上运行。基本组件包含熟悉的 Word、 Excel 和 PowerPoint。用户因为不同的套装，还可以获得其他组件包括 Outlook、Visio、Access、Publisher、OneDrive For Business、Skype for Business 等。

Office 2019 for Mac 是永久版本的 Office，内容和将在 2018 年下半年推出的 Office 2019 for Windows 一样。尽管微软强烈建议企业用户升级到 Office 365 Pro Plus，不过 Office 2019 也针对尚未准备好迁移到云端的企业用户而推出。

图 4-19　选定一块矩形区域内的文本

（6）选定整个文档。将光标移动到编辑区最左侧，直至光标变成一个指向右上方的箭头，然后三击鼠标，即可选定整个文档。

（7）选定一个英文单词或一个汉字词组。将光标移至单词或词组的任意位置，然后双击鼠标，即可选定一个英文单词或一个汉字词组。

2）使用键盘选定文本

利用键盘上面的控制键和光标键的组合来快速选定文本。相应内容见表 4-3。

表 4-3　选定文本操作的快捷键

快捷键	相对应的选定操作
Shift + ↑	按一次，选定光标上一行的文本，按多次，选定多行
Shift + ↓	按一次，选定光标下一行的文本，按多次，选定多行

续表

快捷键	相对应的选定操作
Shift + ←	按一次，选定光标左侧的一个字符，按多次，选定多个
Shift + →	按一次，选定光标右侧的一个字符，按多次，选定多个
Shift + Home	选定光标到行首的文本
Shift + End	选定光标到行尾的文本
Ctrl + A	选定整个文档

2. 文本的复制、移动和删除

1）复制文本

复制文本是指将文本复制到另外的位置，原位置上仍保留该文本。首先选定需要复制的文本，按 Ctrl + C（或右击，在弹出的菜单中选择"复制"，如图 4-20 所示）这就完成了复制文本的操作，文本被复制到了剪贴板中，然后将光标移至需要粘贴的位置，按 Ctrl + V（或右击，在弹出的菜单中选择"粘贴"，如图 4-20 所示），完成粘贴。复制不仅仅复制了文字内容，还有其格式。在粘贴时可以选择是否要取消格式。此外，还可通过"开始"选项卡下的剪贴板组中的"粘贴"功能进行粘贴，如图 4-21 所示，粘贴方式与图 4-20 相同。

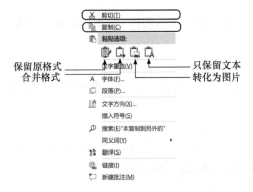

图 4-20　鼠标右键弹出菜单"复制""粘贴"
"剪切"功能

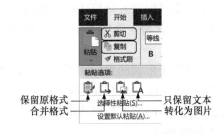

图 4-21　"开始"选项卡下的"复制""粘贴"
"剪切"功能

在 Word 的选择性粘贴中，"保留原格式"可以将复制的文字粘贴到其他位置并保持原样，对于"合并格式"，无论复制的内容是否设置过格式，或者无论粘贴位置是什么格式，都会自动将复制的内容以当前格式进行粘贴；对于复制的文本，如果只想将内容保存下来，则可以选择"只保留文本"；在编辑过程中，为了防止复制的文本、表格、区域被修改，或避免在排版时被改变，可以将复制内容粘贴为图片。

2）移动文本

移动即剪切，是指文本移动到新位置，原位置的文本就消失了。移动文本一般有两种方法：一是使用鼠标移动文本，首先选定要移动的文本，再按住鼠标左键，将其拖到新位置即可，如图 4-22 所示，使用鼠标移动文本只能近距离移动；二是使用剪贴板，首先选定要移动的文本，按 Ctrl + X 快捷键或者右击快捷菜单中选择"剪切"命令（图 4-20），这样就将文本移动到剪贴板中了，然后将光标移至相应位置，按 Ctrl+V 快捷键或右击，在快捷菜单中选择"粘贴"命令，将文本粘贴到相应位置。

①选中需要移动的内容，按压鼠标左键不松开，移动至目的位置

Microsoft Office 2019 的首个预览版完整套装已于 2019 年第二季度发布，与前代版本不同的是，Microsoft Office 2019 仅能在 Windows 10 操作系统上运行。 [1] 基本组件包含熟悉的 Word、 Excel 和 PowerPoint。 [2] 用户因为不同的套装，还可以获得其他组件包括 Outlook、Visio、Access、Publisher、OneDrive For Business、Skype for Business 等。 ②到达目的位置，松开鼠标

图 4-22 通过鼠标进行移动操作

3）删除文本

删除文本操作相对于前面的操作就比较简单了。如果只是删除少量字符，可以使用 Backspace 键删除光标前面的字符，使用 Delete 键删除光标后面的字符。如果要删除大量的字符，则先选定要删除的文本，然后按 Backspace 键或 Delete 键即可删除。

3. 使用格式刷、清除格式

1）格式刷

"格式刷"可将选定的文本或段落的格式复制到指定的文本或段落，使其具有相同的格式。操作方法如下：
（1）选定已经设置好格式的文本或段落。
（2）在"开始"选项卡中单击"剪贴板"组中的"格式刷"按钮，此时光标变成刷子的形状。
（3）将刷子形状的光标移至待改变格式的文本与段落。
（4）按住鼠标左键不放，拖动鼠标至待改变格式的文本或段落末尾，再释放鼠标左键，鼠标拖过的范围内的文本与段落的格式改变为设置好的文本或段落的格式。

2）清除格式

在使用 Word 时，有时使用了错误的文本格式。此时就可使用 Word 清除格式的功能。
（1）将要清除格式的文本或段落选定。
（2）在"开始"选项卡单击"字体"组中的"清除格式"按钮。

4.3.3 文本框的使用

文本框是一种可移动、可调大小的文字或图形容器，其可以放置在文档中的任意位置，并可以对其中的内容进行格式处理，操作方法如下：首先在"插入"选项卡中单击"文本"组中的文本框按钮，然后在打开的内置文本框面板中选择合适的文本框类型，这样就插入了一个文本框，如图 4-23 所示，最后在文本框内就可以输入文字了。

4.3.4 查找与替换

编辑文本时，经常需要对文字进行查找和替换操作，此时可使用 Word 2019 中的查找和替

换功能。

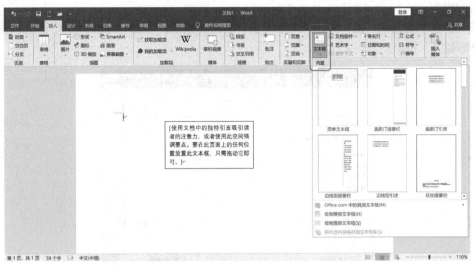

图 4-23 插入文本框

1. 查找

（1）在"开始"选项卡中，单击"编辑"组中的"查找"按钮，或按 Ctrl＋F 快捷键打开。

（2）此时页面左侧会弹出一个导航窗格，在"搜索文档"处输入查找的文本，按"回车"键即可开始搜索，或单击任务窗格右侧的查找按钮 $\mathcal{P}$，也可完成搜索。

（3）完成上述操作后，查找到的文字会以黄色背景显示出来。在左侧"导航"窗格中，图标 ∧ 与 ∨ 分别表示"上一条搜索结果"与"下一条搜索结果"。如图 4-24 所示。

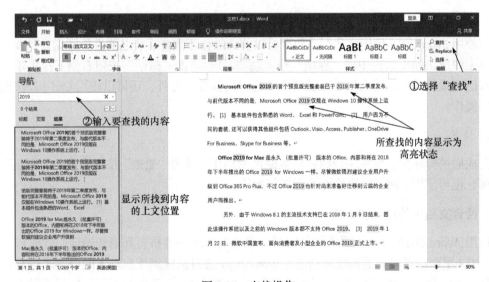

图 4-24 查找操作

2. 替换

（1）在"开始"选项卡中，单击"编辑"组中"替换"按钮，打开"查找和替换"对话框，如图 4-25 所示。

（2）在"替换"选项卡中"查找内容"框中输入需要替换的内容，在"替换为"框中输入替换后的内容。

（3）单击"查找下一处"按钮，然后单击"替换"按钮，可逐一替换，若要全部替换，则单击"全部替换"按钮。

图 4-25　替换操作

4.3.5　撤销和恢复

1. 撤销

当使用 Word 2019 编辑文本时，如果对以前的操作不满意，或之前进行了错误的操作，只需要单击快速访问工具栏中的"撤销"按钮 即可。单击"撤销"按钮右侧下拉菜单，会显示所有已完成的操作，可通过鼠标选择需要撤销的操作。此外，还可以使用 Ctrl＋Z 快捷键进行撤销操作。

2. 恢复

完成撤销操作后，如果用户想要恢复撤销的操作，单击"撤销"按钮旁边的"恢复"按钮 即可，也可使用 Ctrl＋Y 快捷键进行恢复操作。

4.3.6　检查文档中的拼写和语法

使用 Word 2019 编辑大量文档的时候，难免会出现一些拼写和语法错误。此时可以打开 Word 2019 里面的拼写和语法检查功能，Word 2019 会自动检测用户输入的内容是否有错误，并以红色波浪线标记拼写错误，绿色波浪线标记语法错误，而蓝色双下划线标记通过上下文联合分析得出的可能的语法错误。但这项功能检查出来的错误未必是真的错了，还需要用户加以判断。具体操作方法如下：

（1）在"文件"选项卡中，选择"选项"命令。

（2）在弹出的"Word 选项"对话框中选择"校对"选项，选中"键入时检查拼写"和"键入时标记语法错误"复选框即可，如图 4-26 所示。

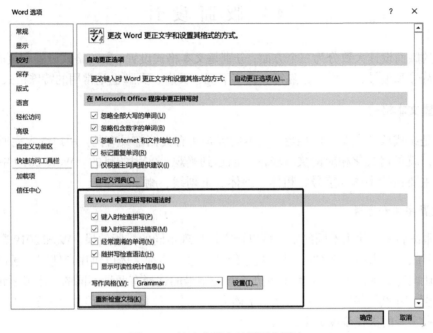

图 4-26　检查文档中的拼写和语法

4.3.7　打印文档

打印文档的操作方法如下：

（1）选择"文件"选项卡，然后选择"打印"命令，或者使用 Ctrl + P 快捷键。

（2）此时跳转到"打印"页面，用户根据自己的需要设置打印的"份数""页数""单面或双面"等，完成后单击"打印"按钮即可，如图 4-27 所示。

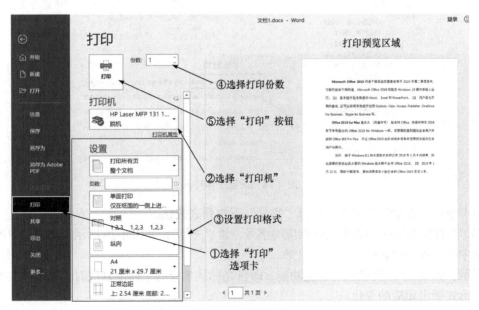

图 4-27　打印文档

4.4 版面设计

文档的版面设计大致分为三个方面，分别是文本格式设置、段落格式设置和页面设置。另外，项目符号和编号、分栏、分隔符、首字下沉、页眉、页脚也是常用的特殊格式。

4.4.1 设置文本格式

文本是组成段落最基本的内容，文本内容是所有文档都具有的。用户键入完所需的文本内容之后，就可格式化相应的文本段落，以达到美观、实用的目的。Word 2019 中设置文本的格式，主要包括字体、字号、粗体、斜体、下划线、删除线等。

1. 设置字体和字号

在文本编辑中，使用不同的字体可以让文档呈现不同的排版效果。Word 2019 默认字体为"等线"（旧版本为宋体）。此外，计算机系统还内置了多种字体以供用户使用。通过调整文字大小可以让内容更加清晰，层次结构更加分明。字号的选择有两种不同的大小显示形式，一种是以"初号""小初"等中文标识来表示字体大小，另一种是以阿拉伯数字来显示字体的磅值。设置字体和字号的操作步骤如下：

（1）选中需要设置的文本。

（2）单击"开始"选项卡，选择"字体"下拉列表按钮。

（3）在弹出的下拉列表里单击字体，如"华光方珊瑚-CNKI"，如图 4-28 所示。此时用户可以看见，选中的文本会以新的字体显示出来。

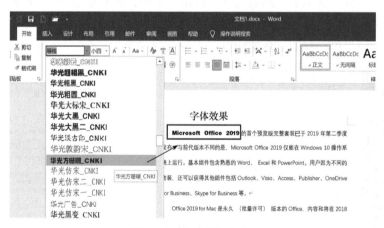

图 4-28 设置字体样式

（4）单击"开始"选项卡，选择"字号"下拉列表按钮。

（5）在弹出的下拉列表里选择相应的字号，如"三号"，如图 4-29 所示。此时用户可以看见，选中的文本会以新的字号显示出来。

提示：Word 2019 提供实时预览功能，即当光标从相应的字体上划过时，选中的文本会以预览的形式做出相应的变化。

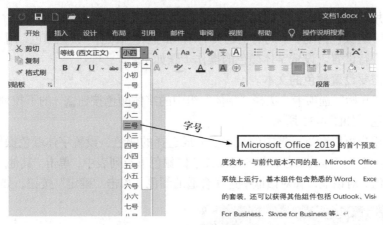

图 4-29　设置文本字号

2. 设置字形

粗体、斜体、下划线、删除线等效果都是常用的文本字形。下面以文本设置粗体和文字底部添加波浪线为例来说明一般的设置步骤。

（1）选中需要设置样式的文本。

（2）单击"开始"选项卡，选择"字体"组中的加粗按钮"B"。

（3）此时用户可以看见，选中部分会加粗显示，字体加粗操作完成。提示：加粗设置的快捷键为 Ctrl + B，斜体设置的快捷键为 Ctrl + I。

（4）单击"开始"选项卡，选择"字体"组中的添加下划线按钮"U"右边的下拉列表按钮。

（5）在弹出的下拉列表里选择"波浪线"选项，如图 4-30 所示。

（6）此时用户可以看见，选中部分底部出现了波浪线，字体添加下划线操作完成。

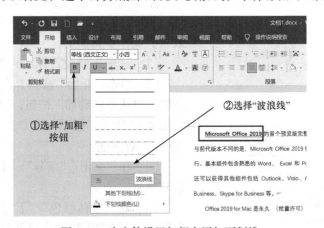

图 4-30　为字体设置加粗和添加下划线

3. 设置字体颜色

为了使文档的表现力更强，经常要为字体设置不同的颜色。Word 2019 提供了 5 种颜色模式：自动、主题颜色、标准色、其他颜色以及渐变。其中，将字体颜色设为"自动"之后，字体颜色会随着页面颜色的改变而进行相应的改变；如果将字体设置为"标准色"，那么无论如何更改文档使用的颜色搭配，字体的颜色都不会发生改变。"主题颜色"是在"设计"选项卡下进行设置的一组颜色搭配，不同的主题具有不同的颜色搭配；"其他颜色"用于自定义颜色，可手动对颜色进行设置。设置字体颜色的操作步骤如下：

（1）选中需要设置颜色的文本。

（2）单击"开始"选项卡，选择"字体"组中的字体颜色按钮▲▾的下拉列表，在列表里选择想要的颜色，如图 4-31 所示。

（3）此时用户可以看见，选中的文本会变成选择的颜色，设置字体颜色操作完成。

（4）如要自定义字体的颜色，用户可以在字体颜色下拉列表中，单击"其他颜色"按钮，这时会弹出"颜色"对话框，在对话框中选择合适的颜色，单击"确定"按钮，如图 4-32 所示。

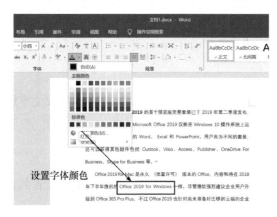

图 4-31　设置字体颜色

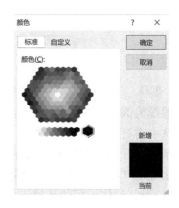

图 4-32　为字体设置"其他颜色"

图 4-33　设置字体效果

作结束。

4. 设置字体其他效果

用户还可以在"字体"对话框中设置文本的字体、字号、字形、字体颜色、着重号、删除线等其他效果。操作步骤如下：

（1）选中需要设置样式的文本。

（2）单击"开始"选项卡，选择"字体"组右下角的"对话框启动器"按钮，弹出"字体"对话框，如图 4-33 所示。提示：按 Ctrl + D 快捷键也可弹出"字体"对话框。

（3）在"字形""字号"下拉列表里可以选择字形和字号。

（4）在"字体颜色""下划线线型""下划线颜色""着重号"等下拉列表里可以进行进一步的操作。

（5）在效果栏的复选框中，可以选择需要的文字效果。

（6）上述操作均能在最下方的预览窗口中看到操作后的效果，操作完成后，单击"确定"按钮，操

5. 设置字符间距

字符间距是指字符之间的距离。在 Word 的排版过程中，有时为了版面需求，要对文字之间的距离进行调整，这样版面效果才更美观。具体操作步骤如下：

（1）选中需要设置字符间距的文本。

（2）单击"开始"选项卡，单击"字体"组右下角的"对话框启动器"按钮，"字体"对话框弹出，切换到"高级"选项卡，如图 4-34 所示。

用户可以通过"字符间距"选项区里包含的多个选项来调整字符间距。

"缩放"选项也可以用来调整字符间距，默认值是 100%。当其大于 100% 时字符间距增大，反之字符间距减小，与此同时字号保持不变。

"间距"下拉列表里包含"加宽""标准""紧缩"共 3 种选项，也可以设置字符间距；在下拉列表右侧，可以调节磅值来设置字符间距。

图 4-34　设置字符间距

"位置"下拉列表里包含"提升""标准""降低"共 3 种选项，可设置上下相邻行的高低间距；在下拉列表右侧，可以调节磅值来设置字体的行间距。

复选框"为字体调整字间距"可用来调整文本和字母组合间的间距，可以美化文本的视觉效果；复选框"如果定义了文档网格，则对齐到网格"可以自动设置每行的字符数，使其等于"页面设置"对话框中设置的字符数。

4.4.2　设置段落格式

以回车符⏎作为结束标记的一段文本称为段落，回车符仅用于段落标记，打印时不会显示。段落格式的设置主要有段落缩进、对齐方式、间距等。

段落的排版命令均是同时适用于整个段落或多个段落的，所以在对段落排版之前，光标可移动到该段落的任何地方；若对多个段落进行排版，则需要选中所有需要排版的段落。

1. 对齐段落

对齐段落就是段落文本边缘的对齐方式，包括两端对齐、居中对齐、左对齐、右对齐、分散对齐共 5 种，默认对齐方式是两端对齐。其中，左对齐是指段落中每行文本一律以文档的左边界为基准向左对齐；右对齐是指文本在文档中以右边界为基准向右对齐；两端对齐和分散对齐是将段落中的文本分别以文档左右边界为基准向两端对齐，而两端对齐则除去了段落的最后一行文本；居中对齐是指文档位于文档左右边界的中间。段落对齐操作步骤如下：

（1）选中需要设置对齐方式的段落。

（2）单击"开始"选项卡，在"段落"组中单击想要的对齐方式，如图 4-35 所示。

对齐方式的快捷键如表 4-4 所示。

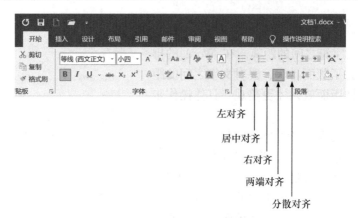

图 4-35　设置段落对齐方式

表 4-4　对齐方式的快捷键

快捷键	用途
Ctrl + L	左对齐
Ctrl + R	右对齐
Ctrl + E	居中对齐
Ctrl + J	两端对齐
Ctrl + Shift + J	分散对齐

2. 设置段落缩进

段落中文本与文本边界之间的距离称为段落缩进。常见的缩进格式有左缩进、右缩进、悬挂缩进、首行缩进 4 种。默认情况下段落的左缩进和右缩进都是零。

段落缩进的含义如表 4-5 所示。

表 4-5　段落缩进的含义

缩进方式	含义（设置整个段落）
左缩进	左边界的缩进位置
右缩进	右边界的缩进位置
悬挂缩进	除首行外其他行的缩进位置
首行缩进	设置首行起始位置

下面介绍段落缩进的 4 种设置方法。

1）使用水平标尺设置

（1）单击"视图"选项卡，单击"显示"组中的"标尺"复选框，可以看到文档的四周出现了文档标尺，如图 4-36 所示。

（2）拖动首行缩进标记可以移动段首的缩进，在拖动的时候可以实时看到文档变化的效果；拖动悬挂缩进标记可以移动非首行的缩进；而拖动左右缩进标记可以移动两边的缩进距离。

图 4-36　通过"标尺"调整段落缩进

2）使用"开始"选项卡中段落组中的命令

选择"开始"选项卡，单击段落组中的"减少缩进量"按钮 和"增加缩进量" 按钮，用户可以看到"悬挂缩进""首行缩进""左缩进"按钮一起水平移动，但只能调整左边的缩进，如图 4-37 所示。

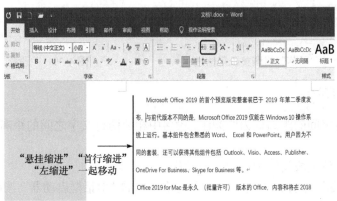

图 4-37　通过"开始"选项卡里的"段落"组调整段落缩进

3）使用"页面布局"选项卡中的段落组设置

（1）将光标移动到需要调整缩进的段落里。

（2）选择"布局"选项卡，单击"段落"组中的命令，可以输入数值，也可通过 按钮调节段落缩进，每次增加或减少 0.5，如图 4-38 所示。

4）利用"段落"对话框设置

（1）选中需要调整的段落。

（2）选择"开始"选项卡，单击"段落"组右下角的"对话框启动器"按钮，弹出"段落"对话框，如图 4-39 所示。

（3）"缩进"选项区中的"左侧"和"右侧"可以调节缩进的字符个数，可为负值；若要建立首行缩进或者悬挂缩进，可在"特殊"下拉列表里选择，并在右侧的"缩进值"框里选择缩进量；用户可在"预览"框里查看设置后的效果，最后单击"确定"按钮。

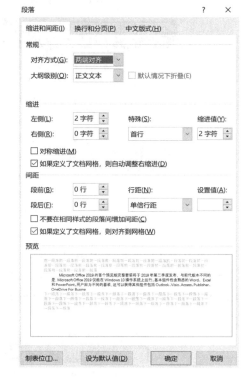

图 4-38　通过"段落"组调整段落缩进　　　　图 4-39　"段落"对话框

3. 段间距和行间距

相邻两个段落之间的距离称为段间距，段落中相邻两行文字之间的距离称为行间距，其设置操作步骤如下：

（1）选中需要调整段间距和行间距的段落。

（2）选择"开始"选项卡，单击"段落"组右下角的"对话框启动器"按钮后，"段落"对话框弹出，如图 4-39 所示。

（3）"间距"选项区里的"段前"和"段后"可以调节段间距的行数，也可输入数值。如果选择多倍行距，则需要在"设置值"框中输入或设置相应倍数。

4. 设置项目符号和编号

在文档中适当使用项目符号可使文档的层次更加分明，突出重点。项目符号的重要应用有制作考试试卷的试题数、文档的章节等。当其中的数据需要删除或者增加时，其中的项目自动重新编号，减少用户的手工输入以及避免发生编号错误。

1）设置项目符号

项目符号是指放在文档段落前用以添加强调效果的符号。如果文档中存在一组并列关系的段落，可以在各个段落前添加项目符号。Word 2019 内置了多种项目符号可供选择，具体操作步骤如下：

（1）选中添加项目符号的段落。

（2）选择"开始"选项卡，单击"段落"组左上角的"项目符号"按钮后，在"段落"下拉列表中选择需要的项目符号样式，会显示段落样式应用之前和之后的效果，如图 4-40 所示。

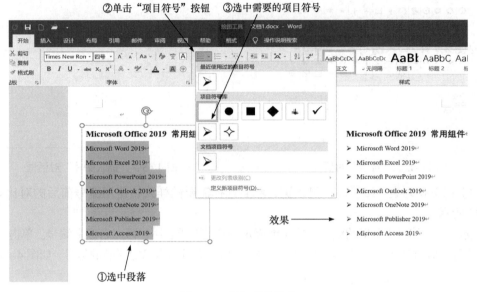

图 4-40 添加项目符号

2）自定义项目符号

用户还可以单击"项目符号"按钮下拉列表，选择底部的"定义新项目符号"选项，在弹出的对话框中自定义项目符号。具体操作步骤如下：

（1）单击"项目符号库"列表底部的"定义新项目符号"，弹出"定义新项目符号"对话框，如图 4-41 所示。

（2）单击"定义新项目符号"对话框中"项目符号字符"选项区里的"符号"按钮后，弹出"符号"对话框，如图 4-42 所示，在"符号"对话框中选择需要的符号。

（3）单击"图片"按钮，弹出"插入图片"对话框，如图 4-43 所示。

在"插入图片"对话框中，可以从本机添加图片，也可以通过"必应图像搜索"搜索线上图片资源，还可以通过"OneDrive-个人"微软云服务获得图片资源。

（4）完成设置后，单击"确定"按钮。

图 4-41 "定义新项目符号"对话框

5. 设置编号

设置编号是指在段落开始处添加阿拉伯数字、大写中文数字、英文字母等样式的连续字符。如果一组同类型段落有先后顺序或需要对有并列关系的段落进行数量统计，则可使用编号功能。用户可使用项目编号快速为文本内容设置编号，使文本结构更清晰。具体的操作步骤如下：

（1）选中需要设置编号的段落。

（2）选择"开始"选项卡，单击"段落"组里的"编号"按钮打开下拉列表。

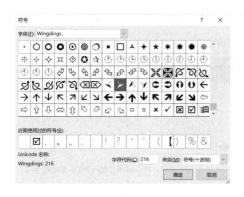

图 4-42　"符号"对话框　　　　　　　　　　图 4-43　"插入图片"对话框

（3）在下拉列表"编号库"里预览，然后选择需要的样式，使用编号前后的对比效果如图 4-44 所示。

提示：若"编号库"里的编号样式不能满足用户的要求，用户可以自定义编号。单击"编号"按钮的下拉列表底部的"定义新编号格式"选项，用户就可以自己定义新的编号，如图 4-45 所示。

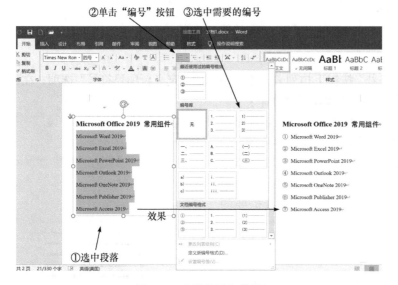

图 4-44　为段落添加编号　　　　　　　　　　图 4-45　自定义编号

6. 首字下沉

首字下沉是将段落的第一个字放大并占据段落前几行的开头部分，或将放大后的第一个字放到段落左侧，常见于报纸杂志。具体操作步骤如下：

（1）将光标移动到需要操作的段落中的任意位置。

（2）单击"插入"选项卡，单击"文本"组里的"首字下沉"，在弹出的列表里选择"下沉"或者"悬挂"，还可选择"首字下沉选项"，会弹出"选项"对话框，进一步设置下沉字体及行数。设置完成后单击"确定"按钮，如图 4-46 所示。

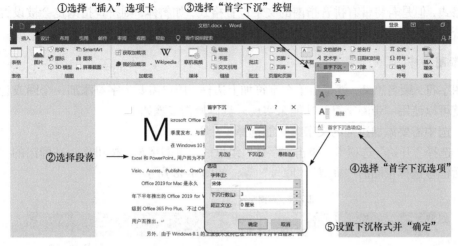

图 4-46　首字下沉

4.4.3　中文版式

Word 中文版式为用户提供了许多符合中国人习惯的功能，如拼音指南、合并字符、带圈字符、纵横混排和双行合一等功能。

1. 拼音指南

拼音文字是指给中文字符标注汉语拼音的文字。用户可使用中文版式的"拼音指南"轻易地实现拼音的标注。具体操作步骤如下：

（1）选中需要标注拼音的文字。

（2）选择"开始"选项卡，单击"字体"组里的"拼音指南"按钮，弹出"拼音指南"对话框。

（3）通过"拼音指南"对话框调整拼音，例如，在"字体"列表框中选择拼音使用的字体，在"偏移量"列表框中调整汉字与拼音的距离，单击"确定"按钮，如图 4-47 所示。

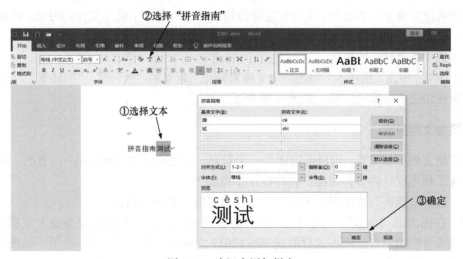

图 4-47　为汉字添加拼音

用户在添加或删除拼音指南时，选定文字的字符格式不会改变，可在应用拼音指南之后设置字符格式，但是若将带有拼音指南的文字设置格式，如斜体，则拼音指南也会被设置为相同格式。若只想设置文字的格式，则应在设置好文字的格式后再添加拼音指南。

2. 带圈字符

带圈字符，顾名思义，就是给单个字符加上边框。用户需要为字符添加一个圈或者菱形边框时，就可以使用"带圈字符"功能来实现。具体操作步骤如下：

（1）选中需要添加边框的文字（只能选择一个）。

（2）选择"开始"选项卡，单击"字体"组里的"带圈字符"按钮字，在弹出的"带圈字符"对话框里选择带圈的"样式""圈号"等，如图 4-48 所示。

图 4-48　带圈字符的设置

3. 汉字的繁简转换

在使用汉字时，存在着汉字编码、繁简汉字和一些特殊习惯用户的差异。这时汉字繁简转换功能就可以实现字体的转化，而且在遣词造句方面也符合汉字简繁文体的习惯。转化的对象可以是一篇文章，也可以是一段文稿。具体操作步骤如下：

（1）选中需要转换的文字。

（2）选择"审阅"选项卡，单击"中文简繁转化"组里的"繁转简""简转繁""繁简转换"三个转换按钮之一，实现转换，如图 4-49 所示。

4.4.4　添加文档封面

为了使文档更加美观，用户可以添加一个封面，此时可以用 Word 2019 内置的"封面库"，其中包含了预先设计的多种封面。具体操作步骤如下：

（1）选择"插入"选项卡，单击"页面"组里的"封面"按钮。

（2）在弹出的"内置"下拉列表中选择想要的封面，选中的封面就会插入文档的首页。

如果要替换用户自己添加的封面或 Word 2019 之前版本插入的封面，必须手动删除，然后再使用 Word 2019 添加。

如果要删除 Word 2019 插入的封面，单击"插入"选项卡，单击"页面"组里的"封面"

按钮，单击"删除当前封面"，即可完成删除封面操作，如图 4-50 所示。

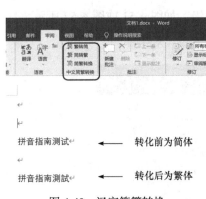

图 4-49　汉字简繁转换

图 4-50　为文档设置封面

4.4.5　文档目录

在编辑长文档时，为了快捷地找到相关内容，通常要在最前面给出文档的目录，目录中包含了文章中所有大小标题和编号以及标题的提示页码，创建目录可通过对要包括在目录里的文本应用标题样式（如标题 1、标题 2、标题 3）来实现，这样 Word 2019 就可搜索这些标题，然后在文档开端插入目录。如果更改了文档中的标题，Word 可以自动更改目录。

1．使用目录库创建目录

（1）选中标题，设置文档标题样式，确定标题等级。在"开始"选项卡的"样式"组中选择相应的标题样式（如标题 1、标题 2、标题 3 等），如图 4-51 所示。还可以由"视图"选项卡进入"大纲视图"，在"大纲工具"组中设置标题等级，如图 4-52 所示。

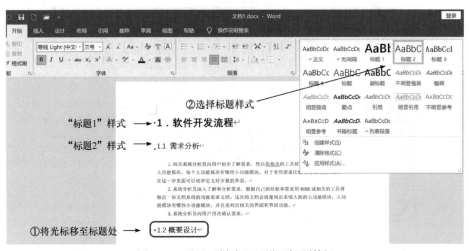

图 4-51　通过"样式"组设置标题等级

（2）将光标移动到想要生成文档目录的地方（一般在文档最前端）。将光标移动到文档最前端的快捷键是 Ctrl + Home。

（3）选择"引用"选项卡，单击"目录"组里的"目录"按钮，内置的目录库下拉列表弹出，如图 4-53 所示。用户从中选择需要的目录插入即可。

2. 自定义样式创建目录

（1）选中标题，设置文档标题样式，确定标题等级，如图 4-51 或图 4-52 所示。

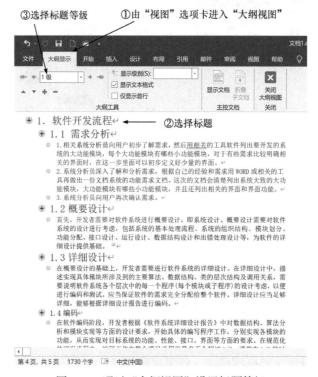

图 4-52 通过"大纲视图"设置标题等级

图 4-53 插入目录

（2）将光标移动到想要生成文档目录的地方（一般在文档最前端），将光标移动到文档最前端的快捷键是 Ctrl + Home。

（3）选择"引用"选项卡，单击"目录"组里的"目录"按钮，内置的目录库下拉列表弹出，选择"自定义目录"，弹出"目录"对话框，单击对话框的"选项"按钮，弹出"目录选项"对话框，可以在对话框中重新设置目录的样式，完成后单击"确定"按钮，如图 4-54 所示。如果要修改目录中显示的标题样式，可单击对话框的"修改"按钮，在弹出的"样式"对话框中选择"TOC 1"或"TOC 2"等对应标题的等级，再次单击"修改"按钮，在弹出的"修改样式"对话框设置相应目录的样式。

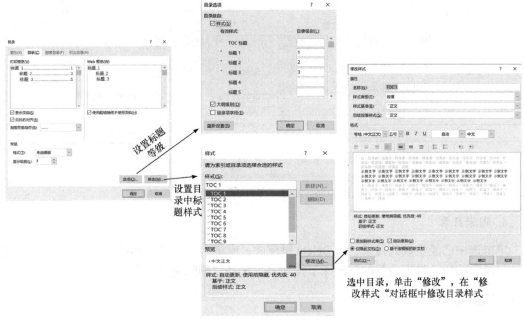

图 4-54　设置目录样式

3. 更新目录

Word 在自动生成目录的基础上，提供了目录更新功能。如果标题有修改或页码有变动，将光标移至目录中，单击"引用"选项卡，选择"目录"组里的"更新目录"按钮，再选择"只更新页码"或"更新整个目录"，就可快速地更新目录，如图 4-55 所示。还可将光标移至目录

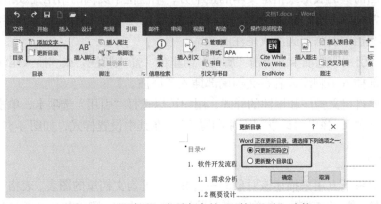

图 4-55　"引用"选项卡中的"更新目录"功能

后右击，在弹出的菜单中选择"更新域"，弹出"更新目录"对话框选择"只更新页码"或"更新整个目录"，如图 4-56 所示。

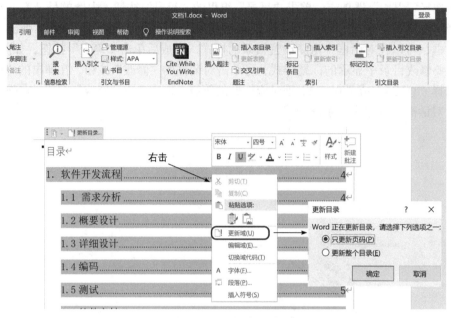

图 4-56　通过"更新域"更新目录

4. 删除目录

单击选中已经生成的目录，按 Delete 键删除；或单击"引用"选项卡，单击"目录"组里的"目录"按钮，弹出内置的目录库下拉列表，选择"删除目录"即可。

4.4.6　添加引用内容

在编辑长文档时，给内容添加索引和脚注可以极大地方便文档的阅读。

1. 添加脚注和尾注

脚注和尾注用于在文档中显示所引用的资料的来源或说明性信息。例如，一篇文章里引用了某种说法，则脚注可能标注为"这段话出自'……'"。

脚注位于当前页的底部或指定文本的正下方，尾注位于文档的结尾处或指定节的结尾处。脚注和尾注通常都用一条短横线与正文分开，注释文本字体较小。具体操作步骤如下：

（1）选择文档中要添加脚注或尾注的文本。

（2）单击"引用"选项卡，单击"脚注"组里的"插入脚注"或"插入尾注"按钮，可看到在页面的底部插入了脚注或者在文档尾部插入了尾注。

（3）如果要自定义脚注和尾注的样式，用户可以选择"引用"选项卡，单击"脚注"组里的"对话框启动器"，弹出对话框"脚注和尾注"，在其中设置样式，如图 4-57 所示。

2. 加入题注

题注是指对象下方用来描述该对象的一行文字，可为文档里的图表、表格、公式等其他对象添加编号标签。文档在编辑过程中如果对题注进行了添加、删除和移动等操作，则可以对所有题注进行一次性更新，不需要单独调整。具体操作步骤如下：

（1）选择文档中需要添加题注的位置。

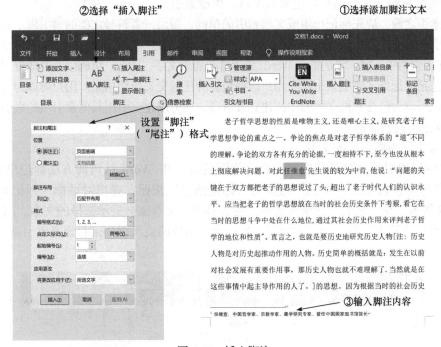

图 4-57　插入脚注

（2）选择"引用"选项卡，通过单击"题注"组里的"插入题注"按钮，打开 "题注"对话框，如图 4-58 所示，用户可以根据添加题注的对象不同，在"选项"区"标签"下拉列表里选择不同的标签类型，可选择的标签有表格、公式、图表三种。

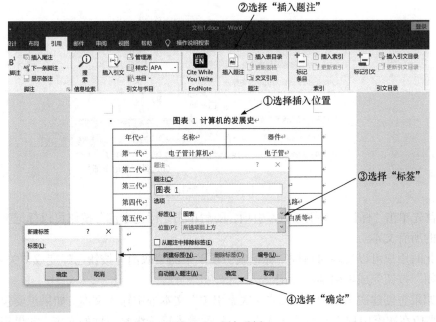

图 4-58　添加题注

（3）如果要自定义标签，用户可以单击"新建标签"按钮，设置完成后单击"确定"按钮。

索引是指列出一篇文档中讨论的术语和主题以及它们出现的页码。用户可以提供文档中主索引项的名称和交叉引用来标记索引项目，生成索引。

创建索引之前，应先标记出组成文档索引的单词、短语或者符号之类的索引项。索引项是用于标记索引中特定文字的域代码。Word 会在用户选择文本并将其标记为索引项时自动添加一个特殊的 XE（索引项）域，域是指示 Word 文档自动插入文字、图形、页码以及其他资料的一组代码。该域包括标记好了的主索引项及用户选择包含的任何交叉引用信息。用户可以为每个词建立索引项，也可以为包含数页文档的主题建立索引项，还可以建立引用其他索引项的索引。

1）标记单词或短语

（1）选中作为索引项的文本。

（2）标记索引项也就是把文档中作为索引的词汇用 Word 认可的方法标记出来。选择"引用"选项卡，再单击"索引"组里的"标记条目"按钮，弹出对话框"标记索引项"，如图 4-59 所示。在"索引"选项区里的"主索引项"文本框会显示选择的文本。用户还可以根据需要提供创建索引项、第三索引项或另一个索引项的交叉引用来自定义索引项。

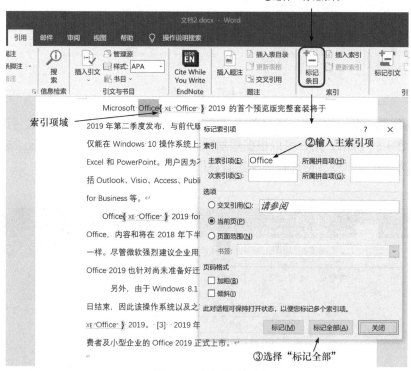

图 4-59　标记索引项

（3）首先单击"标记"按钮标记索引项，随后单击"标记全部"按钮可以标记文档中与此文本相同的所有文本。

（4）此时用户可以发现对话框"标记索引项"中的"取消"按钮已经变成"关闭"按钮，单击"关闭"按钮完成索引项的标记。

用户如果想创建次索引项，可以在"次索引项"文本框中输入文本。如果想要包括第三级索引项，则应在次索引项文本后面输入"："，然后输入第三级索引项的文本。如果想创建对另一个索引项的交叉引用，则应选中"选项"区域中的"交叉引用"按钮，在文本框中输入另一个索引项的文本。

2）为文档中的索引项创建索引

（1）将光标定位在建立索引的地方（通常在整个文档的最后）。

（2）选择"引用"选项卡，单击"引用"组里的"插入索引"按钮，弹出对话框"索引"，如图 4-60 所示。

（3）在"索引"选项卡里可以设置索引格式，设置效果可以在"打印预览"中预览查看。

图 4-60　设置索引格式

3）为延续页数的文本标记索引项

创建索引是一个由两部分组成的过程：标记条目和生成索引。但有时需要对跨越一个页面范围的大文本块进行索引。

（1）选择编制索引的文本范围。

（2）选择"插入"选项卡，单击"链接"组中的"书签"按钮，弹出对话框"书签"，在"书签名"文本框里输入书签名称，单击"添加"按钮。

（3）单击文档中用书签标记的文本结尾处。

（4）选择"引用"选项卡，单击"索引"组里的"标记条目"按钮，弹出对话框"标记索引项"，在"主索引项"文本框里输入标记文本的索引项。

（5）在"选项"区域中，单击"页面范围"按钮。在"书签"下拉列表框里输入或选择在步骤（2）里输入的书签名，单击"标记"按钮。标记条目即可创建索引并插入文档中。

4.5　图　文　混　排

4.5.1　插入艺术字

对 Word 文档进行编辑排版时有时需要添加一些艺术字体以起到装饰性效果，凸显重点，美化页面，一般多用于文档的标题。在文档中插入艺术字的操作步骤如下：

（1）打开需要插入艺术字的文档，将光标移动到插入点。

（2）选择"插入"选项卡，单击"文本"组中的艺术字按钮，在弹出的下拉列表中选择所需的艺术字样式，如图 4-61 所示。

图 4-61　插入艺术字步骤

（3）在弹出的"编辑艺术字文字"对话框中输入所需的艺术字文本，并设置字体、字号、颜色等。

（4）插入艺术字以后，可以利用激活的 "格式"选项卡调整艺术字的显示，例如，可以对艺术字的文字、样式、阴影效果、三维效果等进行设置，如图 4-62 所示。

"形状样式"组右侧包含"形状填充""形状轮廓""形状效果"三个命令按钮，其含义如表 4-6 所示。

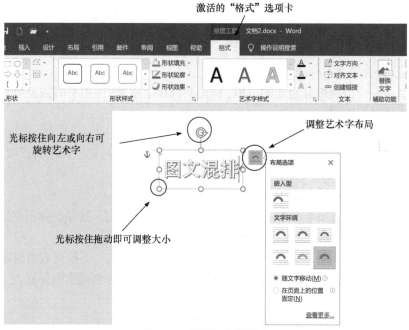

图 4-62　设置艺术字样式

表 4-6　"形状样式"组按钮含义

选项	效果（针对该形状）
形状填充	填充颜色、填充图片等
形状轮廓	轮廓颜色、轮廓粗细、轮廓环绕线虚实
形状效果	阴影、映像、发光、柔化边缘等

4.5.2 插入图片与剪贴画

在 Word 文档中，用户可以将图片插入文档中，以达到图文并茂的效果，使文档更加美观，更易理解。

1. 插入图片

（1）将光标定位至插入图片的位置。

（2）选择"插入"选项卡，单击"图片"按钮，选择插入图片来自"此设备"，打开"插入图片"对话框。

（3）在对话框中查找图片所在位置，选中图片后单击"插入"按钮或者双击图片即可将图片插入文档中，如图 4-63 所示。

图 4-63　插入图片步骤

2. 编辑图片

插入图片后，可对图片的大小、位置进行设置，还可利用激活的"图片工具"中的"格式"选项卡对图片样式与格式进行设置。下面从 5 个方面介绍图片的编辑及设置。

1）改变图片的大小

改变图片的大小有两种方式：第一种单击选中图片，在图片的上下左右与四个边角会出现八个小圆点或者小方点，光标按住右上角的小圆点（按住其他三个角的小圆点亦可）向外（内）拖动即可将图片放大（缩小），如图 4-64 所示。

第二种单击选中图片，选择"格式"选项卡，在"大小"组中可以修改图片大小。也可单击"大小"组中右下角的"对话框启动器"按钮，弹出"布局"对话框，在"大小"选项卡中设置图片的大小，如图 4-65 所示。

2）旋转图片

单击选中图片之后，图片正上方会出现一个顺时针的旋转箭头，光标按住旋转箭头拖动，向左边拖动即将图片逆时针旋转，向右拖动即将图片顺时针旋转，如图 4-66 所示。也可以选择"格式"选项卡，单击"大小"组中右下角的"对话框启动器"按钮，弹出"布局"对话框，在"大小"选项卡中设置图片的旋转角度。

图 4-64　通过拖动调整图片大小

图 4-65　通过"布局"对话框调整图片大小

图 4-66　旋转图片

3）改变图片的样式

选择"图片工具"中的"格式"选项卡，在"图片样式"组中选择合适的样式单击即可应用到图片上，"图片样式"组如图 4-67 所示。光标悬停至每个图片样式按钮时，图片会预览该样式效果，如矩形投影、棱台亚光等图片样式。"图片样式"组右侧包含"图片边框""图片效果""图片版式"3 个命令按钮，其含义如表 4-7 所示。

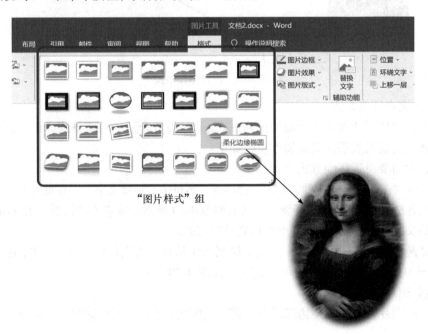

图 4-67　"图片样式"组

表 4-7　"图片样式"组按钮含义

选项	效果（针对该图片）
图片边框	边框颜色、边框粗细、边框环绕线虚实
图片效果	阴影、映像、发光、柔化边缘等
图片版式	不同版式（类似于 SmartArt 图形）

此外，还可以单击"图片样式"组右下角的"对话框启动器"按钮，或选中图片后右击，弹出"设置图片格式"菜单，该菜单可对图片的填充与线条、效果、布局属性、更正、颜色等进行设置，如图 4-68 所示。

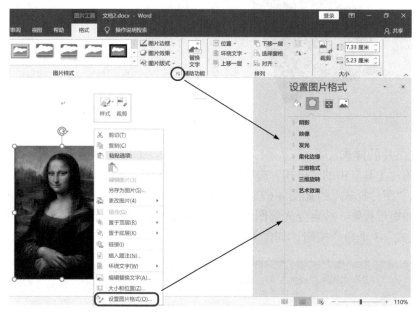

图 4-68　设置图片格式

4）设置文本环绕方式

环绕方式是指图片和文本之间的排列方式。通过设置合适的环绕方式，可以使得文本与图片搭配出和谐美观的效果。具体操作步骤如下：

（1）选中需要设置环绕方式的图片。

（2）选择"图片工具"中的"格式"选项卡，再单击"环绕文字"，在展开的下拉列表选择一种文本环绕方式，如"紧密型环绕"，效果如图 4-69 所示；或者右击图片，在弹出的菜单中选择"环绕文字"，在展开的子菜单中设置环绕方式。

（3）设置环绕方式还可在上一步的下拉列表中选择"其他布局选项"按钮，在弹出的"布局"对话框中设置文字和图片的环绕方式，如图 4-70 所示。

5）裁剪图片

当插入的图片需裁剪去掉边缘或者一部分的时候，需要用到裁剪图片的功能。具体操作步骤如下：

（1）选中待裁剪的图片。

（2）选择"图片工具"中的"格式"选项卡，单击"裁剪"按钮，在图片的边角分别会出现一个裁剪点，光标按住这些点并拖动，调整裁剪区域，如图 4-71 所示。

图 4-69　紧密型环绕

图 4-70　通过"布局"对话框设置文本环绕方式

（3）拖动完成之后，在图片以外的区域单击或按 Enter 键完成裁剪。如果需要重新裁剪或者恢复原图可以按 Ctrl + Z 快捷键来撤销操作。

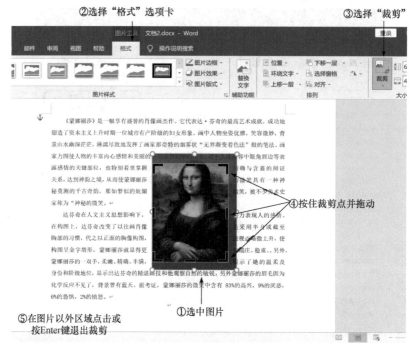

图 4-71　剪裁图片步骤

3. 插入联机图片

在 Word 2019 中，可利用必应（Bing）搜索引擎直接搜索联机图片，实现在线图片下载。必应搜索引擎提供了丰富的图片资源，涵盖多个领域，精美而且实用，在文档中有选择性地使用它们，可以起到很好的美化和点缀作用。插入联机图片的操作步骤如下：

（1）将光标定位至需要插入联机图片的位置。

（2）选择"插入"选项卡，再单击"图片"按钮，选择"联机图片"，进入联机图片窗口，如图 4-72 所示。

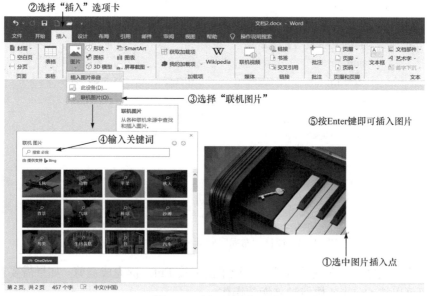

图 4-72　插入联机图片

（3）在搜索栏输入需要插入图片的关键词，如"音乐"，随后按 Enter 键即可显示在线搜索关于"音乐"的图片，在搜索结果中单击所选择的图片，完成插入操作。

（4）插入联机图片之后可以对图片的大小进行调整，也可以继续插入其他图片。

4.5.3　去除图片背景

在文档编辑中经常会遇到只需要保留图片中的某个部分或者背景的情况，此时就要用到 Word 2019 中去除图片背景的功能了，这就是常说的"抠图"。具体操作步骤如下：

（1）选中要去除背景的图片，选择"格式"选项卡，选择激活的"图片工具"中的"格式"选项卡，单击"删除背景"按钮，如图 4-73 所示。

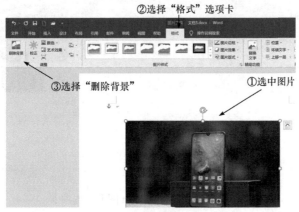

图 4-73　去除图片背景步骤

（2）Word 2019 会自动计算出一个紫红色的矩形选区，其中包含了用户所保留的内容，也可能包含了多余的部分或者少了一部分。单击"标记要保留的区域"按钮，在图片上点击用户需要保留但是未包含进去的区域；单击"标记要删除的区域"，在图片上点击用户需要去除掉但是包含进去的区域，如图 4-74 所示。

（3）单击"保留更改"按钮即可抠出用户需要的图，去除的背景用白色代替，如图 4-75 所示。在抠图过程中单击"放弃所有更改"按钮，将取消对图片的所有更改操作。

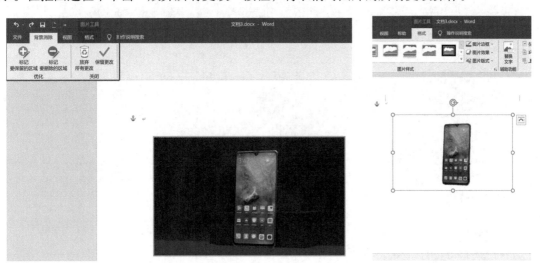

图 4-74　标记保留或删除的区域　　　　　　　　　　　　图 4-75　去除背景后的图片

4.5.4　SmartArt 图形的使用

SmartArt 是一种层次结构清晰的示意图，用户可使用 SmartArt 创建各种图形图表，如制作公司组织结构图。使用 SmartArt 图形可方便快捷地创建具有设计师水准的插图，提高文档的专业水准。此外，用户可以通过从多种不同布局中选择创建 SmartArt 图形，从而快速、轻松、有效地传达信息。

Word 2019 提供 8 大类 SmartArt 关系图形，分别是列表、流程、循环、层次结构、关系、矩阵、棱锥图和图片，如图 4-76 所示。插入 SmartArt 图形的操作步骤如下：

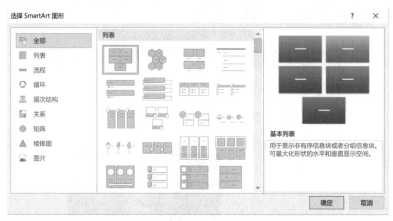

图 4-76　"选择 SmartArt 图形"选项卡

（1）将光标定位至插入图片的位置，选择"插入"选项卡，单击"SmartArt"按钮。

（2）在弹出的"选择 SmartArt 图形"选项卡中，如图 4-76 所示，根据用户要表达的内容组织结构选择合适的 SmartArt 图形，再单击"确定"按钮即可将对应的 SmartArt 图形添加到文档中。

（3）在占位符中输入文本。插入 SmartArt 图形后，可以利用激活的"SmartArt 工具"中的"设计"与"格式"选项卡对 SmartArt 图形进行设置，如图 4-77 所示。

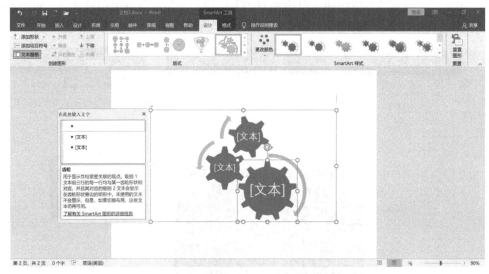

图 4-77　在文档中添加 SmartArt 图形

1. "设计"选项卡

"设计"选项卡主要用来更改 SmartArt 图形版式、颜色和样式等。如果需要将图形的颜色和样式修改得更加美观,单击"更改颜色"按钮,在弹出的列表中选择合适的颜色;在"SmartArt 样式"组中,选择所需的样式。

2. "格式"选项卡

"格式"选项卡主要用来设置形状样式、艺术字样式等。如果需要更改图形中的文本字体样式,则将光标移至需要设置的文本上,在"艺术字样式"组中选择合适的样式,还可以对"文本填充""文本轮廓""文本效果"进行进一步细化设置。

4.5.5　绘制图形

在 Word 2019 中不仅可以插入图片、创建 SmartArt 图形以便捷美观地传达信息,还可手动绘制用户所设计的图形。用户可向文档中添加一个形状,或者合并多个形状以生成一个更为复杂的形状。可以用的形状包括线条、矩形、基本形状、箭头、公式形状、流程图、星与旗帜、标注等几大类。在文档中绘图的具体操作步骤如下:

(1)将光标定位至需要绘图的位置。

(2)选择"插入"选项卡单击"形状"按钮,在弹出的下拉列表中选择所需形状,见图 4-78。

(3)此时光标变成十字形状,在文档的合适位置按住鼠标左键拖动出适当大小的图形,该图形形状即为上一步中选择的形状。

(4)插入形状后,可以通过"格式"选项卡对所添加的形状做进一步设置。

(5)用户可以在形状中添加文本。只需要选中形状之后输入文字,文字会自动出现在形状的正中央区域。还可以选择"绘图工具"中的"格式"选项卡,单击"文本框",再在形状上拖动出一个合适大小的文本框用来输入文本,如图 4-79 所示。

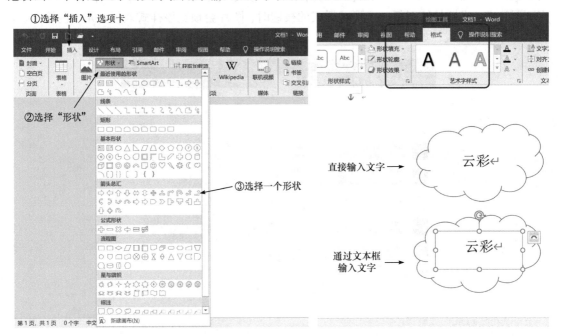

图 4-78　添加绘图的操作步骤　　　　　　　　图 4-79　形状中添加文字

输入文本后，"绘图工具"中的"格式"选项卡中"艺术字样式"会被激活，用户可以在该组中设置文本的样式。

（6）用户在绘制了多个形状之后可将多个零散的形状组合成一个整体图形，以便于整体的设置与移动。选中所有形状（或者用 Ctrl 键选中所有形状），在"绘图工具"中的"格式"选项卡中单击"组合"，在下拉列表中选择"组合"按钮，即可将零散形状组合为一个整体，如图 4-80 所示。

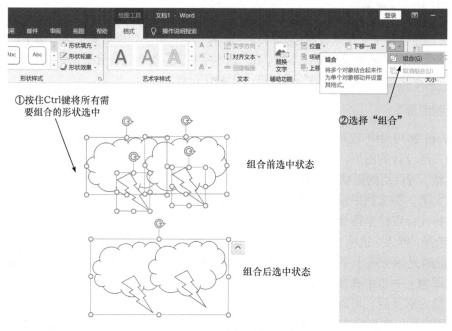

图 4-80　组合形状

选择"绘图工具"中的"格式"选项卡，在"形状样式"组中选择合适的样式单击即可应用到图片上。光标悬停至每一个形状样式的按钮时，图片会预览该样式效果，如浅色轮廓、彩色填充等形状样式，如图 4-81 所示。

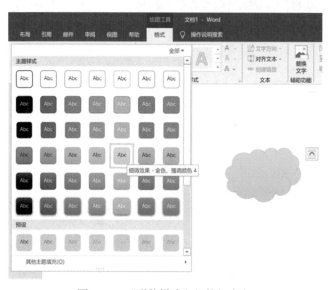

图 4-81　"形状样式"组按钮含义

4.5.6　表格的使用

在 Word 文档编辑的过程中，常常会遇到需要用到表格的情况，使用表格可使所要表达的信息更加规范与结构化，简洁美观。Word 2019 提供了强大的表格处理功能。

以下分别从创建表格、编辑表格、设置表格样式、表格的排序与计算 4 个方面来介绍表格的使用。

1. 创建表格

创建表格共有 5 种方法：使用即时预览创建表格、使用"插入表格"命令创建表格、手动绘制表格、使用快速表格、将文本转换为表格。

1）使用即时预览创建表格

（1）将光标定位至创建表格的位置。

（2）选择"插入"选项卡，单击"表格"按钮。

（3）弹出的下拉列表会提供一个方块阵列状的表格模板，在模板中移动光标，确定表格的行数和列数，单击即创建表格，如图 4-82 所示。

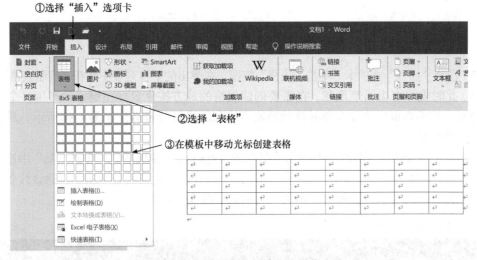

图 4-82　使用即时预览创建表格操作步骤

2）使用"插入表格"命令创建表格

（1）将光标定位至创建表格的位置。

（2）选择"插入"选项卡，单击"表格"按钮，在下拉列表中选择"插入表格"，弹出"插入表格"对话框，如图 4-83 所示。

（3）在"插入表格"对话框中为表格设置行数、列数、固定列宽等参数。如果需要使表格宽度根据文本的变化而变化，则选中"根据内容调整表格"；如果需要使表格宽度设置为当前页面的宽度，则选中"根据窗口调整表格"；如果想下次创建表格时沿用此次的参数，则勾选"为新表格记忆此尺寸"复选框。

（4）单击"确定"按钮即可创建所需表格。

3）手动绘制表格

（1）将光标定位至创建表格的位置。

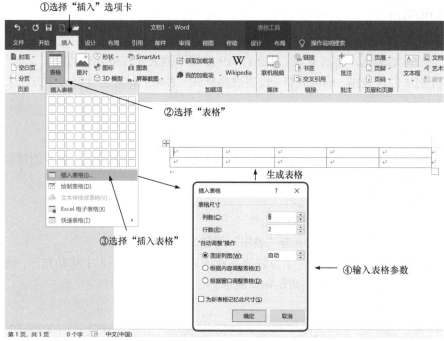

图 4-83 　使用"插入表格"命令创建表格

（2）选择"插入"选项卡，单击"表格"按钮，在弹出的下拉列表中选择"绘制表格"命令。

（3）此时光标变为铅笔形状，在需要创建表格的地方按住鼠标左键拖动产生一个矩形的表格边框，然后在框中按住左键并拖动添加直线和斜线划分表格，如图 4-84 所示，最后单击空白处完成绘图。

（4）由于手动绘制，有时会产生微小的误差，此时可以在激活的"表格工具"中选择"布局"选项卡，单击最右侧"删除"按钮，移动到绘制有误的表格线处单击，删除该线条。还可以通过"设计"选项卡"边框组"中的"边框刷"改变边框样式。

图 4-84 　手动绘制表格

4）使用快速表格

Word 2019 的快速表格功能提供了内置的表格样式，包括行数、列数、标题模板等，极大地简化了用户创建表格的工作量。使用快速表格功能操作很简单，先选择"插入"选项卡，再单击"表格"按钮，在弹出的下拉列表中选择"快速表格"命令，会弹出一个放置了许多内置表格的列表，选择合适的表格单击即可添加到文档中，如图 4-85 所示。

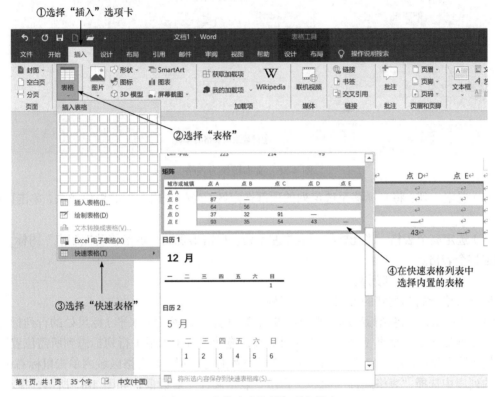

图 4-85　将快速表格添加到文档中

5）将文本转换为表格

（1）输入文本，在文本希望分隔的位置按 Tab 键，在开始新行的位置按 Enter 键。

（2）选中文本，先选择"插入"选项卡，再单击"表格"按钮，在弹出的下拉列表中选择"文本转换成表格"命令。

（3）在弹出的"将文字转换成表格"对话框中设置、调整表格参数，单击"确定"按钮即可转换为表格，如图 4-86 所示。

2. 编辑表格

1）选择表格

（1）选定单元格：将光标移至选定单元格的左侧边界，光标变成向右上的黑色箭头，单击即可选中该单元格。

（2）选定一行：将光标移至选定行的左侧选定区，光标变成向右上的白色箭头，再单击即可选中该行。

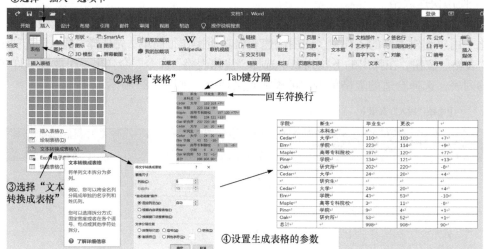

图 4-86　文本转换为表格

（3）选定一列：将光标移至选定列的顶部选定区，光标变成向下的黑色箭头，单击即可选中该列。

（4）选定整个表格：将光标移至表格左上角，单击出现的"表格移动控制点"图标 ⊞，即可选定整个表格。

2）调整表格行高和列宽

调整表格行高和列宽的方法有如下三种。

（1）使用鼠标。将光标移动到需要改变行高（列宽）的垂直（水平）标尺处的行列标志上，此时，光标变成一个垂直（水平）的双向箭头，拖动垂直（水平）行列标志到所需位置即可。

（2）使用菜单。选定表格中要改变行高或列宽的行或列，在表格区域内单击鼠标右键，在弹出的列表中选择"表格属性"命令，弹出"表格属性"对话框，如图 4-87 所示，在对话框"行"与"列"选项卡中设置表格行高列宽。

（3）使用"自动调整"命令。Word 2019 提供了 3 种自动调整表格的方式：根据内容自动调整表格、根据窗口自动调整表格、固定列宽。在激活的"表格工具"中的"布局"选项卡中单击"自动调整"按钮，会弹出下拉菜单，如图 4-88 所示，根据需要选择合适的调整表格方式。

3）行和列的插入与删除

（1）插入行和列。在表格中选定某行（列），需要增加几行（列）就选定几行（列），在表格区域内单击鼠标右键，弹出表格菜单，点击"插入"选项，根据提示选择插入在表格上方或下方，如图 4-89（a）所示；或者选择"表格工具"中的"布局"选项卡，在"行和列"组中插入行（列）如图 4-89（b）所示。此外，Word 2019 还增加了快速插入行（列）的功能。将光标移动至需要插入的地方，鼠标悬停，此时会出现蓝色十字符号。单击蓝色十字符号，在加号位置完成添加行（列），如图 4-90 所示。

（2）删除行和列。在表格中选定要删除的行（列），在表格区域内右击，弹出表格菜单，选择"删除单元格"选项，即可删除选定的区域，如图 4-91（a）所示；或单击"布局"选项卡中的"删除"按钮，也可以完成删除操作，如图 4-91（b）所示。

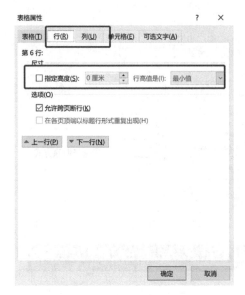

图 4-87　"表格属性"对话框　　　　　图 4-88　自动调整命令

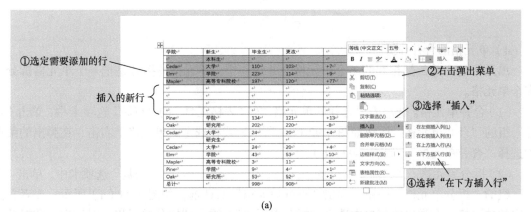

(a)

(b)

图 4-89　插入行操作

图 4-90　快速插入行操作

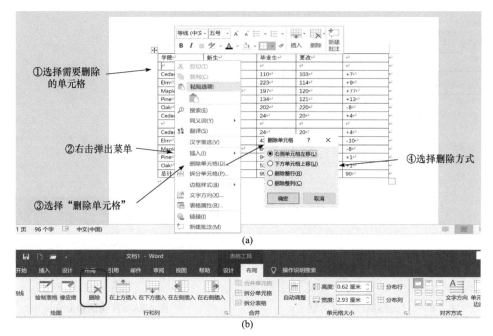

(a)

(b)

图 4-91　删除行操作

4）单元格的合并和拆分

单元格的合并是把相邻的多个单元格合并为一个，单元格的拆分是把一个单元格拆分为多个单元格。

（1）合并单元格。选定需要合并的单元格，在"表格工具"的"布局"选项卡中，单击"合并"组的"合并单元格"按钮如图 4-92（a）所示；或在选定的单元格上右击，在弹出的菜单中选择"合并单元格"，如图 4-92（b）所示。

（2）拆分单元格。选定需要拆分的单元格，在"表格工具"的"布局"选项卡中，单击"合并"组的"拆分单元格"按钮，弹出"拆分单元格"对话框，如图 4-93（a）所示；或者右击选定的单元格，在弹出的菜单中选择"拆分单元格"，弹出"拆分单元格"对话框，在对话框中设置拆分的行数和列数，单击"确定"即可，如图 4-93（b）所示。

3. 设置表格样式

1）快速设置表格样式

Word 2019 提供了大量的内置表格样式，通过设置这些样式可以直接对表格进行装饰，美化表格，改变表格风格。具体操作步骤如下：

（1）选中需要改变样式的表格。

（2）选择"表格工具"中的"设计"选项卡，在"表格样式"组中，单击选中的表格样式即可。Word 2019 提供三种内置样式，分别为普通表格、网格表、清单表。

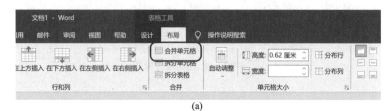

(a)

图 4-92 合并单元格

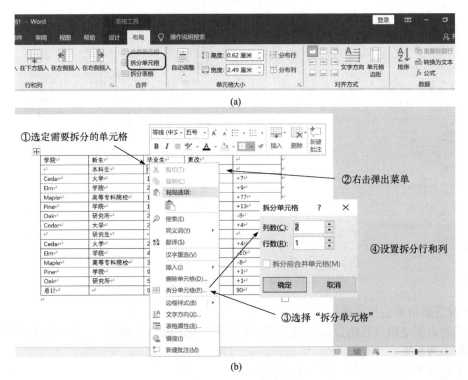

图 4-93 拆分单元格

如果样式库中的样式不能达到要求，而希望在现有的样式基础上进行修改，可选中需要修改的样式，单击"表格样式"菜单栏中的"修改表格样式"，如图 4-94（a）所示，选择"修改样式"，再在弹出"修改样式"对话框（图 4-94（b））中对表格的字体、字号、颜色、框线等进行修改。如果需要完全自定义新的表格样式，可选择"表格样式"菜单栏中的"新建表格样式"，在弹出的"根据格式化创建新样式"对话框（图 4-94（c））中进行自定义设置。

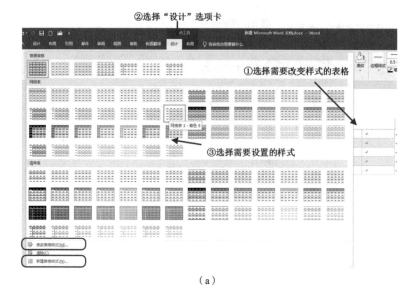

（a）

（b）　　　　　　　　　　　　　　　（c）

图 4-94　快速设置表格样式

2）设置表格的边框和底纹

表格的边框是组成表格最基本的元素，底纹是决定了表格的背景。具体设置表格边框和底纹的操作步骤如下：

（1）选种需要设置的行、列或单元格。

（2）选择"表格工具"中的"设计"选项卡，在"表格样式"组和"边框"组里可以分别对边框和底纹进行设置，如图 4-95 所示。此外，还可通过"边框"组右下角的对话框启动器，打开"边框和底纹"对话框，对"边框和底纹"进行设置，如图 4-96 所示。

3）设置表格对齐方式

表格对齐方式是指所填充的内容在表格中对齐的位置，Word 2019 提供了九种对齐方式，分别为靠上左对齐、靠上居中对齐、靠上右对齐、中部左对齐、居中对齐、中部右对齐、靠上左对齐、靠上居中对齐、靠上右对齐。具体操作步骤如下：

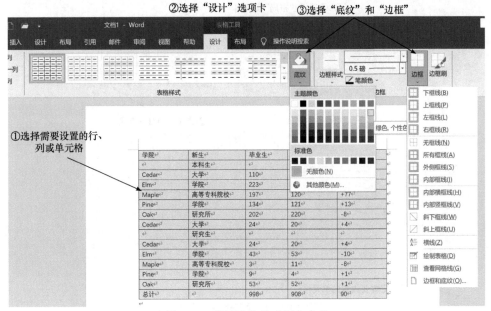

图 4-95　设置表格的边框和底纹

(a) 边框　　　　　　　　　　　　　(b) 底纹

图 4-96　"边框和底纹"对话框

（1）选种需要设置的行、列或单元格。

（2）选择"表格工具"中的"布局"选项卡，在"对齐方式"组里选择需要设置的对齐方式，如图 4-97 所示。

4．表格的排序与计算

1）表格中的数据排序

Word 2019 可以对表格中的某几列数据进行升序和降序重新排列。具体操作步骤如下：

（1）选定需要排序的列或者单元格。

（2）在"表格工具"的"布局"选项卡中单击"排序"按钮，弹出"排序"对话框，如图 4-98 所示。在对话框中设置排序的参数。

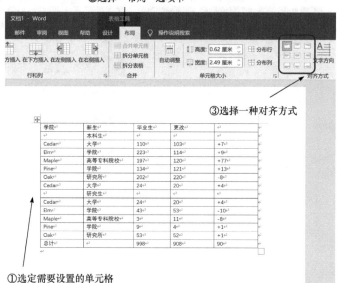

图 4-97　设置表格对齐方式

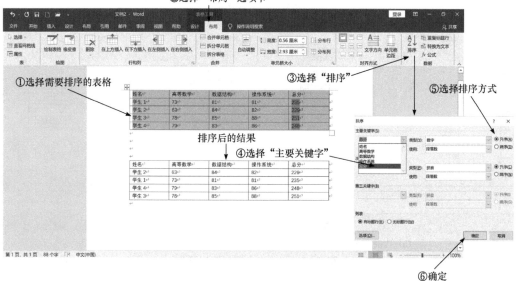

图 4-98　数据排序

（3）单击"确定"按钮即可将选定数据按照设置进行排序。

2）表格中的数据计算

Word 2019 可对表格内的数据进行基本的加、减、乘、除、求平均数、求百分比、求最大最小值等运算。在表格计算中，用 A、B、C……代表表格的列；用 1、2、3……代表表格的行。例如，C3 表示第三行第三列所在单元格的数据。本节以简单的求和运算为例讲解表格数据计算的步骤，如图 4-99 所示：

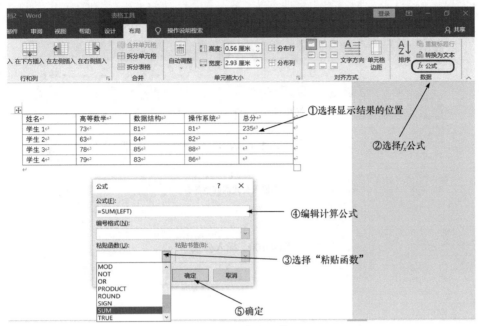

图 4-99　求和运算

（1）将光标定位至显示计算结果的单元格。

（2）在"表格工具"中的"布局"选项卡中单击"公式"按钮，弹出"公式"对话框，在"粘贴函数"列表框中选择计算函数，在"公式"框显示公式并可对公式进行编辑，在"编号格式"列表框中选择结果显示的格式。

（3）单击"确定"按钮，即可完成运算。求和结果放置在光标指定的位置。

4.5.7　插入公式

在诸如学术论文等文档的编辑排版中往往需要数学公式的引入与运用。Word 2019 自带了编辑公式的功能，本节将结合公式 $\int_0^1 (1+4x)\mathrm{d}x$ 讲解公式的创建与编辑。具体操作步骤如图 4-100 所示。

（1）将光标定位至需要插入数学公式的位置。

（2）选择"插入"选项卡，单击"符号"组中的"公式"按钮，此时在插入位置显示公式输入框，同时在菜单栏显示"公式工具"及"设计"选项卡。

（3）在"结构"组中，单击"积分"按钮，在弹出的积分菜单选择"有限积分"即可将有限积分模板插入公式方框中。

（4）在有限积分模板后面输入 $(1+4x)\mathrm{d}x$，在积分符号上下的两个小框中分别输入 1 和 0。就完成了该公式的编辑，单击公式编辑方框外的任意一点即可退出公式编辑返回文档编辑。

Word 2019 提供了部分著名的公式定理，如二次公式、二项式定理、傅里叶级数、勾股定理等，当用户需要用到这些公式时可以直接引入使用，大大简化了用户的工作步骤。

操作如下：选择"插入"选项卡中的"公式"按钮，弹出公式列表，单击需要插入的公式即可插入文档中。若需要插入更多的公式定理，可选择"Office.com 中的其他公式"，在弹出的列表中选择需要插入的公式，如图 4-101 所示。此外，Word 2019 公式默认字体为 Cambria Math，只能将公式转化为普通文本时才能修改字体。

②选择"插入"选项卡"符号"组中的"公式"　　　③选择"设计"选项卡　　④选择"有限积分"

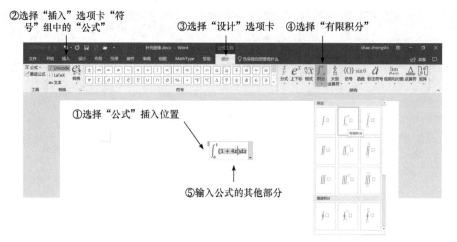

①选择"公式"插入位置

⑤输入公式的其他部分

图 4-100　插入公式

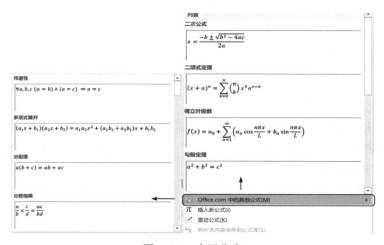

图 4-101　内置公式

4.6　样　式　管　理

4.6.1　样式的概念和类型

1. 样式的概念

样式就是修饰文档段落的一套格式特征，包括字体、字号、颜色、间距、缩进等。

2. 样式包括的类型

Word 包含 4 种基本类型。

1）字符样式

字符样式一般应用于字符级别，可对选中的文字进行样式设置，如给字符增加下划线，将字符设为斜体等。

2）段落样式

段落样式除了包含字体、字号等字符样式外，还有整个段落的文本位置和间距等段落格式。段落样式可以应用到多个段落，一个段落样式格式会应用到光标定位的段落结束标志范围内的所有文本。

3）列表样式和表格样式

列表样式和表格样式用于同一列表及表格外观。

4.6.2　利用样式设置文本格式

应用已有的样式设置文本格式的方法如下：

（1）选中要应用样式的段落，或将光标停在该段落。

（2）单击"开始"选项卡，在样式组中选择一种"快速样式"。

（3）如果快速样式中没有需要的样式，则单击"样式"组右下角"显示样式窗口"按钮，如图 4-102 所示，再在弹出的"样式"对话框列出的所有样式中选择需要的样式，如图 4-103所示。

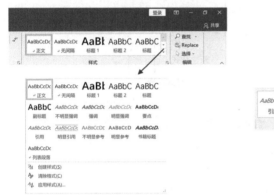

图 4-102　"样式"组中的"快速样式"列表　　　　　图 4-103　查看样式对话框

4.6.3　自定义样式

当在 Word 2019 提供的样式库中找不到满足个性化需求的样式时，用户可以创建自己的样式规范。具体操作步骤如下：

（1）选中要设置格式的文本。

（2）单击"开始"选项卡"样式"组中右下角的"对话框启动器"按钮，再在弹出的"样式"对话框中单击左下角的"新建样式"图标，弹出"根据格式化创建新样式"对话框，创建新样式，如图 4-104 所示。

（3）创建完成后，用户可在样式任务窗格中看到自己创建的样式，在需要时可直接应用。

Word 2019 提供"样式检查器"功能，帮助用户显示及清除文档中应用的样式和格式。"样式检查器"区分文本格式和段落格式，可对两种格式分开进行清除操作。具体的操作步骤如下：单击"开始"选项卡"样式"组中右下角的"对话框启动器"按钮，在弹出的"样式"对话框中单击左下角的"样式检查器"图标，如图 4-105 所示。

4.6.4　删除自定义样式

对于不需要的自定义的样式可以删除。具体操作步骤如下：

（1）单击"开始"选项卡"样式"组中右下角的"对话框启动器"按钮。

（2）将光标移至要删除的样式符号处，单击右边出现的向下的小三角，在弹出菜单中选择

"从样式库中删除"，如图 4-106 所示。

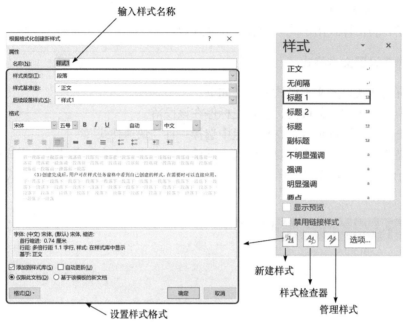

图 4-104　自定义样式

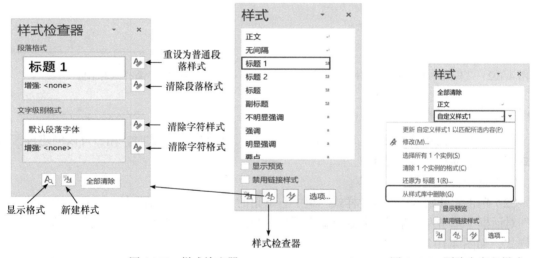

图 4-105　样式检查器

图 4-106　删除自定义样式

4.7　Word 版式设置

文档的版式设置是对文档的基本排版，包括页面的大小、方向、边框、页眉和页脚、页边距等。版式设置一般在段落、字符等排版之前进行。

4.7.1　设置页边距

页边距是正文与页面边界的距离，体现在页面上为页面四周的空白区域。如果默认的页边距不满足要求，用户可以自行设置页边距。两种设置方法操作如下：

1. 利用"页面设置"对话框设置页边距

选择"布局"选项卡，单击"页边距"按钮。Word 为用户提供了 4 种固定类型的页边距（常规、窄、中等、宽），可直接选择需要的页边距类型。用户也可以直接在菜单中选择 "自定义页边距"命令，在"页面设置"对话框中单击"页边距"选项卡，在"页边距"区分别设置上、下、左、右数值，单击"确定"按钮即可。在"页码范围"中单击下方的下拉菜单，可以通过设置"对称页边距"使双面打印时正反两面的内外侧边距相等，此时的"页边距"区域的"左"框变为"内侧"，"右"框变为"外侧"。设置如图 4-107 所示。

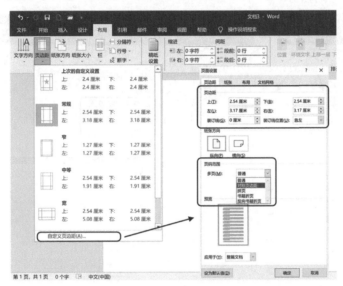

图 4-107　设置页边距

2. 利用"标尺"设置页边距

如果对页边距要求不是特别精确，可以通过鼠标拖动标尺的方式快速设置页边距。具体操作步骤如下：

（1）打开水平和竖直标尺：单击"视图"选项卡，勾选"显示"组中"标尺"复选框。

（2）在周围的深灰色区域的长度表示页边距，将光标移动到标尺边界，当光标变为双向箭头时，按住鼠标左键左右拖动可调整页边距。如图 4-108 所示。

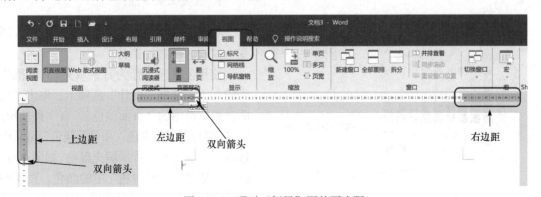

图 4-108　通过"标尺"调整页边距

4.7.2 设置纸张大小和方向

当文档需要打印时必须规定纸张的大小，常见纸张大小有 A4、B5、A3 等，Word 默认纸张大小为 A4，用户也可以根据需要自定义纸张的大小。具体操作步骤如下：

选择"布局"选项卡，单击"页面设置"组中"纸张大小"，可在列表中快速选择纸张大小，单击"纸张方向"，可设置纸张的方向，如图 4-109 所示。单击页面设置右下角的"对话框启动器"按钮，弹出"页面设置"对话框，在"纸张大小"选项卡中可以自定义纸张的高度和宽度（范围：0.26～55.87cm），如图 4-109 所示。

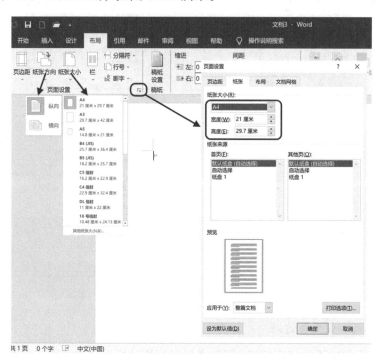

图 4-109　设置纸张大小与纸张方向

4.7.3 文档格式

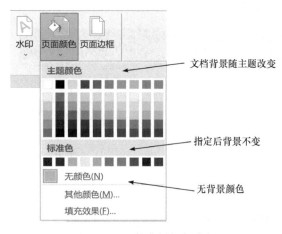

图 4-110　文档背景颜色填充

1. 设置文档背景

Word 2019 提供的文档背景有颜色、渐变、纹理、图案、图片。

使用主题颜色作为背景填充。具体操作步骤如下：选择"设计"选项卡，单击"页面背景"组中的"页面颜色"，有 3 种选择，"主题颜色"、"标准色"和"无颜色"可从中选取一种颜色作为背景填充颜色，如图 4-110 所示。选择"主题颜色"中的颜色，页面的背景会随使用的主题变动做相应改变；选择"标准色"区的颜色，页面背景颜色则保持不变；如果不需要背景颜色，或去除已有背景颜色，可选择"无颜色"选项。新建文档默认为"无颜色"。

如果提供的标准色不满足用户要求，选择"其他颜色"选项，在弹出的对话框中可以设置"标准"颜色和"自定义"颜色。"自定义"颜色有"RGB"和"HLS"两种颜色模式，共16777216 种颜色可供选择。如图 4-111 所示。

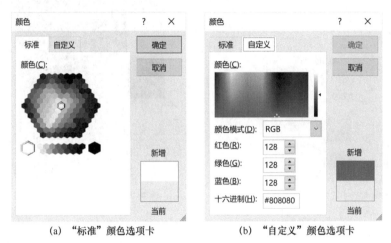

(a) "标准"颜色选项卡　　　　　　(b) "自定义"颜色选项卡

图 4-111　"标准"和"自定义"颜色选项卡

1）设置渐变背景色

用户可将背景设置成渐变颜色，文字背景较明亮图片背景较深来达到凸显效果。具体操作步骤如下：

（1）选择"设计"选项卡，单击"页面背景"组中"页面颜色"，选择下拉菜单中的"填充效果"选项，如图 4-112 所示。

（2）单击"渐变"选项卡，当第一次使用时，渐变色设置的是当前页面背景，如果当前无背景色，则渐变色为黑白渐变。如果已有渐变效果不满足需求，可在"颜色"部分选择"单色""双色""预设"单选按钮，进一步设置渐变颜色。

（3）设置完成后，单击"确认"按钮，完成设置，查看效果。

2）设置纹理作为页面背景

Word 2019 中有 24 种纹理可供用户作为页面填充背景，有木头、大理石等不同的小图案，将其排列填充作为页面背景，操作步骤与设置渐变背景色基本相同，在"填充效果"对话框中选择"纹理"选项卡，从中直接单击选取合适的图案作为背景即可。若用户希望设置其他纹理图案，也可单击"其他纹理"导入自己的纹理图案，如图 4-113 所示。

3）设置图案作为页面背景

Word 2019 中有 48 种图案可供用户作为页面填充背景。选择"设计"选项卡，单击"页面背景"组中的"页面颜色"，选择"填充效果"对话框中"图案"选项卡，再从中直接单击选取合适的图案作为背景即可，如图 4-114 所示。如果需要设置图案颜色，可通过对话框中的"前景"和"背景"进行设置。

4）设置图片作为页面背景

选择"设计"选项卡，单击"页面背景"组中的"页面颜色"，选择"填充效果"对话框

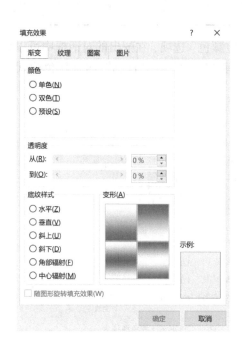

图 4-112　渐变填充背景

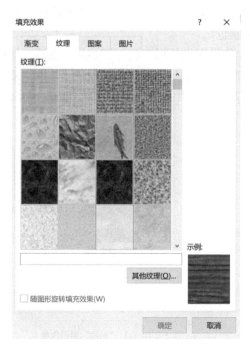

图 4-113　纹理填充背景

中的"图片"选项卡，单击"选择图片"按钮，再在"选择图片"对话框中浏览找到需要的图片，选中图片，单击"插入"，在"填充效果"对话框中预览，无误后单击"确定"按钮，插入图片作为页面背景，如图 4-115 所示。

2. 页眉页脚设置

页眉页脚位于每个页面的顶部和底部，用户可以在页眉和页脚区域添加文本或图形信息，如公司名称、徽标、水印、时间、页数等占用较小位置的附加信息。

整个文档插入相同的页眉和页脚，具体操作步骤如下：

（1）选择"插入"选项卡，单击"页眉和页脚"组中的"页眉"或"页脚"按钮。

（2）单击需要设置的页眉或页脚。以页眉为例，单击"页眉"之后，下拉列表如图 4-116 所示，从中选取合适的样式，单击插入页面相应位置。单击"在此处键入"，键入需要的文字或者插入图片。页脚和页码的设置步骤与此相似。

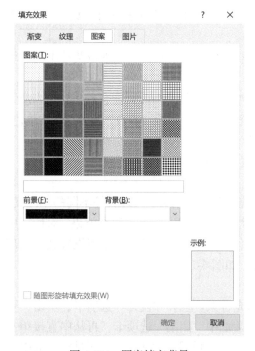

图 4-114　图案填充背景

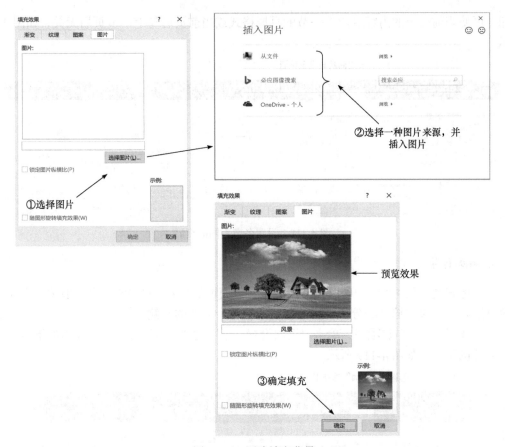

图 4-115 图片填充背景

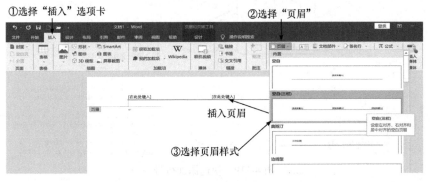

图 4-116 插入页眉

（3）页眉或页脚插入完毕后，功能区会自动跳转到"页眉和页脚工具|设计"选项卡，在不同的组中可设置相应的命令，如图 4-117 所示。

图 4-117 "页眉和页脚工具|设计"选项卡

（4）如果需要设置不同的页眉页脚，则需要文档中存在多个节，单击"链接到前一条页眉"

按钮，可使当前的节的内容继承上一节的页眉格式或当前页眉与上一节页眉无关，如图 4-118 所示。

图 4-118　设置各节不同的页眉

3. 添加行号

为了增强文档的可读性，可以在文档的正文侧面增加行号。添加的行号一般情况下显示在左侧页边距。如果文档已经分栏，行号会显示在每个分栏的左侧。

（1）选择"布局"选项卡，单击"页面设置"组中的"行号"按钮，在弹出的下拉列表中选取合适的选项，如图 4-119 所示。

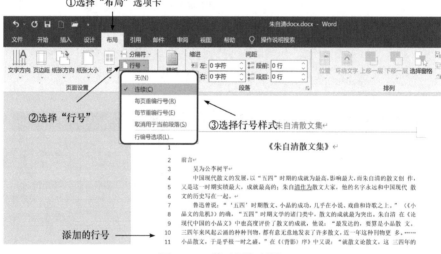

图 4-119　快速添加行号

（2）选择"布局"选项卡，单击"页面设置"组右下角"对话框启动器"按钮，弹出"页面设置"对话框，选择"布局"选项卡，单击底部"行号"按钮，勾选"添加行编号"复选框，然后再在对话框中进行详细设置。若添加后不需要行号，取消勾选"添加行编号"复选框。如图 4-120 所示。

4. 页面边框

如果用户希望为页面添加边框效果，可以为页面添加线型边框或多种艺术的页面边框。具体操作步骤如下：

（1）选择"设计"选项卡，单击"页面背景"组中的"页面边框"按钮。

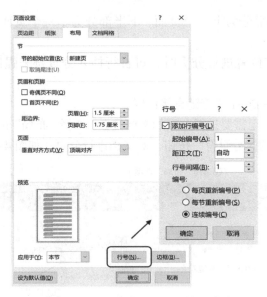

图 4-120　通过"页面设置"对话框添加行号

（2）弹出"边框和底纹"对话框，选择合适的边框设置及样式颜色等，也可以设置艺术型边框，单击"确定"按钮即可应用到整个文档中，如图 4-121 所示。

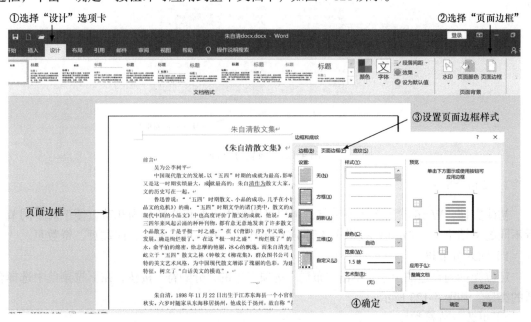

图 4-121　添加页面边框

4.7.4　文档分页、分节与分栏

为使文档的布局排版更为高效、优美，可自行设置文档的分页、分节与分栏。

1. 文档分页

编制文档时，如果文字占满一页，Word 会根据页边距和纸张大小自动分页，这种自动插入的分页符称为自动分页符或浮动分页符。在普通的文档视图中，分页符表示为一条水平虚线，分页符上半部分为上一个页面，下半部分为下一个页面，下一页面初始状态为空白。

当用户需要从特定位置进行分页时，可自行插入分页符来强制分页。具体操作步骤如下：

（1）可以使用 Ctrl + Enter 快捷键直接设置。

（2）也可以移动光标至需要进行分页的文档位置，选择"布局"选项卡，再单击"分隔符"按钮，选择下拉菜单中的"分页符"按钮，对文档进行分页，如图 4-122 所示。

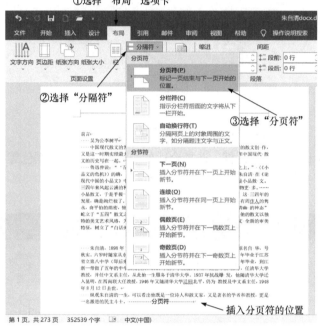

图 4-122　设置分页符

2. 文档分节

初建文档，Word 默认文档为一节，用户可以根据需要将文档分为几节，便于对不同节设置不同的文档格式。Word 也提供了 4 种分节符类型：下一页、连续、偶数页、奇数页。

1）插入分节符

定位光标到合适的位置，单击"布局"选项卡中的"分隔符"按钮，在下拉菜单中选择合适的类型，如图 4-123 所示。

2）更改分节符类型

选中需要修改的节，选择"布局"选项卡，单击"页面设置"组右下角的"页面设置"按钮，在弹出的"页面设置"对话框中选择"布局"选项卡，设置分节符类型，如图 4-124 所示。也可以在普通视图下选择"开始"选项卡，再单击"段落"组中的显示/隐藏编辑标记 ↵（Ctrl + Shift + 8 快捷键），然后选定分节符按 Delete 键删除，重新插入合适的分节符，如图 4-125 所示。

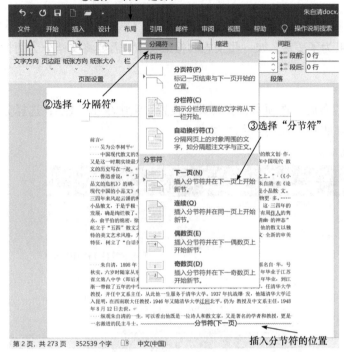

图 4-123　通过"布局"选项卡插入分节符　　　　图 4-124　通过"页面设置"对话框
　　　　　　　　　　　　　　　　　　　　　　　　　　　　修改分节符类型

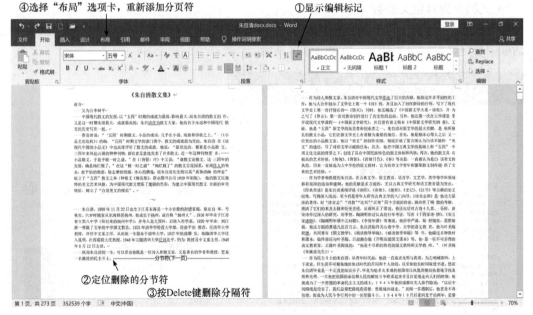

图 4-125　通过删除分节符修改类型

3）删除分节符

在普通视图下，选择"开始"选项卡，单击"段落"组中的显示/隐藏编辑标记 ⤶，然后选定分节符按 Delete 键删除。页面视图下可把光标定位到分节符之前，按 Delete 键删除。删除之后该文本格式将与下一节一样。

3. 文档分栏

文档在默认情况下为一栏，如果为了美观，如一些杂志和报纸文章，需要将文档分为两栏或者多栏。

1）文档分为预设栏数

选中需要分栏的内容，再选择"布局"选项卡，在"页面设置"组中单击"栏"，选择分栏数目，如图 4-126 所示，分栏效果如图 4-127 所示。

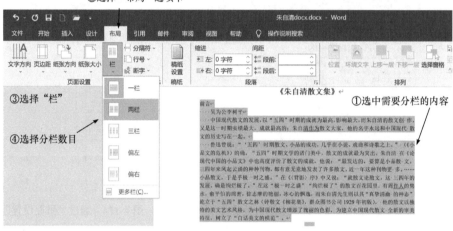

图 4-126　设置分栏

2）文档分为自定义栏数

选择"布局"选项卡，在"页面设置"组中单击"栏"，然后选择"更多栏"，在弹出的"栏"对话框中自定义设置分栏数目，如图 4-128 所示。

图 4-127　分栏效果

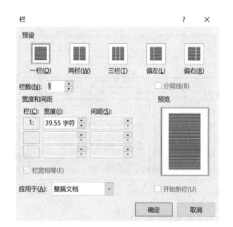

图 4-128　"栏"对话框

4.8　文档的审阅

4.8.1　审阅与修订文档

1. 修订文档

在修订状态下修改文档的时候，Word 2019 会跟踪文档内容所发生的变化。Word 2019 会在文档中自动插入修订标记，比如，增加的文本会以不同颜色显示并加下划线，删除的文字在改变颜色的同时增加删除线，这样就可以清楚地看出哪些文本发生了变化。具体操作步骤如下：

在"审阅"选项卡中单击"修订"组中的"修订"按钮，此时开启修订模式，如图 4-129 所示。

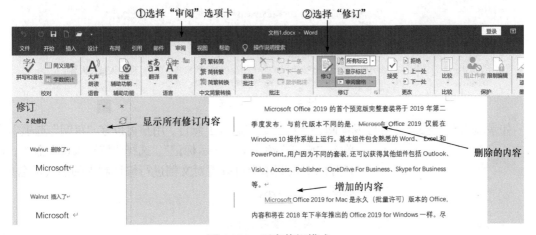

图 4-129　开启修订模式

如果有多人修订同一个文档，文档将通过不同的颜色来区分每个人所修订的内容。各个用户还可以自己对修订内容的样式进行自定义设置，操作步骤如下。

（1）在"审阅"选项卡中，单击"修订"组右下角的对话框启动器，打开"修订选项"窗口，选择"高级选项"，弹出"高级修订选项"对话框。

（2）在弹出的"高级修订选项"对话框中，可以对审阅过程中的插入内容、删除内容、修订行以及批注的格式进行设置，如图 4-130 所示。

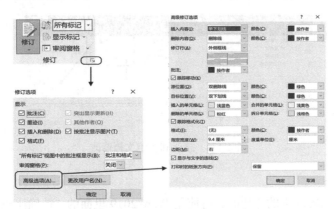

图 4-130　修订选项

2．添加批注

（1）选中需要添加批注的文本。

（2）在"审阅"选项卡中单击"批注"组中的"新建批注"按钮即可。在文档最右侧会出现一个文本框，用户在此输入批注信息即可，如图 4-131 所示。如果要删除批注，则直接在添加的批注上面右击，在弹出的菜单中选择"删除批注"即可。

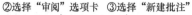

图 4-131　添加批注

如果多人对文档进行修订或审阅，想知道是谁进行了修订，用户可以在"审阅"选项卡中单击"修订"组中的"显示标记"，选择"特定人员"命令，在打开的下拉菜单中可查看对文档进行修订和审阅的人员名单，如图 4-132 所示。

图 4-132　查看审阅者

3．审阅修订和批注

当修订完文档内容，用户还需要对文档的修订和批注进行最终审阅时，可以按下面的方法接受或拒绝文档内容的修改。

（1）在"审阅"选项卡中单击"更改"组中的"上一处"或"下一处"按钮，便可依次审阅修订和批注。

（2）单击"更改"组中的"接受"或"拒绝"按钮，完成接受或拒绝文档的修改。

（3）如果要拒绝当前文档的所有修订，则单击"更改"组中的"拒绝"按钮，选择"拒绝所有修订"命令即可，如图 4-133 所示。

图 4-133　接受和拒绝文档修改

4.8.2　比较文档

当要比较文档内容发生的变化时，可使用 Word 2019 里面的"精确比较"功能，具体操作步骤如下：

（1）在"审阅"选项卡中，单击"比较"组中的"比较"按钮，在下拉列表中选择"比较"命令。

（2）在弹出的"比较文档"的对话框中，选择需要比较的原文档和修订的文档，单击"确定"按钮即可，如图 4-134 所示。

比较后的结果在文档中间显示，最左侧的是修改和批注的信息，记录了具体操作的内容，如图 4-135 所示。

图 4-134 比较文档操作

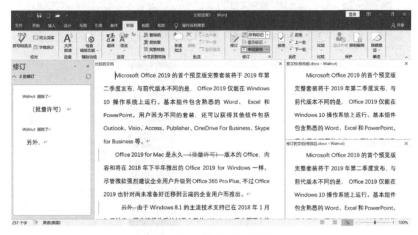

图 4-135 比较文档效果

4.8.3 删除文档的个人信息

当不想让其他人通过文档获得编辑者个人用户信息时，可在 Word 2019 中删除这篇文档中包含的个人信息。操作方法如下：

（1）打开需要删除个人信息的文档。

（2）在"文件"选项卡中选择"信息"选项，然后单击"检查问题"中的"检查文档"图标，在弹出的"文档检查器"对话框中选中需要检查的内容类型，然后单击"检查"按钮，如图 4-136 所示。

（3）检查完成后，在"文档检查器"对话框中审阅检查结果，单击"全部删除"按钮，删除对应的信息，如图 4-137 所示。

4.8.4 将文档标记为最终状态

当文档修改完后，需要将文档标记为最终状态，具体操作步骤如下。

在"文件"选项卡中，选择"信息"选项卡，单击"保护文档"按钮，选择"标记为最终"即可，如图 4-138 所示。

图 4-136　检测个人信息

图 4-137　删除个人信息　　　　　　　　　图 4-138　将文档标记为最终状态

4.8.5　使用文档部件

Word 2019 中有个文档部件的功能，可把图片或页眉页脚格式固定下来，存到文档部件里面，以后使用的时候就跟零件一样，随时使用。操作方法如下：

（1）选中要制作成文档部件的文本。

（2）在"插入"选项卡中，单击"文本"组中的"文档部件"按钮，再选择"将所选内容保存到文档部件库"命令。

（3）在"新建构建基块"对话框中为新建的文档部件设置属性，如图 4-139 所示。

4.8.6　共享文档

如果想把编辑好的文档通过邮件的方式发送给好友，可直接在 Word 2019 中选择发送，具体操作步骤如下。

图 4-139　制作文档部件

在"文件"选项卡中，选择"共享"选项卡中的"电子邮件"，再单击"作为附件发送"按钮即可，如图 4-140 所示。

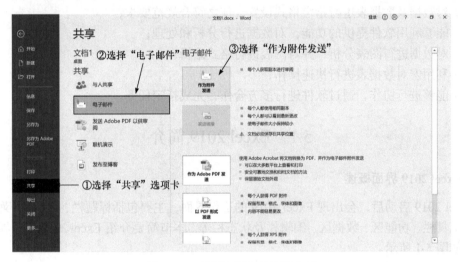

图 4-140　使用电子邮件发送文档

第 5 章　表格处理软件 Excel 2019

Excel 是微软公司推出的 Office 办公软件中的一个重要组件。强大的数据计算和分析能力以及出色的图表功能，使 Excel 能够胜任个人数据处理、家庭理财以及各种复杂的财务分析、数学分析和科学计算等工作。Excel 2019 版本增加了多组函数和表格，可有效提升办公效率。

本章具体介绍 Excel 2019 的使用方法。通过本章的学习，可以掌握以下内容：

（1）工作簿、工作表的基本操作，能够在工作表中输入指定类型的数据；

（2）对数据及数据表进行指定格式设置，使之符合规范要求；

（3）能够利用软件提供的功能，对数据进行分析和处理；

（4）对数据进行图表分析，并对图表进行格式编辑；

（5）利用宏对数据表进行快速操作；

（6）能够进行协作，通过软件进行多方合作，完成指定任务。

5.1　Excel 2019 简介

5.1.1　Excel 2019 界面概述

Excel 2019 启动后，会出现 Excel 2019 的工作界面，主要包括标题栏、"文件"菜单、快速访问工具栏、功能区、数据区、编辑栏及状态栏等。本节简要介绍 Excel 2019 工作界面的各部分，如图 5-1 所示。

1）"文件"菜单

位于工作界面的左上角，能获得与文件有关的操作选项，如"打开""另存为"或"打印"等，采用多级菜单的分级结构，自左向右分为 3 个区域，左侧区域为命令选项区，列出了与文档有关的操作命令选项，当选择某个选项后，其右侧区域将显示其下级命令按钮或操作选项；同时，右侧区域会显示与文档有关的信息，如文档属性信息、打印预览或预览模板文档内容等。

2）名称框

位于工作表左上方，其中显示活动单元格的地址或已命名单元格的区域名称。

3）编辑栏

位于名称框的右侧，用于显示、输入、编辑、修改当前单元格中的数据或公式。

4）工作表标签

位于工作表的左下方，用于显示工作表名称，默认为 sheet1、sheet2、sheet3。单击工作表标签，可以在不同的工作表之间切换，当前可以编辑的工作表为活动工作表或当前工作表。

5）功能选项卡

Excel 2019 常用的功能选项包括"开始"、"插入"、"页面布局"、"公式"、"数据"、"审阅"

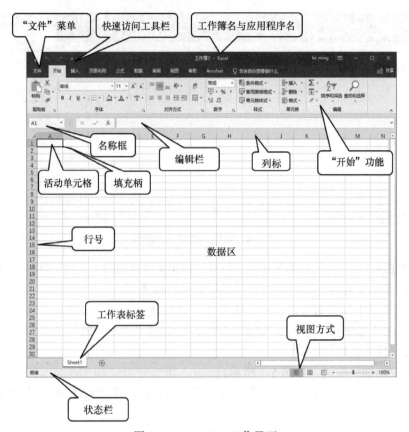

图 5-1　Excel 2019 工作界面

和"视图",如图 5-2 所示。

　　另外,有些功能选项卡根据选择对象的需要,在需要使用时才显示。例如,在工作表中处理图形图像时,在功能选项卡的右侧会出现一个"图片工具"功能选项卡,处理图表时,会出现"图表工具"功能选项卡,如图 5-3 所示。

图 5-2　功能选项卡　　　　　　　图 5-3　"图片工具"和"图表工具"功能选项卡

　　6)功能区隐藏与显示

　　单击右上角"功能区显示选项"按钮▣,可对功能区进行 3 种操作,分别为自动隐藏功能区、显示选项卡及显示选项卡和命令。自动隐藏功能区能最大化工作窗口。单击"功能区显示选项"按钮▣,选择"显示选项卡",可显示选项卡,但功能区依然隐藏。如需显示完整的选项卡和功能区,则在单击"功能区显示选项"按钮后,选择"显示选项卡和命令"。隐藏与显示功能区如图 5-4 所示

　　7)快速访问工具栏

　　位于 Excel 窗口的左上角,放置常用的工具,帮助快速完成工作。通常有 3 个常用的工具,分别是"保存"、"撤销"及"恢复",图标分别为🖫、🢗▾、🢖,也可以自行设置快速存取工具,步骤如下:

图 5-4　功能区的显示和隐藏

（1）点击 Excel 窗口左上角的 ▽ 图标，打开"自定义快速访问工具栏"菜单，如图 5-5 所示。

（2）如果菜单中有需要的功能，直接用鼠标进行选择。

（3）如果菜单中没有需要的命令，则单击"其他命令"。打开"Excel 选项"对话框，如图 5-6 所示。对于添加自定义工具按钮的方法，以添加"插入表格"工具为例，方法如下：

① 选择"插入表格"工具。

② 单击"添加"按钮，如图 5-7 所示。

③ 单击"确定"按钮，将"插入表格"工具添加到 Excel 窗口左上角，效果为

。

图 5-5　自定义快速访问工具栏

图 5-6　"Excel 选项"对话框

8）显示比例

位于 Excel 窗口的右下角，显示目前工作表的缩放比例。设置显示比例有两种方法。

（1）直接拖动中间的滑动杆 来改变显示比例，或单击放大 或缩小 按钮改变显示比例，如图 5-8 所示。

（2）单击"缩放级别"按钮 100%，打开"显示比例"对话框进行设置，如图 5-9 所示。

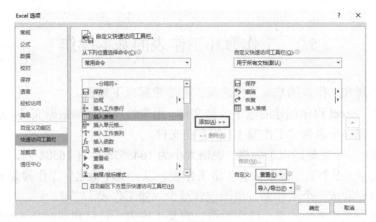

图 5-7　设置快速访问工具

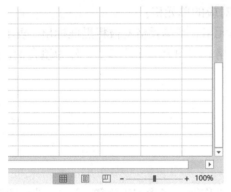

图 5-8　显示比例按钮

图 5-9　"显示比例"对话框

5.1.2　Excel 2019 的文件格式

常见的文档类型表示如表 5-1 所示，其中文档类型 xls 后面为 x 时表示不含宏的工作簿文档，后缀为 m 表示含有宏的工作簿文档。

表 5-1　Excel 2019 的文档类型及其含义

文档类型	含义
xlsx	常用的 Excel 工作簿
xlsm	启用宏的工作簿
xlsb	进制工作簿
xls	Excel 97-2003 工作簿、MS Excel 5.0/95 工作簿
xml	XML 数据文件
mht	单个文件网页（mht、mhtml）
htm	网页文件
xltx	模板文件
xltm	启用宏的模板
txt	文本文件（包括制表符分隔、Unicode 文本）
csv	CSV（逗号分隔值）文件

5.2　工作簿和工作表的基本操作

在介绍工作簿和工作表的基本操作之前，先要掌握以下知识。

（1）工作簿：Excel 程序创建的电子表格文件，用来处理和存储数据文件，启动 Excel 2019 时系统会自动创建一个名为"工作簿 1"的空白文件。

（2）工作表：一个完整的电子表格，表格大小为 1048576 行 ＋16384 列，工作表能满足广大用户的一般需求。1 个工作簿默认有 1 个工作表，以 sheet1 命名。工作簿是 Excel 使用的文件架构，可以将它看成一个工作夹，里面包含至少一张工作表。

（3）单元格：工作表中的最小操作单位，它是工作表中行号和列标交叉处的长方形区域，因此，单元格通过其对应的列标和行号标识，称为单元格地址，又称单元格的名称，如 A1、B2 分别表示第一列第一行和第二列第二行所对应的单元格。

（4）活动单元格：在工作表中单击某个单元格，该单元格就被粗黑框标出，表示是当前正在操作的单元格，又称活动单元格。活动单元格右下角有一个小黑点，称为填充柄，用来进行单元格内容的快速填充。

5.2.1　工作簿的基本操作

1. 创建一个工作簿

工作簿的创建一般通过以下方法实现：

（1）启动 Excel 时程序自动创建一个空白工作簿，名为"工作簿 1"，如图 5-10 所示。

（2）单击"文件"菜单中的"新建"按钮，选择创建文档类型，在弹出的窗口上单击"创建"按钮即可新建文档，如图 5-11 所示。新工作簿依次以工作簿 1、工作簿 2……来命名，要重新命名工作簿，可在保存文件时变更。

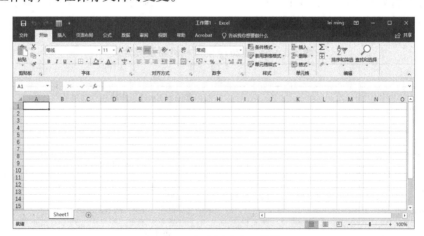

图 5-10　自动创建的工作簿

2. 工作簿窗口切换

Excel 程序可以同时打开多个工作簿文件，可通过"视图"标签下的"切换窗口"功能实现不同工作簿的切换，如图 5-12 所示。

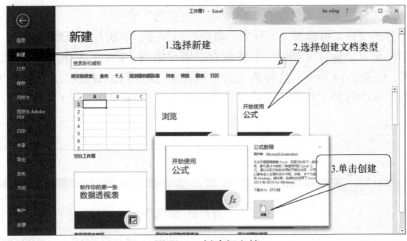

图 5-11　创建新文档

图 5-12　切换工作簿

3．工作簿的保存

对工作簿进行操作后应及时进行保存，以防数据丢失。Excel 2019 保存工作簿的方法有以下两种。

（1）单击左上角快速访问工具栏上的"保存"按钮。

新文档在第一次保存时，会自动打开"文件"选项卡下的"另存为"选项，在"另存为"菜单中双击"这台电脑"选项，弹出"另存为"对话框，用户需要输入保存的位置及保存的文件名，如图 5-13 所示。对打开的文件进行编辑，单击"保存"按钮，则直接覆盖原有文件，文件名不变。

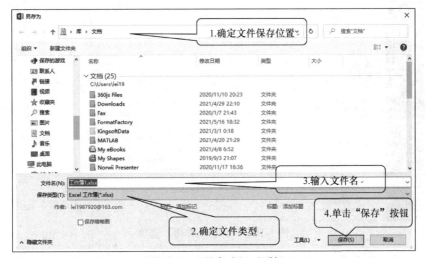

图 5-13　"另存为"对话框

（2）单击"文件"菜单的"保存"命令或"另存为"命令。

对已经保存的文件，可选择"另存为"命令进行保存，本质是保留原有文件，将编辑后的文件换一个名称保存。保存文档时，如将保存类型设定为"Excel 工作簿"，那么其扩展名是"*.xlsx"格式，如图 5-14 所示。这种格式的文档通常无法用 Excel 2003 及其之前的版本打开，如果需要在旧版本中打开工作簿，则将保存类型设定为"Excel 97-2003 工作簿"。

文件名(N)：	工作簿2.xlsx	∨
保存类型(T)：	Excel 工作簿(*.xlsx)	∨
作者：	Excel 工作簿(*.xlsx)	
	Excel 启用宏的工作簿(*.xlsm)	
	Excel 二进制工作簿(*.xlsb)	
	Excel 97-2003 工作簿(*.xls)	
	CSV UTF-8 (逗号分隔) (*.csv)	

图 5-14　保存类型的选择

Microsoft Excel - 兼容性检查器　? ×

早期版本的 Excel 不支持此工作簿中的以下功能。如果将此工作簿保存为当前所选文件格式，则这些功能可能会丢失或降级。如果仍要保存工作簿，请单击"继续"。若要保留所有功能，请单击"取消"，然后以新文件格式之一保存此文件。

摘要　　　　　　　　　　　　　　　发生次数

显著功能损失

您无法再编辑此对象。　　　　　　　　　　1
位置：'Sheet1'，形状　　　　　　查找　帮助

☑ 保存此工作簿时检查兼容性(H)。

复制到新表(N)　　　　　　　继续(C)　取消

图 5-15　"兼容性检查器"对话框

但是，将文件存成 Excel 97-2003 工作簿的"*.xls"格式后，若文件中使用了 Excel 2019 的新功能，在保存时会显示如图 5-15 所示的"兼容性检查器"对话框，告知相应信息。

4. 工作簿的保护

工作簿在使用过程中经常需要对其中的信息进行保护，可以采用以下方法：

（1）选择"文件"选项卡下的"信息"选项，打开如图 5-16 所示的窗口，单击"保护工作簿"按钮，在打开的下拉菜单中选择"用密码进行加密"，打开如图 5-17 所示的"加密文档"对话框，输入密码后单击"确定"按钮。在如图 5-18 所示的"确认密码"对话框中确认密码。最后再保存文件，密码即会生效。

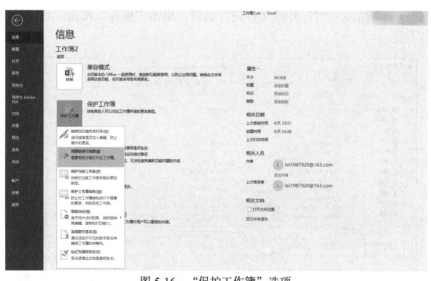

图 5-16　"保护工作簿"选项

取消密码时，只需将"加密文档"对话框中的密码删除，再单击保存命令即可。

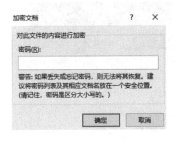

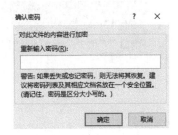

图 5-17　"加密文档"对话框　　　　　　　　图 5-18　"确认密码"对话框

（2）在图 5-16 中选择"保护工作簿结构"，打开如图 5-19 所示"保护结构和窗口"对话框，选择保护类型，并输入密码进行保护。一旦进行工作簿的保护，其结构或窗口将不能更改。

选中"结构"复选框会禁止对活动工作簿中的工作表的位置、名称、隐藏状态等的更改；选中"窗口"复选框，该工作簿的窗口将不能被关闭、隐藏、取消隐藏、改变大小及移动，实际上，"最小化"、"最大化"和"关闭"按钮都不见了。

这些设置是即刻生效的，而且此命令是循环的，再次单击"保护工作簿"将关闭保护。如果在"保护结构和窗口"对话框中设置了密码，那么 Excel 就会在关闭所保护的工作簿之前提示用户输入密码。

图 5-19　"保护结构和窗口"对话框

5. 工作簿的隐藏

由于某些原因，用户需要使某个工作簿处于打开状态，同时又不希望别人看见该工作簿，可以使用工作簿隐藏功能。要想隐藏工作簿，应先激活该工作簿，然后单击"视图"选项卡中的"隐藏"按钮，如图 5-20 所示。这样就将该工作簿从视图中移除，但该工作簿仍然是打开的，并且在工作区中仍然可以使用该工作簿。

图 5-20　工作簿的隐藏

如果需要显示隐藏的工作簿，则在已打开的任意工作簿中选择"视图"选项卡，单击图 5-21中的"取消隐藏"按钮，在弹出的"取消隐藏"对话框中选择希望重新显示的工作簿名，单击"确定"按钮即可重新显示被隐藏的工作簿。特别注意：只有当存在隐藏工作簿时，"取消隐藏"功能才可用。

6. 关闭工作簿

工作簿在编辑过程中要及时保存，并在编辑完成后及时关闭暂时不再使用的工作簿，退出Excel 应用程序，释放内存，提高计算机资源使用效率。关闭工作簿及退出 Excel 程序的方法有以下几种。

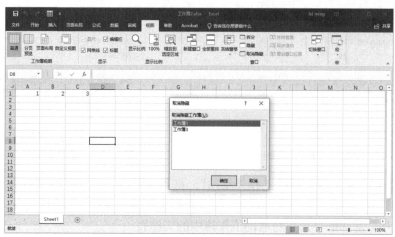

图 5-21　"取消隐藏"对话框

（1）单击"文件"选项卡，再在弹出的菜单中选择"关闭"命令，或单击窗口右上角的文档关闭按钮，则只会关闭工作簿而不关闭 Excel 程序。

（2）在任务栏中右击 Excel 图标，选择"关闭所有窗口"，将关闭 Excel 程序，同时正在编辑的工作簿也会被关闭，如图 5-22 所示。

当关闭 Excel 中已经修改但没有保存的工作簿时，会出现如图 5-23 所示的对话框，其用来提示用户对文档进行保存，用户根据需求进行选择即可。

图 5-22　工作簿的关闭和 Excel 的退出

图 5-23　存档信息提示框

7. 打开工作簿

（1）对已经存在的工作簿进行编辑前，必须先打开该工作簿。单击"文件"菜单，选择"打开"选项，双击"这台电脑"选项，弹出如图 5-24 所示的"打开"对话框，确定文件所在位置、类型和文件名，单击"打开"按钮，即可打开相应的工作簿。

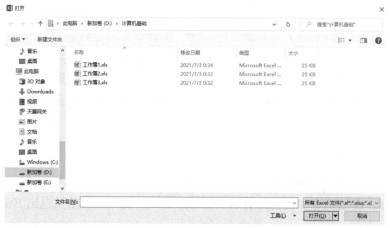

图 5-24　"打开"对话框

（2）如果打开的文档是最近刚编辑过的文档，则单击"文件"选项卡下的"打开"选项。然后，在"打开"选项卡下选择"最近"选项。最后，在右侧工作簿列表中单击想要打开的文件名，就可以打开最近使用过的工作簿。

5.2.2　工作表的基本操作

1. 插入

Excel 创建的工作簿默认有 1 张工作表，其名称为 sheet1。用户根据需要可以增加新的工作表，通常有两种方法：

（1）选择"开始"选项卡"单元格"组的"插入"下拉菜单，找到"插入工作表"命令，实现新工作表的插入，如图 5-25 所示。

（2）单击工作表标签右侧的"插入工作表"按钮 ⊕，如图 5-26 所示。

图 5-25　插入工作表

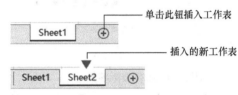

图 5-26　插入新的工作表

2. 删除

工作簿中不需要的工作表可以直接删除。右击要删除的工作表标签，在弹出的快捷菜单中单击"删除"命令将其删除，如图 5-27 所示。若被删除的工作表中含有内容，则选择"删除"之后会出现如图 5-28 所示的提示框，用来再次提示用户确认是否要删除此表，从而避免误删。在删除工作表的过程中，工作簿会确保其中至少保留了 1 张工作表。

图 5-27　快捷菜单

图 5-28　删除确认提示框

3. 重命名

Excel 2019 建立的工作表通常以 sheet1、sheet2、sheet3……命名。这种命名方法具有一般性，不能凸显工作表的内容和意义。为了工作表的使用方便，通常会对所使用的工作表冠以具体名称，操作步骤如下。

在需要重命名的工作表标签上双击鼠标，使其字体反白显示，如图 5-29 所示，然后再输入指定的工作表名称，或在其标签上右击，在快捷菜单中选择"重命名"，然后输入名称，并按回车键即可实现重命名操作。

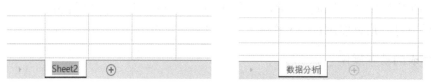

图 5-29　工作表的重命名

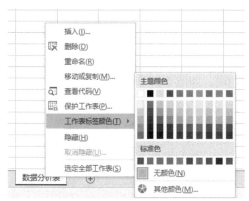

图 5-30　工作表标签颜色

4. 设置工作表标签颜色

设置不同工作表标签的颜色可以增加工作表区分度，方法如下：

（1）在工作表标签上单击鼠标右键，弹出如图 5-30 所示的快捷菜单。

（2）单击菜单中的"工作表标签颜色"，打开子菜单。

（3）选择标签具体颜色进行设置。

如果选择"其他颜色"，则会弹出如图 5-31 所示的对话框。其中，有两个选项卡，选择"自定义"，可指定颜色的 RGB 分量的数值，从而精确地设置颜色。

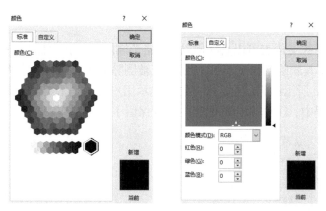

图 5-31　"颜色"对话框

5. 移动或复制工作表

可以通过对话框实现移动或复制工作表。在工作表标签右击，在弹出的快捷菜单中选择"移动或复制"命令，打开如图 5-32 所示的对话框，如果复选"建立副本"，则进行复制操作，否则为移动操作。工作表放置位置可以通过"下列选定工作表之前"窗口中的选项进行设置。

6. 工作表的显示与隐藏

用户在指定工作表标签上单击鼠标右键，在弹出的菜单中选择"隐藏"，即可根据需要将该工作表隐藏起来。

在工作表标签上单击鼠标右键，在弹出的菜单中选择"取消隐藏"，即可将隐藏的工作表重新显示出来。如果隐藏了多个工作表，则弹出如图 5-33 所示对话框，在对话框中选择需要显示的工作表。

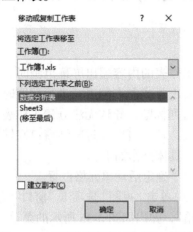

图 5-32　"移动或复制工作表"对话框

图 5-33　"取消隐藏"对话框

7. 拆分工作表窗格

在"视图"选项卡"窗口"组中单击"拆分"按钮，将会以当前活动单元格为坐标，将窗口拆分为 4 个不同的编辑窗口，如图 5-34 所示。每一个窗口都可以编辑。再次单击"拆分"则会取消窗口的拆分。

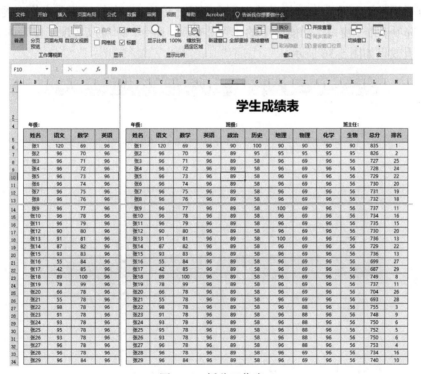

图 5-34　拆分工作表

注意：

（1）如果当前活动单元格为最左边一列或最上边一行的单元格，进行拆分操作之后，窗口将拆分成上下两个窗口或左右两个窗口。

（2）窗口拆分之后，可以将鼠标放于拆分线上，鼠标变为移动标识时，可按住鼠标并移动位置，即可调整窗口的拆分位置。

8. 冻结工作表窗格

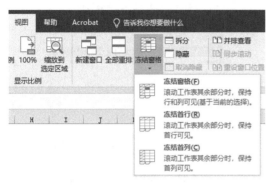

图 5-35　冻结工作表

工作表的内容超出屏幕范围时，查看内容需要上下或左右翻屏，进行翻屏时经常看不到行列标题，导致无法分清工作表中数据的含义，这时可以通过冻结窗口来锁定行列标题，具体操作如下：

（1）确定活动单元格位置。

（2）单击"视图"选项卡"窗口"组的"冻结窗格"，弹出如图 5-35 所示的菜单。

（3）选择冻结窗格的类型。

一旦进行了窗格冻结，当窗口左右移动时，左侧的窗格内容保持不变；窗口上下移动时，上面的窗格内容保持不变。单击"冻结窗格"列表下的"取消冻结窗格"命令，可取消当前窗口的冻结。

9. 工作表并排查看

并排查看通常用于两个内容相近的工作表间的比较检查，在打开两个工作表的情况下，单击"视图"选项卡中"窗口"功能区中的"并排查看"命令，即可以实现工作表的并排查看功能，并排查看效果如图 5-36 所示。

图 5-36　并排查看效果

10. 工作表的保护

1）保护工作表

为了防止他人对单元格的格式或内容进行修改，可以设定工作表保护。默认情况下，当工作表被保护后，该工作表中的所有单元格都会被锁定，他人不能对锁定的单元格进行任何更改。如果需要允许部分单元格被修改，就需要在保护工作表之前，对允许更改或输入数据的区域解除锁定。步骤如下：

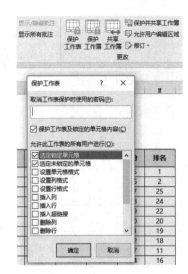

（1）打开需要保护的工作表。

（2）在图 5-16 中选择"保护当前工作表"，或在"审阅"选项卡"更改"组中，单击"保护工作表"按钮，打开如图 5-37 所示的"保护工作表"对话框。

（3）在"允许此工作表的所有用户进行"列表中，选择允许他人能够更改的项目，单击选中相应的复选框。

图 5-37　　"保护工作表"对话框

（4）在"取消工作表保护时使用的密码"框中输入密码，该密码用于设置者取消工作表保护。

（5）单击"确定"按钮，重复确认密码后完成设置。此时，在被保护工作表任一单元格中试图输入数据或更改数据时，均会出现如图 5-38 所示的提示信息。

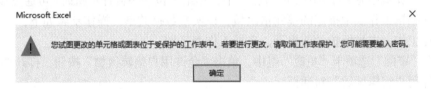

图 5-38　提示信息

2）取消工作表保护

选择已设置保护的工作表，在"审阅"选项卡"更改"组中单击"撤消工作表保护"（若当前工作表受保护，"保护工作表"按钮会变成"撤消工作表保护"按钮），打开如图 5-39 的"撤消工作表保护"对话框，在密码框输入保护密码，单击"确定"按钮，即可对该工作表进行修改。

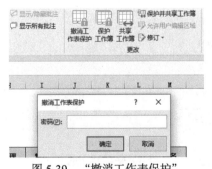

图 5-39　　"撤消工作表保护"

3）解除对部分工作表区域的保护

用户可对工作表进行部分保护，即可以对保护后的工作表的指定区域进行编辑，设置部分保护工作表的步骤如下：

（1）打开要设置保护的工作表，选择工作表中不需要保护的单元格区域。

（2）单击鼠标右键，在弹出的图 5-40 所示的快捷菜单中选择"设置单元格格式"命令，打开如图 5-41 所示对话框。

（3）在对话框中选择"保护"选项卡，取消"锁定"复选框，然后单击"确定"按钮。当工作表被保护时，当前选定区域的单元格将会在保护范围之外。编辑栏将不会显示活动单元格的公式或函数。如果选定"隐藏"复选框，则可以将活动单元格区域中的公式或函数隐藏。

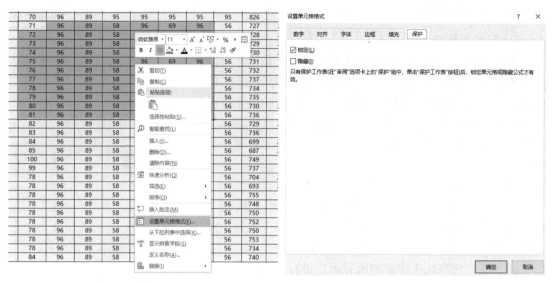

图 5-40　单元格格式设置　　　　　　　　图 5-41　工作表保护设置

（4）对工作表进行保护。

4）允许特定用户编辑受保护工作表的指定区域

当一台计算机中有多个用户，或者在一个工作组中包括多台计算机时，可通过该项设置允许其他用户编辑工作表中指定的单元格区域，以实现数据共享。操作步骤如下：

（1）在工作表未被保护的前提下，选择工作表区域。

（2）在"审阅"选项卡"更改"组中，单击"允许用户编辑区域"按钮，打开如图 5-42 所示的"允许用户编辑区域"对话框。

（3）单击"新建"按钮，打开如图 5-43 所示的"新区域"对话框，然后在对话框中输入区域名及区域地址（默认为当前选定区域），同时还可以添加访问区域密码。

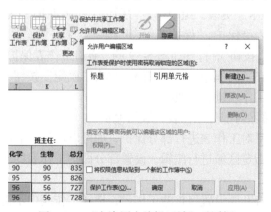

图 5-42　"允许用户编辑区域"对话框

图 5-43　"新区域"对话框

（4）单击"权限"命令按钮，在图 5-44 弹出的"区域的权限"对话框指定可访问该区域的用户，然后单击"确定"按钮，返回到"新区域"对话框。

（5）在"新区域"对话框中单击"确定"按钮，返回"允许用户编辑区域"对话框，单击左下角的"保护工作表"按钮，在随后弹出的对话框（图 5-45）设定保护密码即可更改项目。

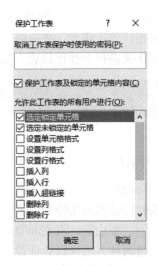

图 5-44　"区域的权限"对话框　　　　图 5-45　"保护工作表"对话框

11. 多张工作表操作

1）选择多张工作表

选择连续的多张工作表：在首张工作表标签上单击，选定第一张，在按住 Shift 键的同时再单击最后一张工作表标签，即可选定连续的一组工作表，如图 5-46 所示。

图 5-46　选择连续多张工作表

选择不连续的多张工作表：单击选定一张工作表，然后按住 Ctrl 键的同时依次单击其他要选定的工作表标签，即可选择不连续的一组工作表，如图 5-47 所示。

图 5-47　选定多个不连续工作表

选择全部工作表：在任一工作表标签上单击鼠标右键，在弹出的快捷菜单中选择"选定全部工作表"命令，如图 5-48 所示，即可选择当前工作簿中的所有工作表，被选中的工作表标签将会反白显示。

取消组合工作表：单击组合工作表以外的任一工作表标签，或从快捷菜单中选择"取消组合工作表"命令，即可取消组合工作表，如图 5-49 所示。

图 5-48　选定全部工作表　　　　图 5-49　取消组合工作表

2）同时对多张工作表进行操作

当同时选定多张工作表后，工作簿标题栏文件名之后会出现"[组]"字样，如图 5-50 所示。这时，在一张工作表中所做的任何操作都会同时反映到组中其他工作表，这样可快速格式化一组结果相同的工作表、在一组工作表中输入相同的数据和公式等。然后取消工作表组合，再对每张工作表进行个性化设置，如输入不同的数据等。

图 5-50　工作组状态

12. 工作表的打印

1）页面设置

对于要打印输出的工作表，需要在打印之前对其页面进行一些必要设置，如纸张大小和方向、打印比例、页边距、页眉和页脚、设置分页、设置要打印的数据区域等。

可以通过两种方法进行页面设置：

一种是切换到"页面布局"选项卡，在"页面设置"组中可以设置页边距、纸张方向、纸张大小、打印区域与分隔符等，如图 5-51 所示。

另一种是点击"页面设置"组右下角箭头 ，打开如图 5-52 所示的"页面设置"对话框进行相关设置。

图 5-51　"页面设置"功能区　　　　图 5-52　"页面设置"对话框

下面以"页面设置"对话框为例说明页面设置的相关内容。

（1）设置纸张大小和方向。设置合理的纸张大小是打印文档的前提，通常设置 A4 纸或 B5 纸等。在图 5-52 中单击"纸张大小"右侧箭头，打开图 5-53 所示的下拉式列表，从中选择合理的纸张规格。

纸张方向是指页面是横向打印还是纵向打印。如果文件的行较多而列较小，则使用纵向打印；如果列较多则使用横向打印。在图 5-52 中对纸张打印方向根据需要进行选择。

（2）设置页边距。为了报表的美观，通常会在纸张四周留一些空白，这些区域称为页边距。调整页边距即控制纸张四周空白的大小，即控制数据在纸上打印的范围。

在图 5-52 中选择"页边距"选项卡，会弹出如图 5-54 所示的对话框。

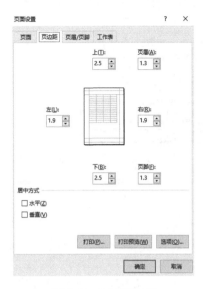

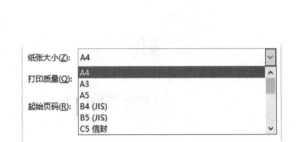

图 5-53　纸张大小　　　　　　　　　　　图 5-54　页边距设定

（3）设置页眉和页脚。在打印工作表时，有时需要打印页眉和页脚，在"页面设置"对话框中可以方便地实现此功能。单击图 5-52 中"页眉/页脚"选项卡，如图 5-55 所示。

单击"页眉"下方的下拉式列表，如图 5-56 所示，选择合适的页眉信息。

图 5-55　页眉/页脚设置　　　　　　　　图 5-56　页眉列表

如果没有合适的页眉，可单击"自定义页眉"，弹出如图 5-57 所示的"页眉"对话框，可以在其中自定义页眉信息。

页脚的设置方法和页眉的设置方法一样。

（4）打印标题。打印标题是指在每个打印页重复出现的行和列。在图 5-52 中选择"工作表"选项卡，效果如图 5-58 所示。在图 5-58 中可以设置打印的标题、打印区域及打印的其他选项。

2）打印预览

完成文档的页面设置后，在打印工作表之前，可以通过打印预览功能查看实际打印的效果。利用打印预览，可以及时发现文档布局不合理或错误的地方，从而避免浪费纸张。

图 5-57　"页眉"对话框

图 5-58　打印标题

单击"文件"选项卡中"打印"命令，在"打印"选项面板的右侧可预览打印的效果，如图 5-59 所示。如觉得预览效果看不清楚，可以单击预览页面下方的"缩放到页面"按钮 ▣ 。此时，预览效果比例放大，用户可以拖动垂直或水平滚动条来查看工作表内容。确认无错误后，用户即可对文档进行打印，直接单击图 5-59 中的"打印"按钮即可。如果需要多份文档，可以在图 5-59 最上方的打印区设定打印的份数。

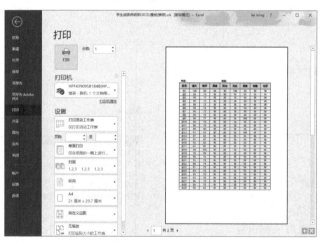

图 5-59　打印预览

当要打印多份时，可以在下方设置"对照"功能。如果选择"对照"选项，则在打印时会先打印完第一份再打印下一份，即逐份打印；如果选择"非对照"选项，则会将每一份的第一页全部打印出来，然后打印下一页，以此类推，即逐页打印。

5.3　数据的输入与编辑

5.3.1　单元格的基本操作

工作表是一个二维表，大小为 1048576 行 ×16384 列，其中用数字表示行号，起始为 1，最后一个行号为 1048576，用字符表示列标，起始用 A 表示，最后一个列标为 XFD。工作表中每一行和每一列交叉处的长方形区域称为单元格，单元格是 Excel 操作的最小对象。

1. 活动单元格及单元格地址

当前正在操作的单元格称为活动单元格，其被粗黑框标出，如图 5-60 所示。一个单元格在工作表操作过程中用列标行号表示其名称，也称为单元格地址，例如，A1 和 D3 分别表示第一列第一行和第四列第三行的单元格。

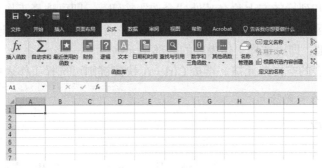

图 5-60　活动单元格

2. 单元格的选择

选择单元格是对单元格进行编辑的前提，选择单元格的方法如下。

1）选择一个单元格

有 3 种方法可以选择单元格：

（1）单击要选择的单元格。这时该单元格的周围出现粗边框，表明它是活动单元格。

（2）名称框中输入单元格地址，例如，在名称框输入"C5"后按 Enter 键即可快速选择 C5 单元格，如图 5-61 所示。

（3）在"开始"选项卡的"编辑"组中单击"查找和选择"按钮，在弹出的菜单中选择"转到"命令，打开"定位"对话框，在"引用位置"文本框中输入单元格地址，然后单击"确定"按钮，如图 5-62 所示。

图 5-61　利用名称框选定单元格

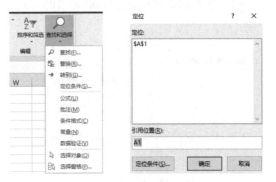

图 5-62　通过定位选择单元格

2）选择连续单元格

连续单元格的选取即选择一个矩形区域的单元格，方法如下：

（1）通过鼠标拖动操作实现。单击要选择的单元格区域内的第一个单元格，按住鼠标左键，拖动鼠标至选择区域内的最后一个单元格，释放鼠标左键后即可选择单元格区域。

（2）通过鼠标和键盘相结合。单击要选择单元格区域内的第一个单元格，按住 Shift 键再单击选择区域内的最后一个单元格。

3）选择不连续的多个单元格

单击选择第一个单元格，然后按住 Ctrl 键的同时单击要选择的其他单元格，即可选择不连续的单元格区域。

4）选择全部单元格

（1）单击行号和列标的左上角交叉处"全选"按钮，即可选择工作表中的全部单元格。

（2）单击数据区域内任何一个单元格，再按 Ctrl+A 快捷键，可选择连续的数据区域，再次按 Ctrl+A 快捷键，即可选择工作表中的全部单元格。

（3）单击工作表的空白单元格，再按 Ctrl+A 快捷键则可选择工作表中的全部单元格。

3. 单元格的插入与删除

1）单元格的插入

具体操作过程如下：

（1）选择单元格，如果选择一个单元格，则表示插入一个新的单元格；如果选择多个单元格，则表示插入和选择区域一样大小的单元格。

（2）单击"开始"选项卡的"单元格"组中的"插入"按钮，选择"插入单元格"命令，如图 5-63（a），即可打开如图 5-63（b）所示的对话框；或者直接在选择区域右击，在弹出的菜单中选择"插入"命令，即可打开如图 5-63（b）所示的对话框。

（3）在对话框中确定插入单元格的方式，单击"确定"按钮即可。

2）单元格的删除

（1）选择单元格，如果选择一个单元格，则表示要删除一个单元格，如果选择多个单元格，则表示要删除多个单元格。

（2）单击"开始"选项卡的"单元格"组中的"删除"按钮，选择"删除单元格"命令，如图 5-64（a），即可打开如图 5-64（b）所示的对话框；或者直接在选择区域右击，在弹出的菜单中选择"删除"命令，即可打开如图 5-64（b）所示的对话框。

（3）在对话框中确定删除单元格的方式，单击"确定"按钮即可。

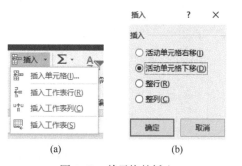

图 5-63　单元格的插入

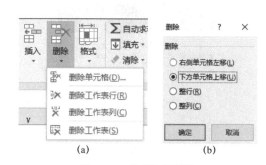

图 5-64　单元格的删除

4. 单元格的合并与恢复

1）合并单元格

合并单元格是将由若干个单元格构成的矩形区域合并成一个单元格，操作如下：

（1）选择要合并的单元格区域。

（2）单击"开始"选项卡的"对齐方式"组中的"对话框启动器"按钮，如图 5-65 所示。

（3）打开"设置单元格格式"对话框，如图 5-66 所示，切换到"对齐"选项卡。

（4）选中"合并单元格"复选框，单击"确定"按钮即可完成单元格的合并。

（5）如果选择的单元格区域中多个单元格有内容，则合并时弹出如图 5-67 所示的提示信息。

合并单元格也可以在选择单元格后直接单击图 5-65 中的"合并后居中"按钮实现。

图 5-65　对话框启动器

图 5-66　"设置单元格格式"对话框

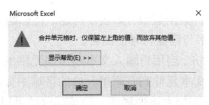

图 5-67　合并警告提示

2）撤销合并单元格

在一些情况下，需要将以前合并的单元格恢复到原来的样子，这时，只要选中要恢复的单元格，然后在"设置单元格格式"对话框的"对齐"选项卡下去掉"合并单元格"复选框，单击"确定"按钮就可。

5.3.2　数据的输入

Excel 中的数据输入主要包括普通数据的输入和有规律的数据输入。

1. 普通数据的输入

在 Excel 中，可以输入数值、文本、日期、货币、百分比等各种类型的数据。

输入数据的一般方法如下：

（1）选定单元格。

（2）输入数据。

（3）确认输入，可通过按回车键、制表键（Enter、Tab）、方向键或编辑栏上的确认输入按钮实现。

注：在默认情况下，按 Enter 键光标会自动向下移动。如果希望改变光标移动方向，可以通过以下方式设置：单击"文件"选项卡下的"选项"命令，打开"Excel 选项"对话框。在左侧的类别列表中单击"高级"，在右侧"编辑选项"区的"方向"下拉列表中指定光标移动方向，如图 5-68 所示。

图 5-68   "Excel 选项"对话框

下面分别简要说明各种常见输入数据的特点。

1）输入文本

文本是 Excel 中常用的一种数据类型，如表格标题、行标题与列标题等。文本数据包含任何字母（包括中文字符）、数字与键盘符号的组合。

文本数据输入通常是左对齐，当用户输入文本超出单元格的宽度时，如果右侧相邻的单元格中没有任何数据，则超出的文本延伸到右侧单元格的区域中显示；如果右侧相邻单元格已有数据，则超出文本被隐藏，只要加大该列宽度，隐藏部分就可以显示出来。

2）输入数值

Excel 可以很方便地处理各种数值数据，因此在日常操作中会输入大量的数据。

输入的数值数据通常是右对齐，如果输入的数据超出单元格显示范围，则自动将该数据转化为科学记数法显示（如 1.12355E + 12），表示该单元格的列宽不能显示完整的数字，如果数据很大，Excel 只能保留 15 位有效数字。

处理的方法一种是增加单元格宽度，另一种是改变数据的类型，如果将数值数据变为文本数据，就可以显示数据的每一位数字。

增加单元格宽度也可以解决单元格显示内容为"###"的情况。

3）输入日期和时间

输入日期时，一般使用"/"或"-"分隔日期的年、月、日。输入时间时，可以使用"："将时、分、秒分隔开，如输入"2015-5-15 12:24:56"，单元格显示为 2015/5/15 12:24。

4）输入特殊符号

如果需要输入一些不常用符号，如 ú、л、℉、※、ⅲ、≡、∵、20.、╬等，在 Excel 中可通过"符号"对话框输入。

先单击准备输入符号的单元格，再单击"插入"选项卡中"符号"组中的"符号"按钮，打开如图 5-69 所示的"符号"对话框，选择要插入的符号后单击"确定"按钮即可。

5）输入货币符号

货币符号的输入主要注意输入系统识别的货币前导符，如美元符号为"$"，可直接输入"$23"，表示输入一个货币类型的数据，通常的做法是先将该数据区域设置为货币类型，然后直接输入数据即可。

6）输入分数

要在单元格中输入分数，不能直接输入"5/25"，因为系统会自动将其转化为日期类型"5月 25 日"。正确的方法是在分数前加一个"0"和空格，即"0 5/25"，系统自动进行约分，并显示为 1/5。

2. 有规律的数据输入

1）多个单元格输入相同内容

先选择多个要输入相同数据的单元格，在选择的最后一个单元格中输入数据，然后按 Ctrl + Enter 快捷键，即可在所有选定单元格中填入相同数据，如图 5-70 所示。

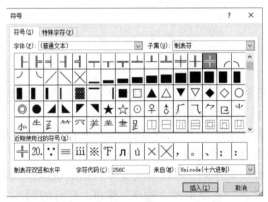

图 5-69　"符号"对话框

图 5-70　多个单元格输入相同数据

2）输入有规律的数据

在输入数据过程中，有时候要遵循一定的规律。在多个单元格中输入符合规律的数据，Excel 提供了最常用的数据快速输入技术。在 Excel 中可通过下述途径进行数据的自动填充。

（1）利用填充柄实现数据的快速填充。活动单元格右下角的黑色小方块被称为填充柄。首先在活动单元格中输入序列的第一个数据，然后将鼠标放置于填充柄上，当鼠标变为实心十字形时按住鼠标，拖至要填充的区域，放开鼠标完成填充，所填充区域右下角显示"自动填充选项"图标，单击该图标，可以从下拉列表中更改选定区域的填充方式，如图 5-71 所示。

图 5-71 中"自动填充选项"有两种显示结果，取决于填充的数据。如果填充的数据是系统中文本序列的某个组成部分，显示结果为图 5-71 中右侧结果，否则为左侧结果。

（2）使用"填充"命令。Excel 可以建立的序列类型有 4 类：

① 等差序列：例如 1、3、5、7……。

② 等比数列：例如 2、4、8、16……。

③ 日期序列：例如 2011/1/31、2011/2/1、2011/2/2……。

④ 自动填充：此类数据是 Excel 内置的数据序列，一般是不可计算的文字，例如甲、乙、丙、丁……。

利用"填充"命令实现数据的填充，其操作方法通常如下：

① 在输入数据区域的第一个单元格中输入序列的第一个数据。

② 从该单元格开始向某个方向选择与该数据相邻的空白单元格或区域。

③ 单击"开始"选项卡的"编辑"组中的"填充"按钮 ，在图 5-72 所示的（a）中选择填充方向或"序列"命令。

④ 如果选择"序列"，则在图 5-72（b）所示的"序列"对话框中设置填充选项。

⑤ 单击"确定"按钮，完成填充操作。

图 5-71　填充柄　　　　　　　　　　　　图 5-72　序列填充

（3）其他快速填充方法。

① 若要快速在单元格中填充相邻单元格的内容，可以通过按 Ctrl + D 快捷键填充来自上方单元格中的内容，或按 Ctrl + R 快捷键填充来自左侧单元格的内容。

② 使用鼠标右键的快捷菜单。用鼠标右键拖动含有第一个数据的活动单元格右下角的填充柄到最末一个单元格后放开鼠标右键，从弹出的快捷菜单中选择"填充序列"命令。

（4）文本序列的填充。有一些常见的文本组合形成序列，可以实现文本数据的快速输入和填充，系统内置了一些常见的文本序列，单击"文件"选项卡的"选项"菜单，打开如图 5-73 所示"Excel 选项"对话框，单击对话框左侧"高级"，然后单击右侧 "常规"里的"编辑自定义列表"命令，打开如图 5-74 所示"自定义序列"对话框，在对话框左侧可以看到系统的内置文本序列。

用户可以将学生姓名、工作分类等常见文本信息定义成序列，方便以后使用。自定义文本序列的方法如下：

（1）打开"自定义序列"对话框。

（2）在"输入序列"框中依次输入文本信息，每一行只能输入序列的一个组成部分。

（3）单击对话框中的"添加"按钮，用户数据将会添加到左侧"自定义序列"列表框中，单击"确定"按钮，完成自定义序列编辑。

文本序列的使用：

（1）在起始单元格输入文本序列的某个文本。

（2）选择该单元格，按住鼠标左键拖动填充柄即可实现文本序列的填充。

图 5-73　Excel 选项

图 5-74　自定义序列

5.3.3　数据的编辑

1. 修改

单元格中数据需要改变时，可通过重新输入数据或修改单元格数据实现。修改单元格原有数据的方法如下：

（1）双击欲修改的单元格，进入数据编辑状态，对数据进行编辑。

（2）单击欲修改的单元格，单元格数据显示在编辑栏中，然后单击编辑栏对其内容修改即可，比较适合单元格数据较长的情况。

2. 复制和移动单元格数据

通过鼠标右键的快捷菜单、快捷键和命令，可实现数据的复制和移动。这些复制和移动的方法与 Word 中的操作方法基本一样。

通过鼠标拖动的方法如下：

（1）选择单元格。

（2）将鼠标置于选择框的边线上，当鼠标形状变为✥时，按下鼠标拖动对象，即可实现单元格数据的移动。如果拖动鼠标的同时按 Ctrl 键，则实现单元格数据的复制操作。

3. 复制工作中的特定单元格内容或属性

Excel 表格操作过程中，可以使用"选择性粘贴"命令从剪贴板复制并粘贴特定单元格内容或特性（如公式、格式或批注等）。

操作方法如下：

（1）在工作表上，选择包含要复制的数据或属性的单元格。

（2）在"开始"选项卡上的"剪贴板"组中，单击"复制"按钮或按 Ctrl + C 快捷键。

（3）选择位于粘贴区域左上角的单元格。

（4）在"开始"选项卡上的"剪贴板"组中单击"粘贴"按钮，再单击"选择性粘贴"，如图 5-75（a）所示或按 Ctrl + Alt + V 快捷键。

（5）在打开的如图 5-75（b）所示的"选择性粘贴"对话框中确定粘贴选项。

（6）单击"确定"按钮完成粘贴操作。

选择性粘贴可以将利用公式计算的结果直接转换为与公式无关的数据，也可以实现复制过程中一些简单、规则相同的运算。

选择性粘贴还有一个很常用的功能就是转置功能，把横排的表变成竖排的，或者把一个竖排的表变成横排的：选择该表格，复制一下，切换到另一个工作表中，打开"选择性粘贴"对话框，选中"转置"前的复选框，单击"确定"按钮，可看到行和列的位置已进行了转换。

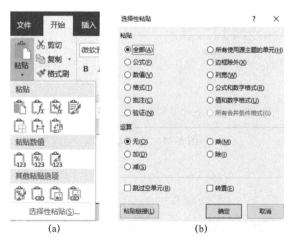

(a)　　　　　　　　　　(b)

图 5-75　选择性粘贴

4. 删除单元格数据

删除单元格数据是指删除单元格中的内容但是格式保留。单击要删除内容的单元格，在"开始"选项卡的"编辑"组下单击"清除"按钮，然后在弹出的菜单中选择"清除内容"命令，即可删除单元格中的内容；或者直接按 Delete 键清除单元格内容。

5. 撤销和恢复

在操作过程中，可能会遇到一些失误或错误，可以使用"撤销和恢复"功能撤销掉前面几个操作步骤，或者恢复撤销掉的步骤。单击"快速工具访问栏"中的"撤销" ↶ 或"恢复" ↷ 按钮的下拉箭头，选择要撤销或恢复的步骤即可。

6. 数据的查找和替换

表格数据较多时，对其中指定数据进行查找和替换用人工操作是一件麻烦的事情，Excel 提供相应的处理操作，可提高操作效率，步骤如下：

（1）如果对工作表进行查找，单击任一单元格；如果对指定区域进行查找，则要先全选该区域。

（2）单击"开始"选项卡"编辑"组中"查找和选择"按钮，在其弹出的菜单中选择操作类型，若要查找内容，则单击"查找"，若要更改指定对象的内容或格式，则单击"替换"。

（3）在图 5-76 所示的"查找和替换"对话框中输入查找内容，再单击"查找下一个"或"查找全部"按钮，即可实现查找操作。

（4）在如图 5-77 所示的对话框中分别确定"查找内容"和"替换为"，单击"替换"或"全部替换"按钮，即可实现替换操作。"替换"是一次实现一个对象的替换操作，"全部替换"是操作范围内所有符合要求的对象都进行替换操作。

图 5-76　"查找与替换"对话框　　　　　　　图 5-77　查找和替换

5.4　工作表的编辑

5.4.1　表格的行与列

1. 选择

表格操作过程中，选择操作是最基本的操作，在 Excel 中，常用的选择方法见表 5-2。

表 5-2　行和列的选择

操作对象	常用方法
单元格	单击单元格
整行	单击行号选择一行；用鼠标在行号上拖动选择连续多行；按住 Ctrl 键单击行号选择不相邻的多行
整列	单击列号选择一列；用鼠标在列号上拖动选择连续多列；按住 Ctrl 键单击列号选择不相邻的多列
连续区域	单击起始单元格，按住左键不放拖动鼠标选择一个矩形区域；按住 Shift 键的同时按方向箭头以扩展选定区域；单击该区域中的第一个单元格，然后再按 Shift 键的同时单击该区域的最后一个单元格

续表

操作对象	常用方法
不相邻区域	先选择一个单元格或区域，然后按住 Ctrl 键选择其他区域
整个表格	单击表格左上角的"全选"按钮，或者在空白区域中按 Ctrl＋A 快捷键
有数据的区域	按 Ctrl＋方向键可移动光标到工作表中当前数据区域边缘； 按 Shift＋方向键可将单元格的选定范围向指定的方向扩大一个单元格； 在数据区域按 Ctrl＋A 或 Ctrl＋Shift＋*快捷键，选择当前连续的数据区域； 按 Ctrl＋Shift＋方向键可将单元格的选定范围扩展到活动单元格所在的列或行中的最后一个非空单元格，或者如果下一个单元格为空，则将选定范围扩展到下一个非空单元格

2. 相关操作

表格行和列的操作包括调整行高、列宽，插入、移动行列及行列的删除和隐藏等，方法如表 5-3 所示。

表 5-3　行列操作

操作类型	基本方法
调整行高	用鼠标拖动行号的下边线；或者依次选择"开始"选项卡下的"单元格"组中的"格式"下拉列表下的"行高"命令，在打开的对话框输入精确的行高值
调整列宽	用鼠标拖动列标的右边线；或者依次选择"开始"选项卡下的"单元格"组中的"格式"下拉列表下的"列宽"命令，在打开的对话框输入精确的列宽值
隐藏行	用鼠标拖动行号的下边线与上边线重合；或者依次选择"开始"选项卡下的"单元格"组中的"格式"下拉列表中的"隐藏和取消隐藏"下的"隐藏行"命令
隐藏列	用鼠标拖动列标的右边线与左边线重合；或者依次选择"开始"选项卡下的"单元格"组中的"格式"下拉列表中的"隐藏和取消隐藏"下的"隐藏列"命令
插入行	依次选择"开始"选项卡下的"单元格"组中的"插入"下拉列表中的"插入工作表行"命令，将在当前行上方插入一个空行
插入列	依次选择"开始"选项卡下的"单元格"组中的"插入"下拉列表中的"插入工作表列"命令，将在当前列左侧插入一个空列
删除行或列	选择要删除的行或列，在"开始"选项卡的"单元格"组中单击"删除"按钮
移动行或列	选择要移动的行或列，将鼠标指向所选行或列的边线，当光标变为十字箭头时按住左键拖动鼠标到目标位置即可

另外，以上各项功能（除移动行或列外）还可以通过在单元格或行列上单击鼠标右键，在弹出的快捷菜单中选择相应的命令来实现。

5.4.2　数据格式设置

1. 设置字体与对齐方式

1）设置字体与字号

工具按钮的使用方法与 Word 中一样，此外还可以通过"设置单元格格式"对话框进行设置，选择对象后，单击鼠标右键，在弹出的菜单中选择"单元格格式"命令，打开如图 5-78 所示的对话框，选择"字体"选项卡进行字体、字号及字形的设置。

2）设置对齐方式

Excel 表格数据对齐方式分两类：水平对齐和垂直对齐。操作方法如下：

（1）选择需要设置的单元格，在"开始"选项卡的"对齐方式"组中单击相应的按钮，如图 5-79 所示。

（2）打开如图 5-79 所示的对话框，选择"对齐"选项卡，如图 5-80 所示，进行详细的设置。

图 5-78　设置单元格格式　　　　　　　　图 5-79　对齐方式设置（一）

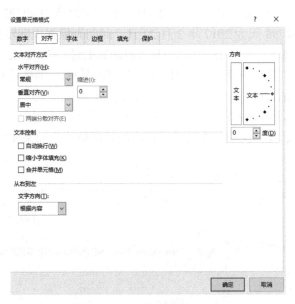

图 5-80　对齐方式设置（二）

2. 设置数据类型及格式

Excel 可根据需要设置数据的指定类型，为了美观，进而设置数据的外观形式。

1）Excel 的数据类型

Excel 中提供了 12 种数据类型，包括常规、数值、货币、会计专用、日期、时间、百分比、分数、科学记数、文本、特殊和自定义。

2）设置数据格式的基本方法

（1）选择需要设置数据格式的单元格。

（2）打开如图 5-81 所示的对话框，选择"数字"选项卡，设置数据的"分类"，在右侧设置该数据类型的其他参数。

（3）单击"确定"按钮，完成操作。

图 5-81　数字格式

3）日期与时间

Excel 中的日期与时间属于数字数据，日期以 1900 年 1 月 1 日为起始第一天，后面的日期可转化为整数，例如，日期 2017 年 2 月 27 日转为数字之后为 42793，以 1900 年 1 月 1 日为 1，依次向后，第 42793 天为 2017 年 2 月 27 日，时间则根据规则转化为小数。

（1）日期与时间的输入。单元格中输入日期或时间数据时，必须以 Excel 能接受的格式输入，否则会被当成文本数据。日期一般以"年/月/日"或"年-月-日"的格式表示，其中年份可省略，默认为当前年份。时间通常以"时：分：秒"的格式表示，其中"秒"可以省略，默认为 0。

（2）更改日期与时间的显示方式。在如图 5-82 所示的对话框中，选择"数字"选项卡"分类"中的"日期"，然后在"类型"中选择要设定的日期格式；如果要修改时间格式，则选择"分类"中的"时间"。

图 5-82　日期格式设定

5.4.3　表格外观设置

1. 设置表格的边框和填充效果

默认情况下，工作表中的灰色网格线只用于显示，不会被打印。为了表格更加美观易读，可以自行设置表格的边框线，还可以为需要突出的重点单元格设置底纹颜色。

设置边框和底纹的操作方法如下：

（1）选择需要设置边框或底纹的单元格区域。

（2）单击"开始"选项卡"字体"组中"边框"按钮 ⊞ ▾，在打开的列表中选择需要的边框类型，如图 5-83 所示；单击"填充颜色"按钮 ◇ ▾，选择需要填充的背景底纹和效果，如图 5-84 所示。

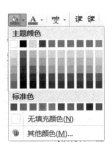

图 5-83　边框类型　　　　　　　　　　　图 5-84　填充颜色

单元格区域边框和填充色的设置还可通过"设置单元格格式"对话框进行，在如图 5-78 所示的对话框中分别选择"边框"和"填充"选项卡，可以具体设置边框线条的样式、颜色和填充背景的颜色图案等，如图 5-85 所示。

图 5-85　"设置单元格格式"对话框（设置边框和底纹）

2. 单元格样式

Excel 提供了大量预置好的单元格格式，可自动实现包括字体大小、填充图案和对齐方式等单元格格式集合的应用，可根据实际需要为数据表格选择预置格式，从而实现表格的快速格式化。操作方法如下：

（1）选择需要设置格式的单元格区域。

（2）单击"开始"选项卡"样式"组中如图 5-86 所示的右下角按钮，打开预置样式列表，如图 5-87 所示，单击选择合适的样式即可。

如果需要自定义样式，可单击样式列表下方的"新建单元格样式"命令，打开如图 5-88 所示的"样式"对话框，输入样式名，通过"格式"命令按钮打开格式对话框设置相应的格式，则新建的样式将会显示在样式列表最上面的"自定义"区域以供选择。

图 5-86　单元格样式

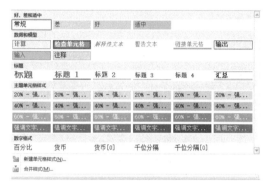

图 5-87　单元格样式

图 5-88　"样式"对话框

3. 表格自动套用格式

自动套用表格格式是将格式集合（包括表格中数据格式和表格格式）应用到整个数据区域。自动套用表格格式的操作如下：

（1）选择需要套用格式的单元格区域。注意，自动套用表格格式只能应用在不包括合并单元格的数据列表中。

（2）单击"开始"选项卡"样式"组中的"套用表格格式"按钮，打开预置格式列表，如图 5-89 所示。

（3）从中选择某一样式，弹出如图 5-90 所示的对话框，单击"确定"按钮，即可将样式格式应用到选定的单元格中。

如果需要自定义快速样式，可单击"套用表格格式"，选择"新建表样式"命令，打开如图 5-91 所示的"新建表快速样式"，通过"格式"命令按钮打开单元格格式对话框进行详细设置，新建的样式将会显示在样式列表最上面的"自定义"区域以供选择。

如需取消套用格式，可选择设置表格套用格式的任一单元格，单击"设计"选项卡"表格样式"组右下角按钮，在弹出的如图 5-92 所示的格式清单中选择最后一行的"清除"命令即可。

4. 条件格式的使用

Excel 提供的条件格式功能可迅速为满足某些条件的单元格或单元格区域设定某项格式。条件格式将会基于设定的条件来自动更改单元格区域的外观，可以突出显示所关注的单元格或区域、强调异常值，使用数据条、颜色刻度和图标集来直观地显示数据。

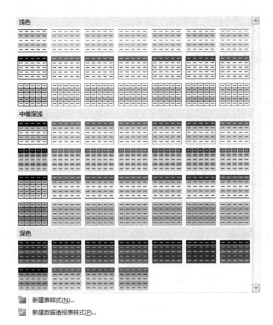

图 5-89　预设表格格式

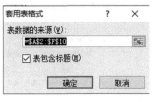

图 5-90　"确定"对话框

图 5-91　"新建表快速样式"对话框

图 5-92　表格格式清单

1）利用预置条件实现快速格式化

（1）选择工作表中需要设置条件格式的单元格或区域。

（2）单击"开始"选项卡"样式"组中"条件格式"按钮下方的黑色箭头，再打开规则下拉列表，如图 5-93（a）所示，选择规则类别，如"突出显示单元格规则"，则效果如图 5-93（b）所示。

2）自定义规则实现高级格式化

Excel 提供的条件格式规则很多，但在使用时，用户可以根据需要自定义条件格式显示规则，方法如下：

（1）选择工作表中需要应用条件格式的单元格或区域。

（2）单击"开始"选项卡"样式"组中"条件格式"下方的黑色箭头，从弹出的下拉列表中选择"管理规则"命令，打开如图 5-94 所示的"条件格式规则管理器"对话框。

（3）单击"新建规则"按钮，弹出如图 5-95 所示的"新建格式规则"对话框，在"选择

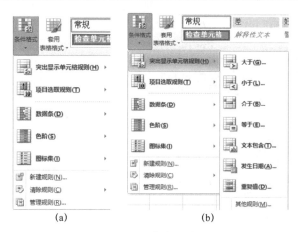

（a）　　　　　　　　　　　　　（b）

图 5-93　条件格式

图 5-94　条件格式规则管理器

规则类型"列表框中选择一个规则类型，在"编辑规则说明"区中设定条件及格式，最后单击"确定"按钮。

（4）如果要修改规则，则在"条件格式规则管理器"对话框的规则列表中选择要修改的规则，单击"修改规则"按钮进行修改；单击"删除规则"按钮删除选定的规则。

5. 主题

主题是一组格式的集合，包括主体颜色、主题字体（包括标题字体和正文字体）以及主题效果（包括线条和填充效果）等。Excel 提供了许多内置的文档主题，还允许通过自定义并保存文档主题来创建自己的文档主题。其中，主题文档可在各种 Office 程序之间共享，这样所有 Office 文档都将具有统一的外观。

使用主题时，打开需要应用主题的工作簿文档，在"页面布局"选项卡"主题"组，单击"主题"按钮，打开主题列表，如图 5-96 所示，从中选择需要的主题类型即可。

可以对表格主题相关属性进行如下修改：

（1）单击图 5-96 左上角"字体"按钮选择一组主题字体，通过"自定义字体"命令可自行设定字体组合。

（2）单击图 5-96 左上角"效果"按钮选择一组主题效果。

（3）单击图 5-96 左上角"颜色"按钮选择一组颜色设置。

（4）如有需要可以将设置的主题保存以便下次使用。在主题列表最下方选择"保存当前主题"命令，在弹出的"保存当前主题"对话框中输入主题名称，然后保存即可。

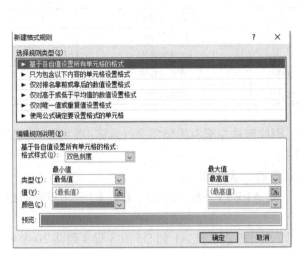

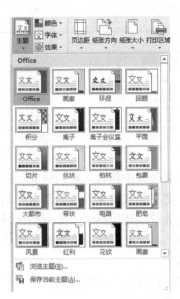

图 5-95　新建格式规则　　　　　　　　　图 5-96　主题清单

5.5　公式和函数的使用

在 Excel 中，不仅可以输入数据并进行格式化，更为重要的是可通过公式和函数方便地进行统计计算。为此，Excel 提供了大量类型丰富的常量、变量、函数和运算符，可构造出各种公式以满足计算需要，通过公式计算出的结果不但能保证其正确率，而且计算结果还会随着原始数据的变化自动更新。

5.5.1　公式的基本概念

公式是对单元格中数据进行分析的等式，它可以对数据进行加、减、乘、除以及比较等运算。公式可以引用同一工作表中的其他单元格、同一工作簿中的不同工作表的单元格，或其他工作簿中工作表的单元格。

Excel 中的公式是以"="开头的表达式。表达式由运算符和运算对象组成。运算符包括算术运算符、比较运算符、字符运算符及引用运算符。运算对象是公式计算中需要进行计算的对象，包括常量、单元格或区域的引用、标志、名称以及函数等。

5.5.2　运算符

Excel 中运算符有很多，需要注意运算符的类别、表示、含义及优先级，运算符的表示如表 5-4 所示。

表 5-4　运算符

名称	表示	类别	说明	优先级
括号	（ ）		改变运算的次序	1
正负号	+，−	算术	正号和负号，使正数变为负数	2
百分号	%		将数字变为百分数	3

名称	表示	类别	说明	优先级
幂或乘方	^		乘方，即幂运算	4
乘除	*，/		乘法和除法	5
加减	+，－		加法和减法	6
连接	&	字符	文本运算符	7
比较	= , <, >, <=, >=, <>	比较	比较运算符	8

如果公式中包含了相同优先级的运算符，则按照从左至右的顺序进行运算；要更改求值的顺序，则将公式中先计算的部分用括号括起来。

运算符中还包括表示单元格区域范围的运算符，表示如下：

（1）多个不连续的单元格，用","表示，如 A1,B3,F7 表示由 A1、B3、F7 三个单元格组成的区域。

（2）连续的单元格区域，用":"表示，如 A1:D5 表示从 A1 到 D5 由 5 行 4 列共 20 个单元格组成的区域。

（3）相交区域，用空格字符表示，即用" "表示，其左右两边通常是连续的单元格区域，表示这两个连续区域的交叉区域，如 A1:D5　C3:H8，表示交叉区域为 C3:D5。

5.5.3　公式的输入与编辑

1）输入公式

输入公式的一般步骤如下：

（1）选择存放结果的单元格。

（2）输入以"="开头的公式。

（3）按 Enter 键确认输入。

2）编辑修改公式

用鼠标双击公式所在的单元格，进入编辑状态，单元格及编辑栏中均会出现公式本身，此时可以在单元格或编辑栏对公式进行修改。

5.5.4　单元格地址表示

公式通过单元格的地址实现引用单元格对象，单元格地址标识工作表中的单元格或单元区域，并指明公式中使用的数据位置。通过地址引用，可以在公式中使用工作表不同部分的数据，或在多个公式中使用同一单元格的数值，还可引用相同工作簿中不同工作表的单元格。

1. 单元格地址的表示

形式：列标行号，如 A1、G23。根据单元格地址在公式复制后是否发生变化，分为相对地址和绝对地址两类。

1）相对地址

当公式从一个单元格复制或移动到另一目标单元格时，所引用的单元格地址会随单元格位置的变化而变化，这类地址称为相对地址。

例如，在 C1 单元格输入公式"= A1 + B1"，将 C1 中的公式复制到 D3 时，D3 单元格会显示"= B3 + C3"。

2）绝对地址

当公式从一个单元格复制或移动到另一目标单元格时，所引用的单元格地址不发生变化，这类地址称为绝对地址。

由于单元格地址由列标行号两部分组成，所以单元格绝对地址分为绝对列地址和绝对行地址两类。绝对地址是通过行或列坐标前加"$"符号表示，单元格地址的表示举例如表 5-5 所示。

表 5-5　单元格地址表示

名称	单元格地址表示	D1 单元格内容	F3 单元格内容
相对地址	列标行号	= A1	= C3
绝对行地址	列标$行号	= A$1	= C$1
绝对列地址	$列标行号	= $A1	= $A3
绝对地址	$列标$行号	= A1	= A1

表 5-5 中以公式为例说明单元格地址变化情况，首先在 D1 单元格输入公式，然后再将公式复制到 F3 单元格，通过公式的变化理解相对地址和绝对地址的区别。

2. 单元格地址引用形式

如果需要引用其他工作簿或工作表的单元格，其表达方式如下：

[工作簿名称]工作表名称!单元格地址

例如，在工作表 Sheet2 的单元格中输入公式"= Sheet1！A2*3"，其中 A2 是指与 Sheet2 同一工作簿下工作表 Sheet1 中的单元格 A2；输入公式"= [工作簿 2]Sheet1!E10"，表示引用工作簿 2 中 Sheet1 工作表中的单元格 E10。

5.5.5　公式的复制与填充

对于输入单元格中的公式，可通过拖动单元格右下角的填充柄，或者从"开始"选项卡上的"编辑"组中选择"填充"进行公式的复制填充。当公式中的单元格区域采用相对地址时，此时自动填充的是公式本身，而不是公式的计算结果。

5.5.6　公式审核

Excel 程序在用户输入公式时对公式进行审核，以确保数据和公式的正确性。审核公式包括检查并校对数据、查找选定公式引用的单元格、查找引用选定单元格的公式和查找错误。

1. 公式自动更正

Excel 中公式以等号"="开头，输入公式过程中，如果把其中的运算符输入错误或输入与运算符相似的符号，Excel 会自动在工作表中出现修改建议，图 5-97 所示是在公式中

图 5-97　自动更正公式中的错误

输入两个"="时弹出的修改提示。

2. 审核规则设置

用户可以根据需要对公式的审核规则进行设置，方法如下：

（1）单击"文件"菜单中的"选项"命令，打开"Excel 选项"对话框，从左侧类别列表中单击"公式"选项，如图 5-98 所示。

（2）"Excel 选项"对话框右侧"错误检查规则"区域中列举了公式检查的各种规则，用户可以按照需要选中或清除某一检查规则的复选框。

（3）单击"确定"按钮完成设置。

图 5-98　错误检查规则

3. 错误检查

公式审核主要是利用设置好的规则对工作表中的数据进行检查，找出可能的错误，并进行更正，方法如下：

（1）打开要进行错误检查的工作表。

图 5-99　"错误检查"对话框

（2）单击"公式"选项卡"公式审核"组中的"错误检查"按钮，自动开始对工作表中的公式和函数进行检查。

（3）当找到可能的错误时，将会显示相应的"错误检查"对话框，如图 5-99 所示。

（4）在对话框中选择相应的按钮来纠正或忽略错误，通过"上一个"和"下一个"按钮继续检查、修正其他错误。

4. 通过"监视窗口"监视公式及其结果

当单元格在工作表上不可见时，可在"公式"选项卡中"监视窗口"工具栏中监视这些单元格及其公式。使用"监视窗口"可以方便地在大型工作表中检查、审核或确认公式计算及其结果。使用"监视窗口"，无须反复滚动或定位到工作表的不同部分。

该工具栏可以像其他任何工具栏一样移动和固定，例如可将其固定到窗口的底部。该工具栏可以跟踪单元格的下列属性：工作簿、工作表、名称、单元格、值以及公式。需要注意的是，每个单元格只能有一个监视点。

"监视窗口"使用方法如下。

1）向"监视窗口"中添加单元格

（1）选择要监视的单元格。如果通过公式选择工作表上的所有单元格，则单击"开始"选项卡"编辑"组中的"查找和选择"按钮，然后单击"定位条件"，选择"公式"，则选择该工作表中所有利用公式计算的单元格。

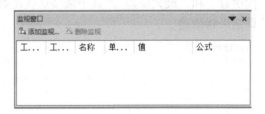

图 5-100　"监视窗口"对话框

（2）单击"公式"选项卡中"公式审核"组的"监视窗口"按钮，打开如图 5-100 所示的"监视窗口"对话框。

（3）单击"添加监视点"按钮 。

（4）单击"添加"。

（5）将"监视窗口"工具栏移动到窗口的顶部、底部、左侧或右侧。

（6）拖动列标题右侧的边界可更改列的宽度。

（7）双击"监视窗口"工具栏中的条目可显示所引用的单元格。

需要注意的是，仅当其他工作簿处于打开状态时，包含指向这些工作簿的单元格才会显示在"监视窗口"工具栏中。

2）从"监视窗口"中删除单元格

（1）如果"监视窗口"工具栏未显示，则需在"公式"选项卡的"公式审核"组中单击"监视窗口"。

（2）选择要删除的单元格。

（3）要选择多个单元格，请按 Ctrl 键并单击所需单元格。

（4）单击"删除监视"按钮 。

5. 公式中的循环引用

若公式引用自己所在的单元格，则无论是直接引用还是间接引用，该公式都会创建循环引用。

1）定位并更正循环引用

当发生循环引用时，在"公式"选项卡的"公式审核"组中单击"错误检查"按钮右侧的下拉箭头，在下拉列表指向"循环引用"，弹出的子菜单就会显示当前工作表中发生循环应用的单元格地址，如图 5-101 所示，单击选中发生循环引用的单元格，检查并修正错误。

图 5-101　循环引用

2）更改 Excel 迭代公式的次数使循环引用起作用

如果想要保留循环引用，则可启用迭代计算，并确定公式重新计算的次数。如果启用了迭代计算但没有更改最大迭代值或最大误差值，则 Excel 会在 100 次迭代后或循环引用中的所有值在两次相邻迭代值之间的差异小于 0.001 时停止计算。可以通过以下设置控制最大值迭代次数和可接受的差异值。

单击"文件"选项卡的"选项"命令，在弹出的"Excel 选项"窗口中选择"公式"选项，然后，在图 5-102 所示的对话框中单击选中"启用迭代计算"复选框。同时可以修改"最多迭代次数"和"最大误差"，其中最多迭代次数越大，计算所需的时间越长；最大误差越小，计算结果越精确。

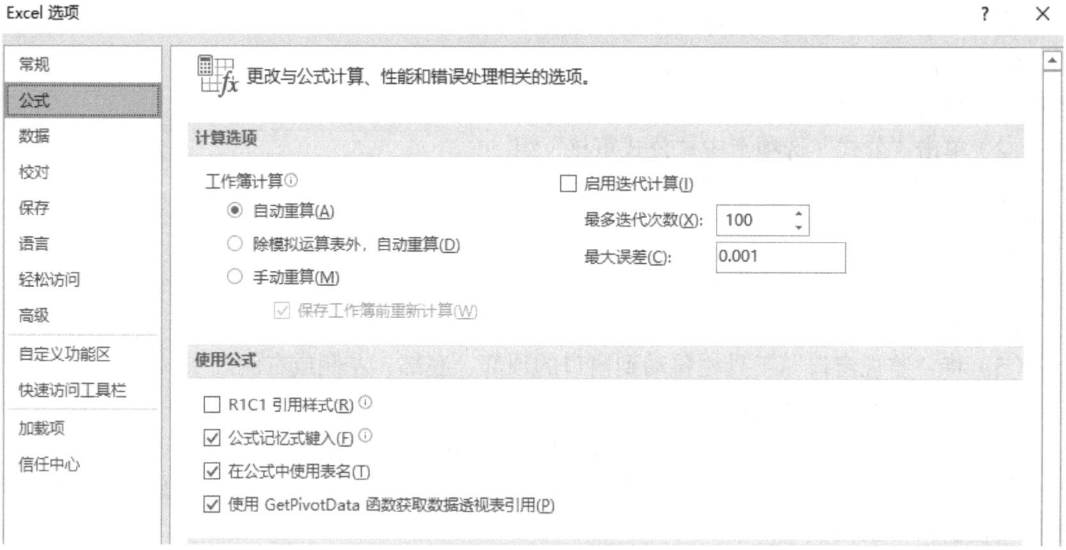

图 5-102　设置迭代公式的次数

6. 公式错误信息含义

由于输入错误，Excel 不能识别用户输入的内容，会在单元格中显示错误信息。表 5-6 中列出了一些常见错误信息和可能的原因。

表 5-6　常见错误信息

错误显示	说明
####	当某一列的宽度不够而无法在单元格中显示所有字符时，或者单元格包含负的日期或时间值时，显示此错误
#div/0!	当一个数除以零或不包含任何值的单元格时，显示此错误
#n/a	当某个值不允许被用于函数或公式但却被其引用时，显示此错误
#name	当 Excel 无法识别公式中的文本（如区域名称或函数名拼写错误）时，显示此错误
#null!	当指定两个不相交的区域的交集时，显示此错误
#num!	当公式或函数包含无效数值时，显示此错误
#ref!	当单元格引用无效（如某个公式所引用的单元格被删除）时，显示此错误
#value!	当公式所包含的单元格有不同的数据类型时，显示此错误

5.5.7 函数

1. 函数的概念

函数是一类特殊的、事先编辑好的公式，主要用于处理简单的四则运算，不能处理算法，是为解决复杂计算需求而提供的一种预置算法。

函数格式：函数名（[参数 1], [参数 2], …）。

说明：括号中函数的参数可以有多个，中间用逗号作为分隔符，其中方括号[ ]中的参数是可选的，函数的参数可以是常量、单元格地址、数组、已定义的名称、公式及函数等。与公式的输入相同，函数的输入同样要以等号"="开始。

对于函数，用户要关注函数的功能、表示、参数及返回值。

2. 函数的使用方法

1）通过"函数库"组插入

（1）单击选定要输入函数的单元格。

（2）在"公式"选项卡中的"函数库"组中单击某一函数类别名称的右侧箭头 。

（3）从打开的函数列表中单击所需要的函数。

（4）按提示输入或选择相应的参数。

（5）完成函数操作。

2）通过"插入函数"按钮插入

（1）单击选择要输入函数的单元格。

（2）单击"公式"选项卡的"函数库"组中最左边的"插入函数"按钮 *f*x，打开"插入函数"对话框，如图 5-103 所示。

（3）用户根据自身对函数的掌握，选择以下操作：

① 如果知道函数名称，则可在"搜索函数"框中输入函数名称，单击"转到"按钮，Excel 自动进行查找并显示函数，用户选择需要的函数。

② 用户也可以在"或选择类别"下拉列表中选择函数类型，然后在"选择函数"列表框中锁定所需函数。

（4）单击"确定"按钮，Excel 打开该函数的设置对话框，用户设置相应的参数，即可完成函数的输入。

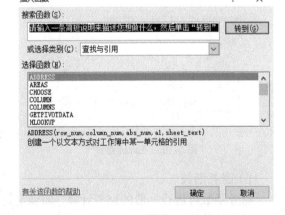

图 5-103 "插入函数"对话框

3）直接输入函数

用户如果对函数非常熟悉，可直接在放置函数的单元格中输入函数，格式：=函数名（参数列表）。输入完成后按 Enter 键即可。

4）修改函数

在包含函数的单元格双击鼠标，进入编辑状态对函数参数进行修改，按 Enter 键确认。

3. 获取函数帮助

当使用函数，尤其是不熟悉的函数时，可以查阅相关帮助，获得该函数的功能及参数提示，一般可以使用以下方法获取。

图 5-104　输入函数时获取帮助

1）单元格内提示

在单元格中输入函数后可通过点击函数名的链接查看相关帮助，如图 5-104 所示。

2）函数对话框提示

在插入函数时，如果是通过对话框完成，则在选择要插入的函数后，可以在对话框中的下方获取简单的帮助信息，也可以点击下方链接获得更完整帮助，如图 5-103 所示，对话框的下方显示了对当前选择函数 ADDRESS 的说明。

3）Excel 帮助

按 F1 键或单击"帮助"选项卡"帮助"组的"帮助"图标 ，在打开的 Office 帮助窗口的搜索栏里输入函数名，单击回车键，即可得到该函数的信息，如图 5-105 所示。

4. 函数的分类

Excel 提供了大量的函数，按功能可分 13 大类，分别是财务函数、日期与时间函数、数学与三角函数、统计函数、查找与引用函数、数据库函数、文本函数、逻辑函数、信息函数、工程函数、多维数据集函数、兼容性函数以及 Web 函数，如图 5-106 所示。下面对部分函数进行简要介绍。

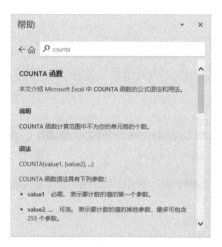

图 5-105　Excel 帮助

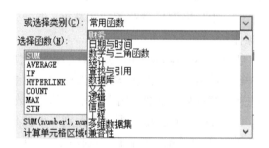

图 5-106　Excel 中函数的分类

1）财务函数

财务函数可进行一般的财务计算，如确定贷款的支付额、投资的未来值或净现值，以及债券或息票的价值。常用的财务函数见表 5-7。

表 5-7　常用的财务函数

函数	说明
FV	返回一笔投资的未来值
NOMINAL	返回年度的名义利率
NPER	返回投资的期数
PMT	返回年金的定期支付金额
PPMT	返回一笔投资在给定期间内偿还的本金

续表

函数	说明
PV	返回投资的现值
RATE	返回年金的各期利率

2）日期与时间函数

分为日期函数和时间函数两类，共有 24 个工作表函数，可在公式中分析和处理日期值和时间值，常用的日期与时间函数见表 5-8。

表 5-8　常用的日期与时间函数

函数名	说明
DATE	返回特定日期的序列号
DATEVALUE	将文本格式的日期转换为序列号
DAY	将序列号转换为月份日期
DAYS	返回两个日期之间的天数
DAYS360	按每年 360 天返回两个日期之间相差的天数（每月 30 天）
HOUR	将序列号转换为小时
MINUTE	将序列号转换为分钟
MONTH	将序列号转换为月
NOW	返回日期时间格式的当前日期和时间
SECOND	将序列号转换为秒
TIME	返回特定时间的序列号
TODAY	返回今天日期的序列号
WEEKDAY	将序列号转换为星期日期
WEEKNUM	将序列号转换为代表该星期为一年中第几周的数字
WORKDAY	返回指定的若干个工作日之前或之后的日期的序列号
YEAR	将序列号转换为年
YEARFRAC	返回代表 start_date 和 end_date 之间整天天数的年份数

3）数学与三角函数

通过数学与三角函数，可处理简单的计算，如对数字取整、计算单元格区域中的数值总和或复杂计算，常见的数学与三角函数见表 5-9。

表 5-9　常见的数学与三角函数

函数	说明
ABS	返回数字的绝对值
COS	返回余弦值
RAND	返回 0 和 1 之间的一个随机数
RANDBETWEEN	返回位于两个指定数之间的一个随机数
ROUND	将数字按指定位数舍入
SIN	返回正弦值
SQRT	返回正平方根
SUBTOTAL	返回列表或数据库中的分类汇总

续表

函数	说明
SUM	求参数的和
SUMIF	按给定条件对指定单元格求和
SUMIFS	在区域中添加满足多个条件的单元格

4）统计函数

统计函数用于对数据区域进行统计分析。例如，统计函数可以提供由一组给定值绘制出的直线的相关信息，如直线的斜率和 y 轴截距，或构成直线的实际点数值等。常见的统计函数见表 5-10。

表 5-10　常见的统计函数

函数	说明
AVERAGE	返回其参数的平均值
COUNT	计算参数列表中数字的个数
COUNTA	计算参数列表中值的个数
COUNTIF	计算区域内符合给定条件的单元格的数量
COUNTIFS	计算区域内符合多个条件的单元格的数量
MAX	返回参数列表中的最大值
MAXA	返回参数列表中的最大值，包括数字、文本和逻辑值
MIN	返回参数列表中的最小值
RANK.AVG	返回一列数字的数字排位
RANK.EQ	

5）查找与引用函数

当需要在数据清单或表格中查找特定数值，或者需要查找某一单元格的引用时，可使用查找与引用函数。例如，如果需要在表格中查找与第一列中的值相匹配的数值，可以使用 VLOOKUP 工作表函数。如果需要确定数据清单中数值的位置，可使用 MATCH 工作表函数。常用的查找与引用函数见表 5-11。

表 5-11　常用的查找与引用函数

函数	说明
COLUMN	返回引用的列号
HLOOKUP	查找数组的首行，并返回指定单元格的值
INDEX	使用索引从引用或数组中选择值
LOOKUP	在向量或数组中查找值
ROW	返回引用的行号
VLOOKUP	在数组第一列中查找，然后在行之间移动以返回单元格的值

6）数据库函数

当需要分析数据清单中的数值是否符合特定条件时，可以使用数据库函数。例如，在一个包含销售信息的数据清单中，可以计算出所有销售数值大于 1000 且小于 2500 的行或记录的总数。Excel 共有 12 个工作表函数用于对存储在数据清单或数据库中的数据进行分析，这些函数的统一名称为 Dfunctions，也称为 D 函数，每个函数均有三个相同的参数：database、field

和 criteria。这些参数指向数据库函数所使用的工作表区域，其中参数 database 为工作表中包含数据清单的区域。参数 field 为需要汇总的列的标志。参数 criteria 为工作表中包含指定条件的区域。

7）文本函数

通过文本函数，可以在公式中处理字符串。常用的文本函数见表 5-12。

表 5-12　常用的文本函数

函数	说明
CHAR	返回由代码数字指定的字符
CODE	返回文本字符串中第一个字符的数字代码
FIND、FINDB	在一个文本值中查找另一个文本值（区分大小写）
LEFT、LEFTB	返回文本值中最左边的字符
LEN、LENB	返回文本字符串中的字符个数
MID、MIDB	从文本字符串中的指定位置起返回特定个数的字符
REPLACE、REPLACEB	替换文本中的字符
RIGHT、RIGHTB	返回文本值中最右边的字符
SUBSTITUTE	在文本字符串中用新文本替换旧文本
TEXT	设置数字格式并将其转换为文本
TRIM	删除文本中的空格
VALUE	将文本参数转换为数字

8）逻辑函数

使用逻辑函数可以进行真假值判断或者进行复合检验。常用逻辑函数见表 5-13。

表 5-13　常用的逻辑函数

函数	说明
AND	如果其所有参数均为 TRUE，则返回 TRUE
IF	指定要执行的逻辑检测
NOT	对其参数的逻辑求反
OR	如果任一参数为 TRUE，则返回 TRUE

9）工程函数

工程函数用于工程分析。这类函数大致可分为三种类型：对复数进行处理的函数、在不同的数字系统（如十进制系统、十六进制系统、八进制系统和二进制系统）间进行数值转换的函数以及在不同的度量系统中进行数值转换的函数。

5.5.8　名称

为单元格或区域指定一个名称，是在公式中实现绝对引用的方法之一。可直接用来快速选定已命名的区域或在公式中引用名称以实现精确引用。可以定义名称的对象包括常量、单元格、单元格区域及公式。

1. 名称的语法规则

创建和编辑名称时需要遵循以下语法规则。

（1）唯一性原则：名称在其适用范围内必须始终唯一，不能重复。

（2）有效字符：名称中的第一个字符必须是字母、下划线（_）或反斜杠（\），其余字符可以是字母、数字、句点和下划线。同时不能单独使用大小写字母"C"、"c"、"R"和"r"作为名称。

（3）不能与单元格地址相同，如 A1、$B2 等。

（4）不能使用空格，即名称中不能出现空格字符。

（5）名称长度有限制，一个名称最多可以包含 255 个西文字符。

（6）不区分大小写。例如，"abc"和"Abc"表示同一名称。

2. 命名单元格和区域

1）利用"名称框"快速定义名称

选择要定义名称的区域，在编辑栏最左侧的名称框输入新的名称，单击 Enter 键，如图 5-107

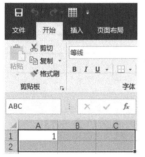

所示，定义 A1：C2 区域名称为 ABC。

2）将数据行和列的标题转换为名称

选择要命名的行或列区域（包括标题单元格），单击"公式"选项卡"定义的名称"组中"根据所选内容创建"按钮，在弹出的如图 5-108 所示的对话框中选中"首行"复选框，单击"确定"按钮，则选定的列区域的首行被定义该列的标题。

单击"公式"选项卡"定义的名称"组中的"名称管理器"按钮，弹出如图 5-109 所示的"名称管理器"对话框，可查看刚定义的区域及名称。

图 5-107　名称框定义区域名称

图 5-108　创建名称区域选择　　　　　　　图 5-109　"名称管理器"对话框

3）使用"新建名称"对话框定义名称

命名单元格和区域也可以使用对话框来完成，步骤如下：

（1）选择需要定义名称的单元格区域。

（2）单击"公式"选项卡"定义的名称"组中的"定义名称"按钮，弹出如图 5-110 所示的"新建名称"对话框。

（3）设置对话框中的参数。

（4）在"引用位置"框中显示当前选择的单元格或区域。如果需要修改命名对象，可以选择下列操作之一：

① 在"引用位置"框单击 ，在工作表中重新选择单元格或单元格区域。

② 若要为一个常量命名，则输入等号"="，然后输入常量值。

③ 若要为一个公式命名，则输入等号"="，然后输入公式。

（5）单击"确定"按钮，完成设置，返回工作表中。

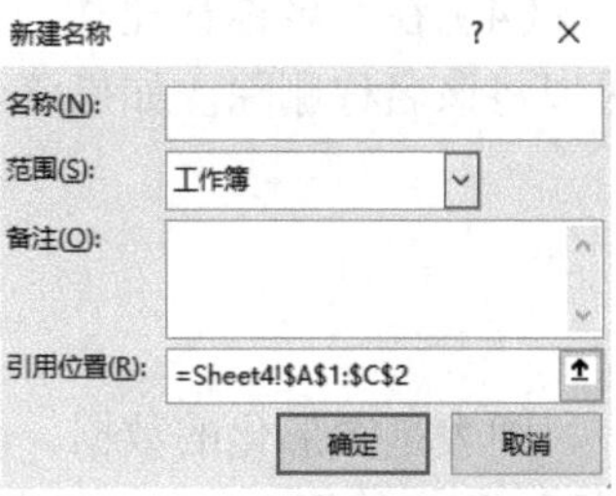

图 5-110　"新建名称"对话框

3. 引用名称

1）通过"名称框"引用

如图 5-111 所示，单击 Excel 左上角"名称框"右侧的黑色箭头，打开"名称"下拉列表，其中显示所有已命名的单元格名称（除了常量和公式的已命名称），单击选择需要的名称，该名称所引用的单元格区域就会被选中。如果是在公式输入过程中选择名称，则该名称就会显示在公式中。

2）在公式中引用

选择输入公式的单元格，单击"公式"选项卡"定义名称"组中的"用于公式"，打开名称下拉列表，从中单击选择需要引用的名称，该名称出现在当前单元格的公式中，最后按 Enter 键确认输入即可。

4. 修改和删除名称

如果更改了某个已经定义的名称，则工作簿中所有已引用该名称的位置均自动随之更新。更改名称步骤如下：

（1）在"公式"选项卡的"定义的名称"组中单击"名称管理器"按钮，打开"名称管理器"对话框。

（2）在对话框中单击要更改的名称，然后单击"编辑"按钮，打开"编辑名称"对话框，如图 5-112 所示。按照需要修改名称、引用位置、备注等，但适用范围不能更改。

图 5-111　名称框列表

图 5-112　"编辑名称"对话框

（3）单击"确定"按钮，返回"名称管理器"对话框。

（4）在"名称管理器"对话框中，从"名称"列表中选择某一名称，单击"删除"按钮，可以将该名称删除。如果该名称已被公式引用，则可能会导致公式出错。

5.6 图表的使用

图表是图形化的数据，它由点、线、面等图形与数据文件按特定的方式组合而成。一般情况下，用户使用 Excel 工作薄内的数据制作图表，生成的图表也存放在工作薄中。图表是 Excel 的重要组成部分，具有直观形象、双向联动、二维坐标等特点。

5.6.1 认识图表

1. 常见图表类型

Excel 提供了 9 大类图表，每个大类又包含若干个子类型。

（1）柱形图：用于显示一段时间内的数据变化或说明各项之间的比较情况。在柱形图中，通常沿横坐标轴组织类别，沿纵坐标轴组织数据。

（2）折线图：可显示随时间而变化的连续数据，通常适用于显示在相等时间间隔下数据变化的趋势。在折线图中，类别沿水平轴均匀分布，所有的数值沿垂直轴均匀分布。

（3）饼图：显示一个数据系列中各项数值的大小、各项数值占总和的比例。饼图中各数据点是各项数值在整个饼图中所占的百分比。

（4）条形图：显示各持续型数值之间的比较情况。

（5）面积图：显示数值随时间或其他类别数据变化的趋势线。面积图强调了数量随时间变化的程度，也可用于引起人们对总值趋势的注意。

（6）XY 散点图：显示若干数据系列中各数值之间的关系，或将两组数字绘制为 xy 坐标的一个系列。散点图有两个数值轴，沿横坐标轴方向显示一组数值数据，沿纵坐标轴方向显示另一组数值数据。散点图通常用于显示和比较数值，如科学数据、统计数据和工程数据等。

（7）股价图：通常用来显示股价的波动，也可以用于其他科学数据。例如，可以使用股价图来说明每天或每年温度的波动。必须按照正确的顺序来组织数据才能创建股价图。

（8）曲面图：曲面图可以找到两组数据之间的最佳组合。当类别和数据系列都是数值时，可以使用曲面图。

（9）雷达图：用于比较几个数据系列的聚合值。

2. 图表的组成

图表由图表区、绘图区、图表标题、图例、坐标轴、数据系列以及网格线等组成，如图 5-113 所示。

（1）图表区：图表最基本的组成部分，是整个图表的背景区域，图表的其他组成部分都汇集在图表区中，如图表标题、绘图区、图例、垂直轴、水平轴、数据系列以及网格线等。

（2）绘图区：图表的重要组成部分，它主要包括数据系列和网格线等。

（3）图表标题：主要用于显示图表的名称。

（4）图例：用于表示图表中的数据系列的名称或者分类而指定的图案或颜色。

（5）垂直轴：可以确定图表中垂直坐标轴的最小和最大刻度值。

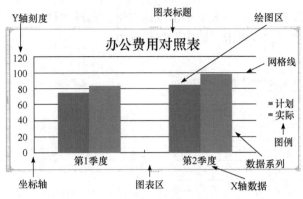

图 5-113　图表的组成

（6）水平轴：水平轴主要用于显示文本标签。

（7）数据系列：根据用户指定的图表类型，以系列的方式在图表中进行可视化呈现。

5.6.2　图表的创建与编辑

1．创建图表

建立图表的一般步骤如下：

（1）首先选择数据区域，如果需要选择不连续的数据行或列，则先选择数据区域第一行或第一列，然后按 Ctrl 键的同时选择其他的行或列，选择时，通常将标题字段也选上。

（2）选择"插入"选项卡，在如图 5-114 所示的"图表"组中选择图表类型，由于每一大类下有许多子类，所以选择时要确认图表的详细类型。例如，单击"柱形图"按钮，在弹出的如图 5-115 所示下拉菜单中选择"二维柱形图"中的"簇状柱形图"，则建立如图 5-116 所示的图形。

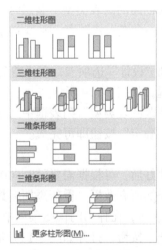

图 5-114　"图表"组　　　图 5-115　"柱形图"子类型

（3）单击创建好的图表，功能区会出现一个如图 5-117 所示的"图表工具"选项卡，用户可以通过此选项卡提供的功能对图表进行各种美化、编辑工作。

（4）通常情况下，建立的图表对象和数据源放在同一个工作表中，也可以根据需要将图表单独放在一份新的工作表中，在图表上单击鼠标右键，选择"移动图表"，打开如图 5-118 所示的对话框，确定图表位置，单击"确定"按钮即可。

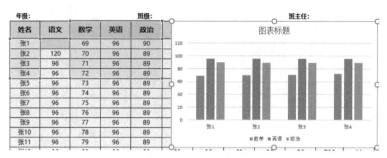

图 5-116　创建好的柱状图

图 5-117　"图表工具"选项卡

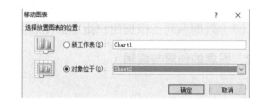

图 5-118　"移动图表"对话框

2. 图表编辑

通过上述过程创建的图表只包含图表的基本要素，需要进一步对图表进行编辑，以达到更好的表达效果。

1）图表类型

Excel 提供了若干种标准的图表类型和自定义的类型，用户在创建图表时可以选择所需的图表类型。当对创建的图表类型不满意时，可以更改图表的类型，具体操作步骤如下：

（1）如果是一个嵌入式图表，则单击将其选定；如果是图表工作表，则单击相应的工作表标签将其选定。

（2）切换到"设计"选项卡，在"类型"组中单击"更改图表类型"按钮，出现"更改图表类型"对话框，如图 5-119 所示。

（3）在"更改图表类型"列表框中选择所需的图表类型，再从右侧选择子图表类型。

（4）单击"确定"按钮即可完成。

2）源数据

在图表创建好后，可根据需要随时向图表中添加新数据或对现有数据进行更改。

（1）重新添加所有数据。重新添加新数据操作步骤如下：

① 右击图表区，在弹出的快捷菜单中选择"选择数据"命令，或者在"设计"选项卡中单击"选择数据"按钮，打开如图 5-120 所示的"选择数据源"对话框。

② 单击"图表数据区域"右侧的折叠按钮，返回工作表重新选择数据源区域，在折叠的"选择数据源"对话框中显示重新选择后的单元格区域。

③ 单击展开按钮，返回"选择数据源"对话框，将自动输入新的数据区域，并添加相应的图例项和水平轴标签。

④ 单击"确定"按钮完成新数据的添加。

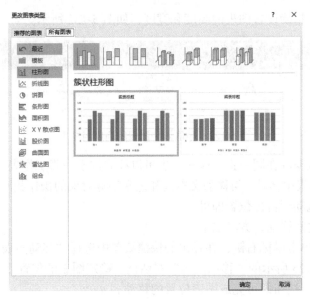

图 5-119　"更改图表类型"对话框

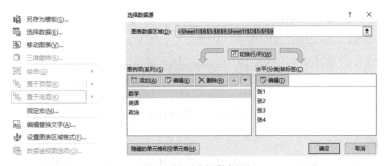

图 5-120　选择数据源

（2）修改数据源。用户可以更改制作图表的数据源，方法如下：

① 选择图表，则制作图表的数据源用不同颜色的方框表示，用鼠标拖动蓝色方框可以更改数据源的大小和范围。

② 通过"选择数据源"对话框实现对数据源的修改。在"选择数据源"对话框中单击"添加"按钮，打开如图 5-121 所示的"编辑数据系列"对话框，设置"系列名称"和"系列值"，即可添加新的数据；选择"图例项"中的系列名称，单击"删除"按钮，即可从数据源中删除该数据系列；单击"编辑"按钮，打开如图 5-121 所示的对话框即可编辑。

③ 单击"确定"按钮，完成操作。

（3）交换图表的行与列。图表创建后，根据需要可将图表的数据源进行行列交换，打开"选择数据源"对话框，单击"切换行/列"按钮，再单击"确定"按钮即可。

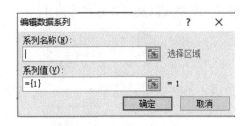

图 5-121　添加数据系列

3）大小和位置

如果需要调整图表的大小，可以直接将鼠标移动到图表边框的控制点上，当光标形状变为双向箭头时按住鼠标左键并拖动，即可调整图表的大小；也可以在"图表工具"的"格式"选项卡的"大小"组中精确设置图表的高度和宽度，如图 5-122 所示。

图 5-122　精确调整图表的高度与宽度

图表既可以和数据源在同一张工作表，也可以独立位于一张工作表。

（1）在当前工作表中移动。与移动文本框和艺术字等对象的操作相同，只要单击图表区并按住鼠标左键直接拖动到目标位置即可。

（2）在工作表之间移动，方法如下：

① 选定图表，单击鼠标右键，在弹出的快捷菜单中选择"移动图表"命令。

② 打开如图 5-123 所示的"移动图表"对话框，确定图表的位置。

③ 单击"确定"按钮即可完成图表位置的移动。

图 5-123　移动图表

4）图表标题

自动创建的图表没有标题，如需添加标题并对其进行修饰，操作步骤如下：

（1）选择图表，单击"图表工具"中"设计"选项卡"图表布局"组中的"添加图表元素"按钮，在如图 5-124（a）所示的下拉菜单中选择"图表标题"中一种放置标题的方式。

（2）在文本框中输入标题文本，如图 5-124（b）所示。

（3）右击标题文本，在弹出的如图 5-125（a）所示的快捷菜单中选择"设置图表标题格式"命令，打开如图 5-125（b）所示的"设置图表标题格式"对话框。

（4）在"设置图表标题格式"对话框中可为标题设置填充颜色、边框颜色、边框样式、阴影、三维格式以及对齐方式等格式。

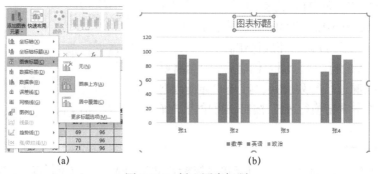

(a)　　　　　　　　　　　　　　(b)

图 5-124　插入图表标题

5）坐标轴格式及标题

用户可以决定是否在图表中显示坐标轴及显示方式，而为了使坐标轴的内容更加明确，还可以为坐标轴添加标题。设置坐标轴及其标题的操作步骤如下：

（1）选择图表，单击"图表工具"中"设计"选项卡"图表布局"组中的"添加图表元素"按钮，在如图 5-126（a）所示的下拉菜单中选择"坐标轴"按钮。

（2）选择设置坐标轴的类型，即横坐标或纵坐标，如图 5-126（a）所示。

（3）如需对坐标轴的格式进行编辑，单击图 5-126（a）所示的"更多轴选项"命令，在打开的如图 5-126（b）所示的"设置坐标轴格式"对话框中对坐标轴进行设置，即可完成格式设置。

（4）如需设置坐标轴标题，可以在"设计"选项卡"图表布局"组中单击"坐标轴标题"按钮，然后选择设置"主要横坐标轴标题"还是"主要纵坐标轴标题"，再输入标题即可。

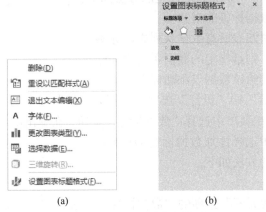

图 5-125　设置图表标题格式

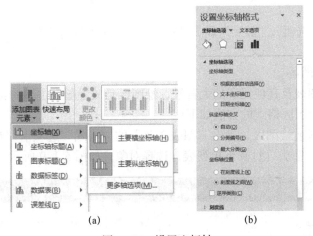

图 5-126　设置坐标轴

6）图例的设置

图例是对图表中的数据系列进行说明的标识。添加或更改图例的方法如下：

（1）选择图表。

（2）单击"图表工具"中"设计"选项卡"图表布局"组中的"添加图表元素"按钮，在如图 5-126（a）所示的下拉菜单中选择"图例"按钮，再在弹出的如图 5-127 所示的菜单中选择一

图 5-127　图例选择

种放置图例的方式，Excel 会根据图例的大小重新调整绘图区的大小。

编辑图例的方法如下：

（1）选择图表中的图例。

（2）单击鼠标右键，在弹出的快捷菜单中选择"设置图例格式"命令，打开"设置图例格式"对话框。

（3）进行相应设置，完成操作。

7）数据标签

数据标签是显示在数据系列上的数据标记（数值），用户可为图表中的数据系列、单个数据点或者所有数据点添加数据标签，添加的标签类型由选定数据点相连的图表类型决定。

添加数据标签的方法如下：

（1）选择需要添加数据标签的对象。

（2）选择图表，则对图表所有数据系列添加标签。

（3）选择数据系列，则给指定的数据系列添加标签。

（4）选择数据点，则给该数据点添加标签。

（5）单击"图表工具"中"设计"选项卡"图表布局"组中的"添加图表元素"按钮，在菜单中选择"数据标签"按钮，在弹出的如图 5-128 所示的菜单中选择添加数据标签的位置。

编辑数据标签格式的方法如下：

（1）选择数据标签。

（2）单击"添加图表元素"选项的"数据标签"按钮。

（3）选择"其他数据标签选项"命令，打开"设置数据标签格式"对话框。

（4）选择"标签选项"、"数字"和"对齐方式"等选项进行详细设置。

图 5-128　数据标签选择

8）图表区和绘图区

图表区是放置图表及其他元素的大背景，绘图区是放置图表主体的背景。

设置图表区或绘图区格式的方法如下：

（1）选择图表区或绘图区，单击"图表工具"的"格式"选项卡"当前所选内容"组中箭头，打开下拉列表，选择对象，如图 5-129 所示。

图 5-129　绘图区设置

（2）单击图 5-129 的"设置所选内容格式"按钮，出现"设置图表区格式"对话框或"设置绘图区格式"对话框。

（3）在对话框中选择设置类型，然后进行详细设置。

（4）单击"关闭"按钮，完成操作。

9）添加趋势线

用户根据需要对数据系列进行预测分析，可模拟数据的向前或向后走势，Excel 提供了相关功能——趋势线，利用趋势线，可以比较方便地对数据进行回归分析，得到需要的结果。

趋势线可以在非堆积型二维面积图、条形图、柱形图、折线图、股价图、气泡图和 XY 散点图中进行添加；但不可在三维图表、堆积型图表、雷达图、饼图或圆环图中进行添加。

添加趋势线的方法如下：

（1）选择图表。

（2）单击"图表工具"中"设计"选项卡"图表布局"组中的"添加图表元素"按钮，在菜单中选择"趋势线"按钮。在弹出的菜单中选择趋势线类型。若图表有多个数据系列，则在弹出的如图 5-130 所示的对话框中对数据系列进行选择确认。

（3）数据系列确认完成后，趋势线添加到指定的数据系列上，如图 5-131 所示。

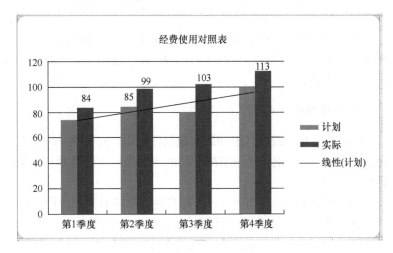

图 5-130　添加趋势线　　　　　　　　　　图 5-131　趋势线效果

（4）在出现的趋势线上右击，在快捷菜单中选择"设置趋势线格式"命令，弹出"设置趋势线格式"对话框，如图 5-132 所示。

（5）确定趋势线相关设置，特别注意：通过选择"显示公式"，可以了解趋势线的数学模型。

（6）设置完成后单击"关闭"按钮即可完成设置。

在"设置趋势线格式"对话框中，将"前推"输入框中的数字改为前推的周期数，如"1"，单击"确定"按钮就可以看到趋势线的预测走势。

5.6.3　迷你图

迷你图是 Excel 2019 中的一个小型数据分析功能，它是工作表单元格中的一个微型图表，可提供数据的直观表示。使用迷你图可以显示一系列数值的趋势（例如季节性增加或减少、经济周期），或者可以突出显示最大值和最小值。在数据旁边放置迷你图可达到最佳效果。

图 5-132　设置趋势线格式

1. 迷你图的概念

与 Excel 工作表上的图表不同，迷你图不是对象，它实际上是单元格背景中一个微型图表。如图 5-133 所示，在单元格 F2 和单元格 F3 中各显示了一个柱形迷你图和一个折线迷你图。这两个迷你图均从单元格 A2 到 E2 中获取数据，并在一个单元格内显示一个图表以揭示股票的市场表现。这些图表按季度显示值，突出显示高值（3/31/2008）和低值（12/31/2008），显示所有数据点并显示该年度的向下趋势。

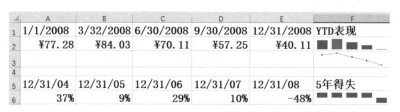

图 5-133　迷你图

单元格 F6 中的迷你图揭示了同一只股票 5 年内的市场表现，显示的是一个盈亏条形图，图中只显示当年是盈利（2004 年到 2007 年）还是亏损（2008 年）。此迷你图使用了从单元格 A6 到 E6 的数值。

2. 迷你图的特点

（1）输入到行或者列中的数据逻辑性很强，但很难一眼看出数据的分布形态。如果在数据旁边插入迷你图，则可通过清晰简明的图形表示方法显示相邻数据的趋势，而且迷你图只需占用少量空间。

（2）当数据发生更改时，可立即在迷你图中看到相应的变化。除了为一行或一列数据创建一个迷你图外，还可通过选择与基本数据相对应的多个单元格同时创建若干个迷你图。

（3）通过在包含迷你图的单元格上使用填充柄，可为以后添加的数据行创建迷你图。

（4）打印包含迷你图的工作表时，迷你图会同时被打印出来。

3. 创建迷你图

创建迷你图的方法如下：

（1）选择要在其中插入一个或多个迷你图的一个空白单元格或一组空白单元格。

（2）在"插入"选项卡上"迷你图"组中，单击要创建的迷你图的类型："折线图"、"柱形图"或"盈亏图"，如图 5-134（a）所示。

（3）在如图 5-134（b）所示的"创建迷你图"对话框中，设置参数：

① 在"数据范围"框中，键入迷你图基于的数据所在的单元格区域；

② 在"位置范围"框中，键入迷你图所在的单元格区域。

（4）单击"确定"按钮，完成操作，迷你图效果如图 5-134（c）所示。

4. 迷你图添加文本

可在含有迷你图的单元格中直接键入文本，并设置文本格式（例如，更改字体颜色、字号或对齐方式），还可向该单元格填充（背景）颜色。

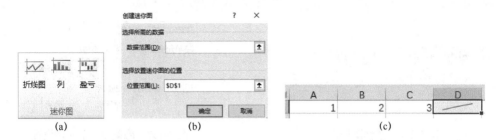

图 5-134　插入迷你图

在如图 5-135 所示的迷你图中，高值、低值都会被用点标记出来。说明性文字是在单元格中直接键入的。

图 5-135　添加文本

5. 自定义迷你图

创建迷你图之后，可以控制显示的值点（如高值、低值、第一个值、最后一个值或任何负值），更改迷你图的类型（折线、柱形或盈亏），从一个库中应用样式或设置各个格式选项、设置垂直轴上的选项，以及控制如何在迷你图中显示空值或零值。

1）控制显示的值点

可以通过使一些或所有标记可见，来突出显示折线迷你图中的各个数据标记（值）。

（1）选择要设置格式的一幅或多幅迷你图。

（2）在"迷你图工具"中，单击"设计"选项卡。

（3）在"显示"组中，选中"标记"复选框以显示所有数据标记。

（4）在"显示"组中，选中"负点"复选框以显示负值。

（5）在"显示"组中，选中"高点"或"低点"复选框以显示最高值或最低值。

（6）在"显示"组中，选中"首点"或"尾点"复选框以显示第一个值或最后一个值。

2）更改迷你图的样式或格式

使用"设计"选项卡样式库（当选择包含迷你图的单元格时"设计"选项卡变为可用）。

（1）选择一个迷你图或一个迷你图组。

（2）若需要应用预定义的样式，可在"设计"选项卡上的"样式"组中，单击某个样式，或单击该框右下角的"更多"按钮 ▾ 以查看其他样式，如图 5-136 所示。

（3）如果需要更改迷你图或其标记的颜色，可单击"迷你图颜色"或"标记颜色"，然后单击所需选项。

3）显示或隐藏数据标记

在使用折线样式的迷你图上，可以显示数据标记以便突出显示各个值。

（1）在工作表上，选择一个迷你图。

（2）在"设计"选项卡上的"显示"组中，选中任一复选框以显示各个标记（如高值、低值、负值、第一个值或最后一个值），或者选中"标记"复选框以显示所有标记。

清除复选框将隐藏指定的一个或多个标记。

4）处理空单元格或零值

可以使用如图 5-137 所示的"隐藏和空单元格设置"对话框（"迷你图工具"下"设计"选项卡"迷你图"组中的"编辑数据"下拉列表）来控制迷你图如何处理区域中的空单元格（从而控制如何显示迷你图）。

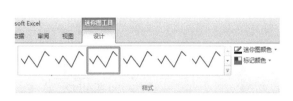

图 5-136　迷你图样式

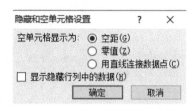

图 5-137　隐藏和空单元格设置

5.6.4　图表的打印

如果要将原始数据表和图表一起打印出来，那么只要将活动单元格定位在工作表中任意位置，然后在"文件"菜单中选择"打印"命令，即可在右侧预览区预览到原始数据和图表在同一页面中，如图 5-138 所示。如果只需要打印出图表而不需要打印源数据，那么可以先选择图表，然后在"文件"选项卡中选择"打印"命令，则在右侧预览区预览到页面中只有图表，如图 5-139 所示。

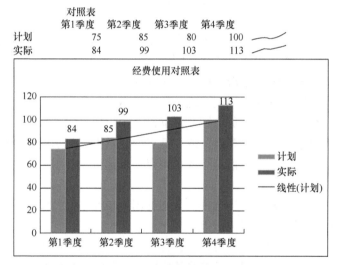

图 5-138　图表和数据打印预览

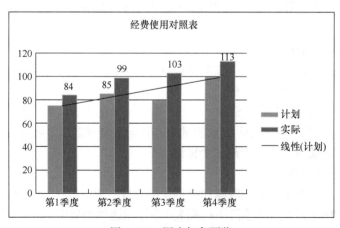

图 5-139　图表打印预览

5.7　数据分析和处理

Excel 提供了对输入数据进行组织、整理、排列及分析的工具，用户通过对数据的分析和处理可以获得需要的信息。进行数据处理的数据表必须满足一定的条件：

（1）数据表一般是一个矩形区域，表中没有空白的行或列。

（2）数据列要有一个标题行作为每列数据的标志，即字段名，字段名不能重复。

（3）数据表中每一行为一条记录，表中不能有完全相同的行存在。

（4）数据表中不能有合并的单元格，标题行单元格中不能插入斜线表头。

（5）每一列有相同的数据格式。

5.7.1　排序

排序是数据处理过程中常见的操作，将数据按照某个或多个属性有序排列，有助于快速直观地组织并查找所需数据。排序通常分为简单排序、多关键字排序和自定义排序。

1. 简单排序

简单排序通常也称为单关键字排序，即数据按照某一个属性进行排列，方法如下：

（1）打开工作簿文件选择要排序的数据区域。一般所选区域为连续区域，且有标题行。

（2）选择待排序列中的某个单元格，Excel 自动将其周围的连续区域定义为参与排序的区域，且指定首行为标题行。

（3）单击“数据”选项卡“排序和筛选”组中的升序按钮 $\frac{A}{Z}\downarrow$（即数据由小到大）或降序按钮 $\frac{Z}{A}\downarrow$（即数据由大到小），数据区域将按照所选单元格所在位置属性排序。

根据数据类型不同，排序的依据如下：

（1）如果对日期和时间排序，则按从早到晚的顺序升序或从晚到早的顺序降序排列。

（2）如果是对文本进行排序，则按字母顺序从 A～Z 升序或从 Z～A 降序顺序排列。

（3）如是对数据进行排序，则按数字从小到大的顺序升序或从大到小的顺序降序排列。

2. 多关键字排序

多关键字排序也称为复杂排序，即数据按照关键字的先后次序排序，当第一关键字有多个相同数据时，按照第二关键字排序。如果第二关键字相同，则按照第三关键字排序，以此类推，排序的第一关键字也称为主要关键字。

多关键字排序方法如下：

（1）选择要排序的数据区域，或者单击该数据区域中的任意一个单元格。

（2）单击“数据”选项卡“排序和筛选”组中的“排序”按钮，打开如图 5-140 所示的“排序”对话框。

（3）设置主要关键字，根据需要选择复选框中“数据包含标题”，确定主要关键字的名称、排序依据和次序。

（4）单击“添加条件”按钮，条件列表中新增一行，依次指定排序的关键字名称、排序依据和次序。用同样的方法可以添加排序的第三、第四依据。通过单击“复制条件”后的上下按钮可以切换主要关键字和次要关键字。

（5）如需对排序条件进行进一步设置，可单击对话框右上方的"选项"按钮，打开如图 5-141 所示的"排序选项"对话框，可详细设置排序的方向和方法等。

（6）最后单击"确定"按钮，完成排序设置，系统自动进行排序。

如果需要在更改数据列表中的数据后重新应用排序条件，可单击排序区域中的任一单元格，然后在"数据"选项卡"排序和筛选"组中单击"重新应用"按钮。

图 5-140 "排序"对话框

图 5-141 排序选项

3. 自定义排序

用户可自定义数据的先后次序，进行自定义排序，自定义排序只能基于文本、数值以及日期时间数据创建自定义列表，而不能基于格式创建自定义列表。

自定义排序方法如下：

（1）选择需要排序的数据区域或单击数据列表中任一单元格。

（2）单击"数据"选项卡"排序和筛选"组中的"排序"按钮，打开"排序"对话框。

（3）在排序条件的"次序"列表中，选择"自定义序列"，打开"自定义序列"对话框。

（4）从中选择某一序列，如果没有想要的序列，则参照 5.3.2 节添加一个自定义序列。

（5）单击"确定"按钮完成操作。

5.7.2 筛选

筛选是指批量找出数据列表中符合条件的数据，Excel 提供了自动筛选和高级筛选两种方法。

1. 自动筛选

自动筛选是一种快速筛选方法，方法如下：

（1）选择数据列表或单击数据列表内的任一单元格。

（2）单击"数据"选项卡"排序和筛选"组中的"筛选"按钮 ▼，进入自动筛选状态，在当前数据列表中每个列标题旁都会出现一个筛选按钮 ▼ 。

（3）设置筛选条件：

① 单击要筛选的列标题后的筛选按钮，打开一个筛选器选择列表，列表下方将显示当前列中包含的所有值。当列中数据格式为文本时，显示"文本筛选"命令；当列中数据格式为数值时显示"数字筛选"命令。当鼠标指向"文本筛选"和"数字筛选"命令时，会打开不同的子菜单以供选择，如图 5-142 所示。

② 可以同时设置多个字段的筛选条件，但这些字段条件是并的关系。

（4）选择数据区任一单元格，再次单击"数据"选项卡"排序和筛选"组中的"筛选"按钮，取消自动筛选状态。

2. 高级筛选

高级筛选可以实现自动筛选的所有功能，而且还可以实现自动筛选无法提供的功能，即字段条件之间或的关系。高级筛选一般分为两个过程来实现，第一步构造筛选条件，第二步实现筛选。构建筛选条件规则如下：

（1）单个条件由两个部分组成，字段名和字段的值。在条件区域中所有条件的字段名在同一行，每个条件对应的值在该字段名下方。

图 5-142　筛选菜单

（2）条件的字段名与包含在数据列表中的列标题一致。

（3）表示"与"（and）关系的多个条件应位于同一行中，意味着只有这些条件同时可满足的数据才会被筛选出来。

（4）表示"或"（or）关系的多个条件应位于不同的行中，意味着只要能满足其中一个条件，数据就会被筛选出来。

高级筛选的过程如下：

（1）打开要进行高级筛选的工作表。

（2）筛选条件的表示，如图 5-143 所示，筛选条件为筛选所有姓"张"的或"考试成绩大于 80"的同学。

（3）选择数据区任一单元格，单击"数据"选项卡"排序和筛选"组中的"高级"按钮，打开如图 5-144 所示的"高级筛选"对话框。

（4）确定筛选参数的方法如下：

① 在"方式"区域选择筛选结构存放的起始位置，默认将在原来数据区直接显示结果。如果选择"将筛选结果复制到其他位置"，则需要在"复制到"后输入或选择存放筛选结果的起始单元格地址。

② 在"列表区域"自动显示当前数据区域地址，也可以重新定义指定区域。

图 5-143　高级筛选条件　　　　图 5-144　　"高级筛选"对话框

③ 在"条件区域"单击，选择输入筛选条件所在的矩形区域地址。

（5）单击"确定"按钮，符合条件的数据会在指定区域显示，筛选结果如图 5-145 所示。

	A	B	C	D	E	F
2	系别	学号	姓名	考试成绩	实验成绩	总成绩
4	自动控制	993082	黄立	85	20	105
5	计算机	992005	扬海东	90	19	109
6	自动控制	993023	张磊	65	19	84
11	经济	995014	张平	80	18	98
12	信息	991125	张思桐	82	18	100
13	自动控制	993153	毛国庆	86	18	104
14	信息	991162	冯静	92	17	109
15	信息	991025	张雨涵	62	17	79
17	经济	995114	高波	82	17	99
18	经济	995034	郝心怡	86	17	103
19	计算机	992032	王文辉	87	17	104
23	数学	994127	李大宇	84	16	100

图 5-145　高级筛选结果

3. 清除筛选

单击"数据"选项卡"排序和筛选"组中的"清除"按钮，可清除工作表中的所有筛选条件并重新显示所有行。

5.7.3　分类汇总

分类汇总是将数据列表中的数据先依据一定的标准分组（排序），然后对同组数据应用分类汇总函数得到相应的统计或计算结果。分类汇总的结果可以按分组明细进行分级显示，以便于显示或隐藏每个分类汇总的明细行。

1. 分类汇总与删除

建立分类汇总分为两步：第一步为关键字排序，该关键字和分类汇总关键字必须一致，第二步为分类汇总。根据分类汇总的复杂性将分类汇总分为两类：简单分类汇总和多级分类汇总。

1）简单分类汇总

简单分类汇总也称为单关键字分类汇总，操作方法如下：

（1）将待汇总的数据排序（升序降序均可），进行数据分类，使得具有相同关键字的数据在一起。

（2）单击"数据"选项卡"分级显示"组中的"分类汇总"按钮，打开如图 5-146 所示的"分类汇总"对话框。

（3）确定分类汇总选项。

① 在"分类字段"下拉列表中选择分组依据字段，必须和排序字段一致，如"系别"。

② 在"汇总方式"的下拉列表中选择汇总方式，如"求和"。

③ 在"选定汇总项"列表中，单击列标题前的复选框，选择要参与汇总的列，可以选择多列，如考试成绩、实验成绩、总成绩。

④ 其他三个复选框含义如下：

替换当前分类汇总：最后一次汇总结果会覆盖原来已经存在的分类汇总结果，如果不选此项，则在原有基础上新建分类汇总。

每组数据分页：各种不同的分类数据将会被分页保存。

图 5-146　"分类汇总"对话框

汇总结果显示在数据下方：汇总结果所在行将会显示在原数据的下方。

（4）单击"确定"按钮，即可对当前数据表按要求进行汇总，如图 5-147 所示，工作表左边出现分级结构，![+]表示可展开，![-]表示可折叠。

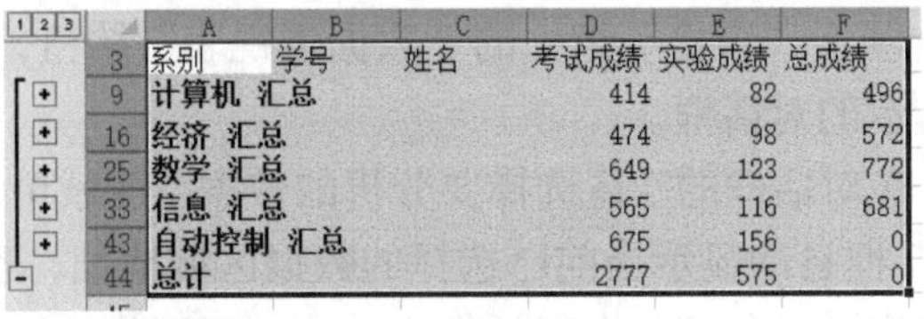

图 5-147　汇总结果

2）建立多级分类汇总

先进行复杂排序，即多关键字排序，然后根据第一关键字进行分类汇总，再次根据第二关键字进行分类汇总，注意，在这个过程中，一定要取消"替换当前分类汇总"，以此类推。

3）删除分类汇总

删除分类汇总，将光标定位在汇总区域任一单元格，单击图 5-146 中的"全部删除"按钮，可以清除所有汇总结果。

2. 分级显示

如果有一个要进行组合和汇总的数据列表，则可以创建分级显示（分级最多为八个级别，每组一级）。每个内部级别在分级显示符号中由较大的数字表示，它们分别显示其前一外部级别的明细数据，这些外部级别在分级显示符号中均由较小的数字表示。使用分级显示可以快速显示摘要行或摘要列，或显示每组的明细数据。可以创建行的分级显示、列的分级显示或者行和列的分级显示。

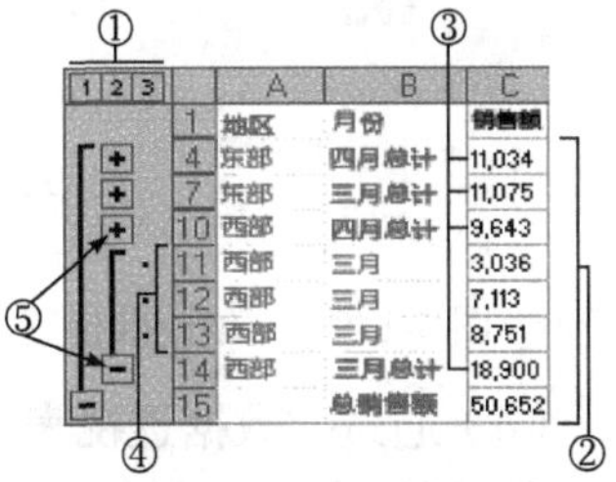

图 5-148 是一个销售数据的分级显示行，这些数据已按区域和月份进行组合，其中显示了若干个汇总行和明细行，说明如下：

图 5-148　分级显示

（1）若要显示某一级别的行，请单击相应的标示①中的 1、2、3 分层显示符号。

（2）标示②表示级别 1，包含所有明细行的总销售额。

（3）标示③表示级别 2，包含每个区域中每个月份的总销售额。

（4）标示④表示级别 3，包含明细行（当前仅第 11 到第 13 行可见）。

（5）若要展开或折叠分级显示中的数据，请单击标示⑤中的加号![+]和减号![-]。

分类汇总的结果可以形成分级显示。另外，还可以为数据列表自行创建分级显示，最多可以分八级。

5.7.4　数据透视表

数据透视表可以对数据表中的数据做全面分析，它结合了分类汇总和合并计算的优点，是一种可从源数据列表中快速提取并汇总大量数据的交互式表格。使用数据透视表可汇总、分析、浏览数据以及呈现汇总数据，达到深入分析数值数据，从不同角度查看数据并对相似数据的数值进行比较的目的。

1. 创建数据透视表

创建数据透视表的方法如下。

（1）将光标定位在数据表中的任一单元格。

（2）单击"插入"选项卡"表格"组中的"数据透视表"按钮，选择"创建数据透视表"命令，打开如图 5-149 所示的对话框。

（3）指定数据来源：在对话框的"请选择要分析的数据"区域单击选中"选择一个表或区域"选项，则"表/区域"框自动显示当前已选择的数据区域地址，也可以重新选择区域。

（4）指定数据透视表存放的位置。在对话框中选择"新工作表"单选框，数据透视表将单独存放在新插入的工作表中；选择"现有工作表"选项，在"位置"框指定放置数据透视表区域的起始单元格地址，数据透视表将和源数据表位于同一工作表中。

（5）单击"确定"按钮，Excel 将会在指定位置显示数据透视表布局框架和"数据透视表字段列表"，如图 5-150 所示。

图 5-149 "创建数据透视表"对话框

图 5-150 数据透视表布局框架

（6）通过"数据透视表字段列表"向数据透视表添加或删除字段：

① 添加字段：右击在字段名，在弹出的如图 5-151 所示的菜单中将相应字段分别添加到指定位置中。

② 更改汇总方式：单击"数值"框中字段名右侧箭头▼，在弹出的菜单中选择"值字段设置"，打开如图 5-152 所示的对话框，在"计算类型"框中选择汇总方式。

图 5-151 添加字段菜单

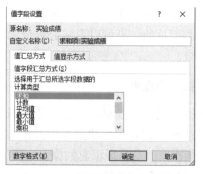

图 5-152 "值字段设置"对话框

③ 如果要删除字段，只需要在字段列表中单击取消对该字段名复选框的选择即可。

（7）自动生成报表，如图 5-153 所示。

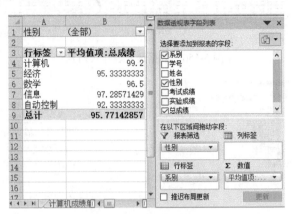

图 5-153　生成的报表

2. 更新和维护数据透视表

选择数据透视表中任一单元格，功能区将会出现"数据透视表工具"的"分析"和"设计"两个选项卡，如图 5-154 所示，通过它们对已生成的数据透视表进行各种操作。

图 5-154　"数据透视表工具"标签组

1）刷新数据透视表

在创建数据透视表后，如果对生成报表的数据源进行了更改，那么需要在"数据透视表工具"的"分析"选项卡上，单击"数据"组中的"刷新"按钮，所做更改才能反映到数据透视表中。

2）更改数据源

如果在源数据区域添加了新的行或者列，则可以通过更改源数据将这些行列加入到数据透视表中。具体步骤如下：

（1）单击"数据透视表工具"的"分析"选项卡"数据"组中的"更改数据源"按钮。

（2）在展开的下拉列表中选择"更改数据源"命令，打开"更改数据透视表数据源"对话框，重新选择数据源，将新增的行列包含进去，如图 5-155 所示。

（3）单击"确定"按钮，完成报表数据更新。

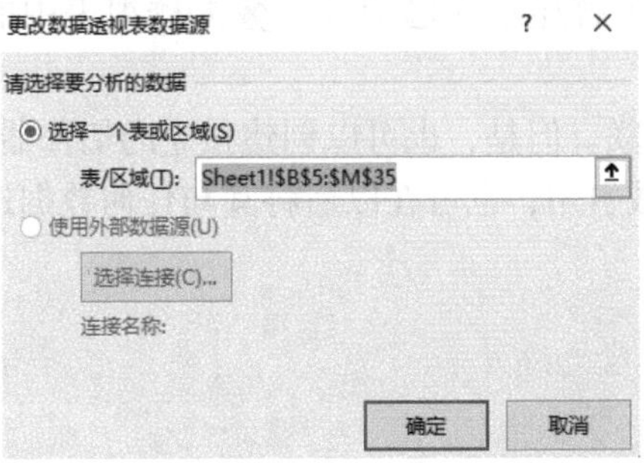

图 5-155　数据源的更改

3. 设置数据透视表样式

设置数据透视表格式，方法如下：

（1）选定数据透视表中任意一个单元格。

（2）单击"设计"选项卡的"数据透视表样式"组中的"其他"按钮 ，在弹出的如图 5-156 所示的列表中选择一种表格样式。

（3）如果对默认的样式不满意，可以自定义样式。在"其他"按钮菜单中选择"新建数据透视表样式"命令，打开如图 5-157 所示的"新建数据透视表快速样式"对话框。在该对话框中，可设置所需的表格样式。

图 5-156　数据透视表样式列表

图 5-157　"新建数据透视表快速样式"对话框

4. 切片器

切片器是易于使用的筛选组件，它包含一组按钮，使用户能够快速地筛选数据透视表中的数据，而无须打开下拉列表以查找要筛选的项目。

当用户使用常规的数据透视表筛选器来筛选多个项目时，筛选器仅指示筛选了多个项目，必须打开一个下拉列表才能找到有关筛选的详细信息。然而，切片器可以清晰地标记已应用的筛选器，并提供详细信息，以便能够轻松地了解显示在已筛选的数据透视表中的数据。

切片器通常与在其中创建切片器的数据透视表相关联。但是，也可以创建独立的切片器，此类切片器可从联机分析处理（OLAP）多维数据集函数引用，也可在以后将其与任何数据透视表相关联。

1）切片器通常显示元素

切片器元素如表 5-14 所示。

表 5-14　切片器元素

图示	说明
销售人员① ④ 徐先生 谢丽秋② 王先生 苏先生 ⑤ 刘先生③ 李先生 方先生 陈先生 ⑥	① 切片器标题指示切片器中的项目的类别
	② 如果筛选按钮未选中，则表示该项目没有包括在筛选器中
	③ 如果筛选按钮已选中，则表示该项目包括在筛选器中
	④ "清除筛选器"按钮可以选中切片器中的所有项目，从而删除筛选器
	⑤ 当切片器中的项目多于当前可见的项目时，可以使用滚动条滚动查看
	⑥ 使用边界移动和调整大小控件，可以更改切片器的大小和位置

2）创建切片器

（1）单击要创建切片器的数据透视表中的任意位置。

（2）单击"数据透视表工具"中"分析"选项卡上"筛选"组中的"插入切片器"按钮。

（3）在如图 5-158 所示的"插入切片器"对话框中，选中要为其创建切片器的数据透视表字段的复选框。

图 5-158　插入切片器

（4）单击"确定"。将为选中的每一个字段显示一个切片器。

（5）在每个切片器中，单击要筛选的项目。若要选择多个项目，按住 Ctrl 键，然后单击要筛选的项目。

5. 删除数据透视表

删除数据透视表。

（1）选择要删除的数据透视表。

（2）在"数据透视表工具"的"分析"标签上，单击"操作"组中的"选择"按钮下方的箭头。

（3）从下拉列表中选择"整个数据透视表"命令，按 Delete 键删除整个数据透视表。

当删除与数据透视图相关联的数据透视表后，数据透视图变为普通图表，需要从源数据区域中取值。

5.7.5　数据的有效性

使用 Excel 的数据有效性功能，可以对输入单元格的数据进行必要的限制，并根据用户的设置，禁止数据输入或让用户选择是否继续输入该数据。例如，用户可以使用数据有效性实现数据输入限制在某个日期范围、只能输入正整数等。

1. 添加数据有效性

添加数据有效性的方法如下：

（1）首先选择一个或多个要验证的单元格，然后在"数据"选项卡的"数据工具"组中，单击"数据验证"。

① 当在单元格中输入数据时，"数据"选项卡上的"数据验证"命令不可用。如果要终止数据输入，请按 Enter 键或 Esc 键。

② 如果工作簿处于共享状态或受保护，则无法更改数据有效性设置。

（2）在如图 5-159 所示的"数据验证"对话框中，单击"设置"选项卡，然后选择所需的数据验证类型。

例如，如果只允许输入 5 位数字的账户号码，请在"允许"框中选择"文本长度"，在"数据"框中选择"等于"，在"长度"框中键入 5。

图 5-159　"数据验证"对话框

（3）执行下列一项或两项操作：

① 若要在单击单元格时显示提示信息，请单击"输入信息"选项卡，再单击"选定单元格时显示输入信息"，然后输入所需的提示信息。

② 若要设定用户在单元格中输入无效数据时的响应，请单击"出错警告"选项卡，再单击"输入无效数据时显示出错警告"复选框，然后输入所需的警告选项。

2. 数据有效性检验

设置了数据有效性，在对应单元格区域输入内容时，Excel 将按照有效性规则进行检验，如果不符合规则，将要求用户更改。

如果对已经输入的数据进行有效性检验，单击"数据"选项卡"数据工具"组中"数据验证"右侧箭头 ▾，在弹开的列表中选择"圈释无效数据"命令，则不符合规则的数据会用红色圆圈显示出来。用户可根据需要逐一修改，符合规则后圆圈消失。

5.8　数据的共享与协作

在 Excel 中，可以方便地获取来自其他数据源的数据，也可以将 Excel 的数据提供给其他程序使用，以达到资源共享的目的。例如，通过共享工作簿，可在一定范围内让很多人同时对一个工作簿进行编辑修改，从而实现协同工作；使用宏功能，可以快速执行重复性的工作，以达到节约时间和提高准确度的目的。

5.8.1　共享工作簿

共享工作簿是指允许网络上的多位用户同时查看和修订工作簿。

1）工作簿共享的设定与取消

其操作步骤如下：

（1）打开要共享的工作簿。

（2）单击"审阅"选项卡"更改"组中的"共享工作簿"按钮，然后打开"共享工作簿"对话框。

（3）在对话框的"编辑"选项卡中，单击选中"使用旧的共享工作簿功能，而不是新的共同创作体验"复选框；在"高级"选项卡中，选择用于跟踪和更新变化的选项。

（4）设置完成，单击"确定"按钮弹出提示保存信息框，单击"确定"按钮进行保存。

2）编辑共享工作簿

打开已设置共享的工作簿后，可以与使用常规工作簿一样，在其中输入和更改数据，但不能在共享工作簿中进行如下操作：合并单元格、条件格式、数据检验、图表、图片、包含图形对象的对象、超链接、方案、外边框、分类汇总、模拟运算表、数据透视表、工作簿保护和工作表保护以及宏。编辑共享工作簿的步骤如下：

（1）打开共享工作簿。

（2）在"文件"选项卡上单击"选项"命令，打开"Excel 选项"对话框。在左侧列表中单击"常规"，在右侧窗口最下边"对 Microsoft 进行个性化设置"下的"用户姓名"框输入用户名，用来标识特定用户的工作，单击"确定"按钮，返回工作表中。

（3）除了可以输入、编辑修改数据外，还可以进行筛选和打印设置，以供当前用户使用。

默认情况下，每个用户的设置都被单独保存。

（4）通过单击"快速访问工具栏"上的"保存"按钮，可以对用户所做更改进行保存，同时还可以查看其他用户对工作簿所做的最新编辑修改。

5.8.2　修订工作簿

修订可以记录对单元格内容所做的更改，包括移动和复制数据引起的更改，也包括行和列的插入和删除。通过修订可以跟踪、维护和显示有关对共享工作簿所做修订的信息。

修订功能仅在共享工作簿中才可以启用。实际上，在打开修订时，工作簿会自动变为共享工作簿。当关闭修订或停止共享工作簿时，会永久删除所有修订记录。

1）启用工作簿修订

（1）打开工作簿，在"审阅"选项卡的"更改"组中，单击"共享工作簿"，打开"共享工作簿"对话框。

（2）在该对话框的"编辑"选项卡中，单击选中"使用旧的共享工作簿功能，而不是新的共同创作体验"复选框。打开"高级"选项卡，在"修订"区域中的"保存修订记录"框中设定修订记录保留的天数。Excel 默认将修订保留 30 天。

（3）单击"确定"按钮，完成设置。

2）工作时突出显示修订

突出显示修订，是用不同颜色标注每个用户的修订内容，当光标停留在修订单元格时以批注形式显示修订的详细信息。操作步骤如下：

（1）在"审阅"选项卡的"更改"组中，单击"修订"按钮，从打开的下拉列表中单击"突出显示修订"命令，打开"突出显示修订"对话框。

（2）单击选中"编辑时跟踪修订信息，同时共享工作簿"复选框。在"突出显示的修订选项"区域可进行相关设置：

选中"时间"复选框，在列表框中可设定记录修订的起始时间。

选中"修订人"复选框，在列表框中选择为哪些用户突出显示修订。

选中"位置"复选框，在框中选择或输入要突出显示修订的工作表区域或单元格引用。

（3）选中"在屏幕上突出显示修订"复选框，单击"确定"按钮，完成设置。

（4）在工作表上进行相应的修订，修订位置将以不同颜色突出显示，并自动添加修订批注。

5.8.3　添加批注

批注是指在不影响单元格数据的情况下对单元格内容添加解释、说明性的文字，以便于对表格内容的进一步了解。一般可以通过选择"审阅"选项卡的"批注"组的命令按钮来完成批注的添加、编辑、删除等。

1）批注的添加和查看

选中要添加批注的单元格，在"审阅"选项卡的"批注"组中单击"新建批注"按钮，或者在单元格右键快捷菜单中单击选择"插入批注"命令，在打开的批注文本框输入批注内容，输入完成后在文本框外任意位置单击，结束批注的添加，批注内容自动隐藏，只在当前单元格右上角会显示一个红色的小三角。

当鼠标指向带有批注的单元格时，批注会自动显示出来以供查阅。

2）显示或隐藏批注

要想批注一直显示在工作表中，可以从"审阅"选项卡的"批注"组中单击"显示/隐藏批注"按钮，当前单元格的批注会一直显示；单击"显示所有批注"按钮，则当前工作表中所有批注都会一直显示。再次单击"显示/隐藏批注"或"显示所有批注"按钮，取消批注的显示。

3）批注的编辑与删除

在含有批注的单元格，单击"审阅"选项卡的"批注"组中的"编辑批注"按钮，打开批注框进行修改。单击"审阅"选项卡的"批注"组中的"删除批注"按钮，可将该单元格的批注删除。

第 6 章　演示文稿制作软件 PowerPoint 2019

6.1　PowerPoint 2019 简介

6.1.1　演示文稿概述

PowerPoint 制作的文件称为演示文稿,其后缀名通常为 ppt 或 pptx。2007 版本开始,Office 产品在操作界面上进行了统一优化。从 2010 版开始,还可以导出为视频。在 2016 版中,甚至可以将演示文稿导出 1080P 或 720P 高清视频,视频文件格式是 mp4 或 WMV。在 2019 版本中,PowerPoint 保存视频的能力再次升级,可以直接导出超高清 4K 分辨率的视频,这将为大屏幕演示提供更清晰的效果。此外,2019 版还增加了诸多新功能。在视觉效果方面,不仅加入了与 Word 中的文本荧光笔相似的功能,而且还可以在演示文稿中插入和编辑可缩放矢量图形(SVG)图像和 3D 模型,以便于营造更好的视觉效果。

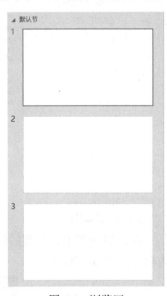

图 6-1　浏览区

演示文稿中的每一页称为幻灯片,幻灯片是演示文稿中彼此独立又相互联系的内容。PowerPoint 的操作界面主要包含以下部分。

标题栏:标识正在运行的 PowerPoint 程序和当前活动演示文稿的名称。如果窗口不是在最大化状态,则可拖动标题栏来移动窗口。

功能区:其功能就像菜单栏和工具栏的组合,提供主要功能的选项卡页面包括按钮、列表和命令。

快速访问工具栏:包含了最常用命令的快捷方式。也可自行添加自己常用的快捷方式。

浏览区:包含每个幻灯片的缩略图,便于用户方便地进行次序调整、添加、复制、粘贴、剪切、删除等操作,如图 6-1 所示。

工作区:显示当前活动 PowerPoint 幻灯片的位置。图中显示的是"普通视图",在其他视图中,工作区的显示也会有所不同,如图 6-2 所示。

备注区:用来对编辑区域中的幻灯片进行注释说明。

状态栏:给出当前演示文稿的信息,如幻灯片总页数、当前所在幻灯片的页码等,并提供更改视图和显示比例的快捷方式。

6.1.2　演示文稿的视图

PowerPoint 提供了五种演示文稿的视图方式,包括普通视图、大纲视图、幻灯片浏览视图、备注页视图、阅读视图。用户可以在"视图"选项卡的"演示文稿视图"组中方便地切换视图方式。

图 6-2　工作区

1）普通视图

该视图是 PowerPoint 的默认视图选项，也是最常用的视图。大多数幻灯片的编辑工作都在此视图下进行，如图 6-3 所示。

图 6-3　普通视图

2）大纲视图

在大纲视图中，左侧的浏览区将按照先后顺序和幻灯片的内容层次的关系显示演示文稿内容，如图 6-4 所示。

图 6-4　大纲视图

3）幻灯片浏览视图

在该视图下，所有幻灯片的缩略图从左到右依次排列，以便于用户查看幻灯片的整体效果，如图 6-5 所示。

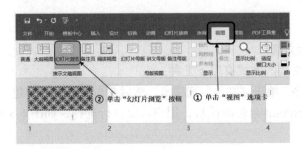

图 6-5　幻灯片浏览视图

4）备注页视图

"备注"窗格位于"幻灯片"窗格的下方，可以输入当前幻灯片的备注信息。用户可以将备注打印出来或在放映演示文稿时进行参考，如图 6-6 所示。

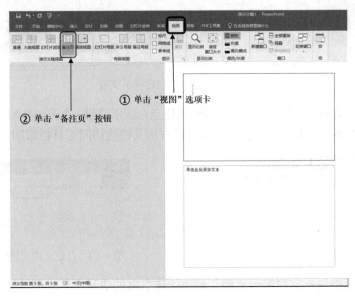

图 6-6　备注页视图

5）阅读视图

在该视图下，幻灯片以全屏的形式按照先后顺序展示，可以通过鼠标向前或者向后翻页，如图 6-7 所示。在幻灯片放映结束后，会自动退出阅读视图。如果需要在放映过程中退出，可以按 Esc 键或右击屏幕，在弹出的菜单中选择"结束放映"。

图 6-7　阅读视图

6.1.3　创建演示文稿

1）创建空白演示文稿

常用的创建演示文稿的方式有以下几种：

（1）首先启动程序，单击"文件"选项卡，然后单击左侧的"新建"菜单，随后在该页面右侧会提供多种 PowerPoint 自带的模板，用户可以自行选择，如图 6-8 所示。

图 6-8　通过菜单创建演示文稿

（2）通过快速访问工具栏的"新建"按钮创建空白演示文稿，如图 6-9 所示。注意：如果在快速访问工具栏找不到"新建"按钮，可以通过自定义快速访问工具栏添加，如图 6-10 所示。

图 6-9　通过工具栏创建演示文稿

图 6-10　自定义快速访问工具栏

（3）使用快捷键创建空白演示文稿。快速新建空白的演示文稿时可以使用"Ctrl + N"快捷键，程序会弹出一个新建的空白演示文稿。

2）通过模板创建演示文稿

PowerPoint 2019 软件本身提供了丰富的演示文稿的模板，通过"文件"选项卡中的"新建"菜单找到软件自带的模板，如图 6-8 所示。如果这些自带的模板不能满足用户的需要，还可以通过搜索框在线搜索相关主题的模板。例如，在搜索框输入关键字"教育"，那么相关主题的模板就会显示出来，如图 6-11 所示。

图 6-11　通过关键字搜索模板

此外，用户也可以自己创建模板，在联网状态下还可以通过微软公司官方网站"office.com"

提供的模板来新建演示文稿。

6.1.4　保存演示文稿

演示文稿制作完成后应及时将其保存到计算机中。保存演示文稿有如下几种常用方法：

（1）打开"文件"选项卡的"保存"菜单。

（2）Ctrl + S 快捷键。

（3）单击快速访问工具栏中的"保存"按钮。

对于已经保存的演示文稿，如果打开并且进行了修改，那么可以通过"文件"选项卡中的"另存为"菜单将修改后的演示文稿另行保存，而不影响原演示文稿的内容。保存和另存为的可用格式如表 6-1 所示。

表 6-1　演示文稿格式及说明

扩展名	用途
pptx	PowerPoint 2007 及以后版本的演示文稿，使用了 XML 文件格式和 ZIP 压缩格式
pptm	包含 VBA（visual basic for application）代码
ppt	可在早期版本 PowerPoint（97-2003）中打开
pdf	由 Adobe 公司开发的电子文件格式
wmv	保存为多种媒体播放器支持的视频格式
mp4	保存为 MPEG-4 视频格式
gif	保存为可交换的图形格式
thmx	包含颜色主题、字体主题和效果主题的定义的样式表
potx	将演示文稿保存为模板，可以用于将来的演示文稿格式设置
potm	包含预先批准的宏的模板，这些宏可以添加到模板中以便在演示文稿中使用
ppsx	始终在幻灯片放映视图中打开的演示文稿
ppsm	包含预先批准的宏的幻灯片放映，这些宏可以添加到模板中以便在演示文稿中使用

虽然 Office 2019 默认间隔一定时间自动保存文稿并设有工作恢复功能，但在实际制作演示文稿时，仍建议在制作期间及时保存文稿，以免意外情况导致文稿丢失。

6.1.5　退出演示文稿

在确认演示文稿已保存的情况下，单击右上方"关闭"按钮即可退出演示文稿。若未保存，会弹出提示窗口。

6.2　演示文稿的基本操作

6.2.1　插入幻灯片

在制作演示文稿的过程中，可以根据需要向其中插入新的幻灯片。插入幻灯片有如下几种常用方法：

（1）打开"开始"选项卡，在"幻灯片"组中单击"新建幻灯片"按钮，在下拉列表中选择一种版式插入，如图 6-12 所示。

（2）在左侧浏览区选中一张幻灯片，右击鼠标，再在弹出的菜单中选择"新建幻灯片"，如图 6-13 所示，会默认在选中的这张幻灯片之后插入一张新的幻灯片，新建的幻灯片版式由所选中的幻灯片版式决定；或者，在浏览区空白处右击鼠标弹出的菜单也有"新建幻灯片"的选项。

图 6-12　插入新幻灯片

图 6-13　快捷菜单

（3）按 Ctrl + M 快捷键；或选中某张幻灯片，按 Enter 键。

6.2.2　选择、移动幻灯片

1）选择幻灯片

在演示文稿中需要对某张幻灯片编辑时，首先要选中该幻灯片作为操作对象，方法有以下两种。

（1）在普通视图或大纲视图中，单击左侧浏览区中的某一张幻灯片即可选中，如图 6-14 所示。若需要选中多张幻灯片，可以按住键盘上的 Ctrl 或是 Shift 键，前者可以选中多张不连续的幻灯片，后者支持选中连续的幻灯片。例如，要选中编号为 1 到 5 的幻灯片，可以先选中幻灯片 1，然后按住 Shift，再选中幻灯片 5，松开 Shift 即可，如图 6-15 所示。若要选中 1、3、5 号幻灯片，则按住 Ctrl 键不放依次单击 1、3、5 号幻灯片即可，如图 6-16 所示。

（2）在幻灯片浏览视图下的操作方式也类似，如图 6-17 所示（备注页视图和阅读视图不支持选中幻灯片）。

2）移动幻灯片

在幻灯片浏览视图或普通视图下，先选中目标幻灯片，然后拖动到目标位置即可。拖动的过程中，在幻灯片与幻灯片之间会显示出一条竖线，指示此时释放鼠标左键幻灯片插入的位置。

图 6-14　选择幻灯片　　　　图 6-15　选择连续幻灯片　　　　图 6-16　选择不连续幻灯片

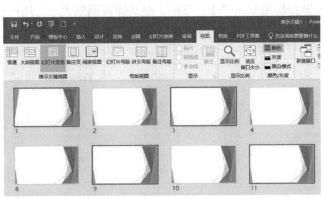

图 6-17　浏览视图选择幻灯片

6.2.3　复制、粘贴幻灯片

PowerPoint 2019 中支持两种复制方式，即复制（C）和重复（I），如图 6-18 所示。

（1）前者的功能相当于使用 Ctrl＋C 快捷键的效果，即会将所选的幻灯片复制到 Windows 剪贴板；

（2）后者的功能相当于使用 Ctrl + D 快捷键的效果，即复制所选幻灯片并将副本插入所选的幻灯片之后。

需要注意的是，第一种方式会使将要复制的幻灯片应用目标主题，所以可能粘贴后的主题样式与原有的样式不相同；而第二种方式使用原幻灯片的主题，所以粘贴之后一模一样。

图 6-18　复制方式

6.2.4　删除幻灯片

如果在编排的过程中不需要某些幻灯片，就可以从演示文稿中删除。在普通视图下左侧的浏览区中选中需要删除的幻灯片，然后右击鼠标，在弹出的快捷菜单中选择"删除幻灯片"，如图 6-19 所示；或者选中需要删除的幻灯片后，按 Delete 键或 Backspace 键删除。同理，在幻灯片浏览视图中仍可以按照以上方法删除。

6.2.5　占位符的使用

占位符是一种带有虚线边缘的框，在该框内可以放置标题、正文，或者是图表、表格和图片等对象。

1）选择和移动占位符

选择占位符：将光标移动到占位符的虚线框上出现 ，单击即可选中。

移动占位符：与选择占位符类似，将光标移动到占位符的虚线框上，当光标成为 图形时，按住鼠标左键拖动到合适的位置释放鼠标即可；也可以单击选中占位符，然后通过键盘上的方向键移动到合适的位置。

2）调整占位符

可以根据占位符中文字和图片的内容，调整幻灯片边框的大小，具体操作步骤如下：

选中占位符，移动鼠标到四角或各边中点的拖动点上，当鼠标形状成为 、 等双向箭头时，按住鼠标左键指针形状呈"十"字形，拖动即可调整大小。用户也可以打开"设置形状格式"对话框，选择"大小"，在窗口中更精确地设置占位符的宽和高，如图 6-20 所示。

　　图 6-19　删除幻灯片　　　　　　　　　图 6-20　设置占位符大小

3）删除占位符

选中占位符后，按 Delete 键即可删除占位符。

6.3　幻灯片的基本制作

6.3.1　应用主题

在 PowerPoint 2019 中提供了多种设计主题，包含背景、字体样式、调色方案和占位符位置。应用主题可以使内容按照指定的格式自动排列起来。应用主题分为三种，分别为内置应用主题、外部应用主题和自定义主题。

1）内置应用主题

内置应用主题即 PowerPoint 中自带的主题，使用起来快捷、简单，而且方便。主要步骤如下：

（1）单击选项卡中的"设计"选项，出现内置主题，如图 6-21 所示。

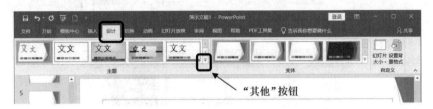

图 6-21　内置主题

（2）单击"主题"组中的"其他"按钮 （图 6-21），操作结果如图 6-22 所示。

图 6-22　所有主题

（3）选择主题。鼠标停留在主题上时可预览应用主题后的效果，选中合适的主题单击即可应用到全局的文稿（应用到所有的幻灯片）中。设置主题前后的幻灯片效果如图 6-23（a）、（b）所示。

（a）应用前　　　　　　　　　　　（b）应用后

图 6-23　主题应用效果

2）外部应用主题

当内置主题不能满足用户的需求时，选择图 6-22 中的"浏览主题"选项，选中 Office 主题文件来导入，这些称为外部应用主题。

3）自定义主题

单击选项卡中的"设计"选项，在"变体"组中单击"其他"按钮，则会弹出关于幻灯片颜色、字体、效果、背景样式设置的下拉菜单，如图 6-24 所示。

4）自定义颜色

将鼠标放在图 6-24 的"颜色"菜单上，则会弹出风格各异的颜色选项。如果这些颜色选项无法满足用户的需要，可以单击"颜色"窗格下方的"自定义颜色"命令自行设计主题颜色并保存，如图 6-25 所示。

将光标移至颜色列表中某一种内置颜色上，幻灯片背景及颜色会随之改变。

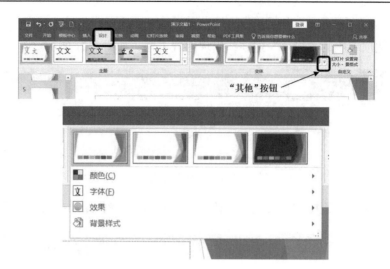

图 6-24　主题中的颜色、字体和效果设置

图 6-25　主题中的颜色设置

5）自定义字体

按照类似的方式，将鼠标放在图 6-24 中的"字体"上，就会弹出设置字体的下拉列表框，里面有丰富的字体风格可供选择，用户也可以自定义字体，如图 6-26 所示。在字体下拉列表框中选择一种内置字体，则幻灯片中相应的字体（如标题、正文）等会随之改变。

6）自定义效果

选中已应用主题的幻灯片，单击选项卡中的"设计"选项，然后单击"变体"组中的"其他"按钮（图 6-24），在下拉菜单中选择"效果"，随即可设置幻灯片效果，如图 6-27 所示。

7）自定义背景样式

按照类似的方式，将鼠标放在"背景样式"上就会弹出多个风格的背景样式供用户选择，如图 6-28 所示。用户也可以通过单击背景样式选择窗格下面的"设置背景格式"，在右侧弹出的对话框中进行设置，如可以将幻灯片背景设置为纯色、渐变、图案、自定义的图片等多种效果。

图 6-26　主题中的字体设置

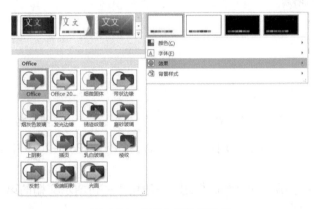

图 6-27　主题中的效果设置

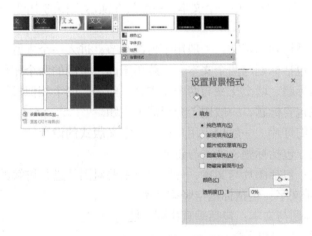

图 6-28　设置主题中的背景样式

6.3.2　版式及其应用

对于幻灯片来说，版式为幻灯片上的标题、副标题、文本、图片、列表、表格、图表和视频等元素的排版方式，这对一份演示文稿的美观至关重要。

1）版式元素介绍

幻灯片版式包含要在幻灯片上显示的全部内容的格式、位置和占位符，PowerPoint 2019 幻灯片中包含的所有版式元素如图 6-29 所示。

2）内置版式

在 PowerPoint 2019 中，提供了多种内置幻灯片的版式，用户可根据自己的需要进行选择，如图 6-30 所示。

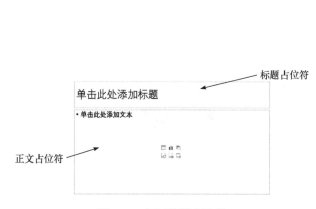

图 6-29　幻灯片版式元素　　　　　　　　　图 6-30　内置版式

不同的版式有不同的内容及使用场景，下面将对 PowerPoint 2019 中的内置版式进行简单的介绍。

（1）标题幻灯片：包括主标题和副标题，一般用于一份演示文稿的第一张幻灯片，对演示的主题和演示人做简单介绍。

（2）标题和内容：包括标题和一个文本，一般放在演示文稿的中间幻灯片中，用于对某个小知识点进行介绍。

（3）节标题：包括标题和正文，一般用于另起小节，进入一个主题中的小节演示。

（4）两栏内容：包括标题与两个文本，一般用于同一主题的两个相似模块的演示。

（5）比较：包括标题、两个正文与两个文本，一般用于两个相似模块的比较演示。

（6）仅标题：只包含标题，一般用于介绍演示主题。

（7）空白：空白幻灯片，一般用于用户进行自定义版式的设计。

（8）内容与标题：包括标题、文本与正文。

（9）图片与标题：包括图片与文本，一般用于主要对图片进行讲解的演示。

（10）标题与竖排文字：包括标题与竖排文本。

（11）垂直排列标题与文本：包括垂直排列标题与正文。

3）更改或应用幻灯片的版式

首先选中需要设置版式的幻灯片，然后单击"开始"选项卡，接着单击"版式"按钮，随即就会弹出不同风格的版式供用户选择，如图 6-31 所示。

当现有的版式无法满足用户的需求时，可直接在单击"开始"选项卡后，单击"版式"下面的 重设 按钮，对所选幻灯片的版式进行重设。

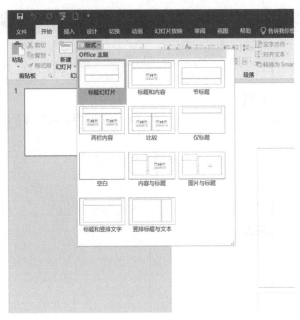

图 6-31 设置版式

6.3.3 创建幻灯片母版

1）幻灯片母版介绍

幻灯片母版是幻灯片层次结构中的顶层幻灯片，用于存储有关演示文稿的主题和幻灯片版式的信息，包括背景、颜色、字体、效果、占位符的大小和位置，每个演示文稿至少包含一个幻灯片母版。幻灯片母版用来定义整个演示文稿的幻灯片页面格式，对幻灯片母版的任何更改，都将影响到基于这一母版的所有幻灯片。幻灯片母版通常用来统一整个演示文稿的幻灯片格式，一旦修改了幻灯片母版，则所有采用这一母版建立的幻灯片格式也随之发生改变。要查看母版，需要切换视图。首先单击"视图"选项卡，然后在"母版视图"组中单击"幻灯片母版"即可，如图 6-32 所示。

图 6-32 切换幻灯片母版

2）制作幻灯片母版

一份良好的演示文稿离不开幻灯片母版的制作，幻灯片母版制作步骤如下：

（1）新建一个空白演示文稿。

（2）单击选项卡中的"视图"选项，然后单击"母版视图"组中的"幻灯片母版"按钮，进入幻灯片母版设置状态，如图 6-33 所示。

（3）在幻灯片模板视图中，左侧窗口显示的是不同类型的幻灯片母版缩略图，如选择标准幻灯片等，右侧窗口为编辑区。选择左侧的某种幻灯片类型，如"标题幻灯片"，即可在右侧

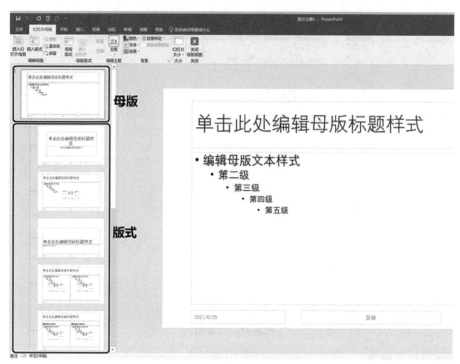

图 6-33 幻灯片母版编辑视图

的编辑区对母版进行编辑。当用户在母版中单击选择任一对象时，功能区将出现"绘图工具格式"选项卡，用户可以利用选项卡中的命令对幻灯片母版进行设计。

（4）当用户在对母版进行编辑时，可单击选项卡中的"插入占位符"选项，利用其中的各种命令在母版中添加或修改占位符，如图 6-34 所示。

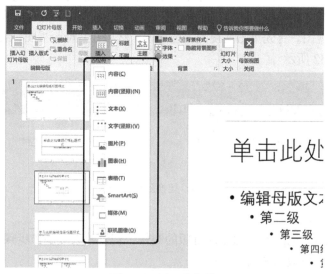

图 6-34 插入占位符

（5）若要删除默认幻灯片母版附带的任何内置幻灯片版式，在幻灯片缩略图窗格中选择所要删除的版式，单击鼠标右键，从快捷菜单中选择"删除版式"命令，即可删除该版式，如图 6-35 所示。

（6）在"幻灯片母版"选项卡中，使用"编辑主题"组中的"主题"列表中的选项，可以应用主题或对主题的颜色、字体、效果和背景进行设计和更改，如图 6-36 所示。

图 6-35　删除版式

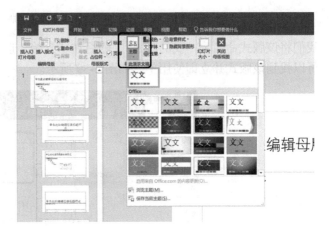

图 6-36　编辑主题

（7）在"幻灯片母版"选项卡中，单击"大小"组中的"幻灯片大小"按钮，在弹出的下拉列表中的单击"自定义幻灯片大小"命令就可以设置演示文稿中所有幻灯片的页面大小和方向，如图 6-37 所示。

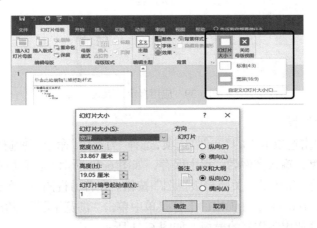

图 6-37　设置幻灯片的大小和方向

（8）在"幻灯片母版"选项卡中，使用"编辑母版"组中的命令，可以进行母版的插入、删除、重命名等操作。

（9）完成对母版的设置之后，可以重命名自定义的版式。单击"幻灯片母版"选项卡，在"编辑母版"中单击"重命名"，随即就可以对自定义的版式进行命名，如图 6-38 所示。例如，

图 6-38　重命名版式

我们将该版式命名为"我的版式"，随后在"开始"选项卡的"幻灯片"组中的"版式"里就可以找到该版式并立即使用了，如图 6-39 所示。

图 6-39　应用自定义版式

3）保存幻灯片母版

做好母版后，单击选项卡中的"文件"选项，选择"另存为"命令，并选择保存为"PowerPoint模板（*.potx）"类型，输入文件名，点击保存，如图 6-40 所示。保存后单击"幻灯片母版"选项卡，单击"关闭"组中的"关闭母版视图"按钮。在普通视图下，单击在"设计"选项卡中的"其他"按钮（图 6-21），在弹出的下拉菜单中单击"浏览主题"，随即就会出现一个对话框，用户可以选择并使用制作好的模板，如图 6-41 所示。

4）设置讲义母版

讲义是打印在纸上的幻灯片的内容，一般在演示文稿放映之前，将演示文稿的重要内容打印出来发放给观众，而讲义母版实际上是用以设置讲义的外观样式，操作步骤如下：单击选项卡中的"视图"选项，再单击"母版视图"组中的"讲义母版"按钮，切换到"讲义母版"视图，即可进行讲义母版的设置，如图 6-42 所示。

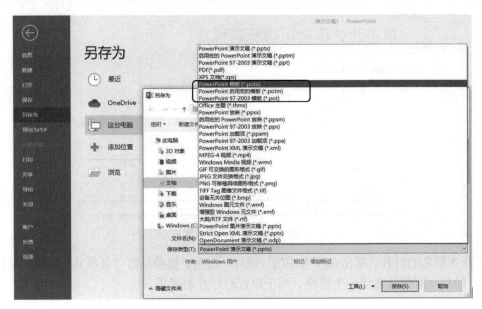

图 6-40　幻灯片母版的保存

图 6-41　自定义幻灯片母版的使用

图 6-42　讲义母版

在讲义母版视图下,类似幻灯片母版设置,可对讲义方向、幻灯片方向、页眉、页脚、主题等进行设置,如图 6-43 所示。

6.3.4　背景设置

在 PowerPoint 2019 中,自定义背景使得用户可以设置多种多样的背景,主要步骤:选中

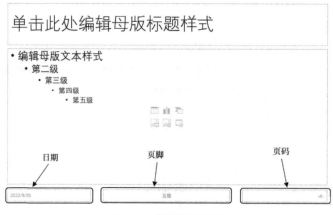

图 6-43　讲义母版要素

已经应用主题的幻灯片，单击选项卡中的"设计"选项，接着单击"自定义"中的"设置背景格式"，随后在右侧会弹出一个窗格，用于设置幻灯片的背景。

6.4　幻灯片文本编辑

6.4.1　在幻灯片中输入文本

将文本插入幻灯片中是对幻灯片中的文本进行编辑和处理的前提。在幻灯片中插入文本一般有三种方式，分别为在占位符处输入文本、在"大纲"窗格中插入文本、利用文本框输入文本。

1）在占位符处输入文本

建立一张幻灯片，或者直接选择系统提供的版式，会在版面的空白位置上出现虚线的矩形框，称之为占位符。通常在占位符处单击，原先占位符中的文字会消失，用户可直接输入需要编辑的文字，在占位符中输入文字，如图 6-44 所示。

图 6-44　在占位符处输入文字

2）在"大纲"窗格中插入文本

按照 6.1.2 节中的方法进入大纲视图下，然后可以直接在左侧浏览区的幻灯片缩略图中输入文本。通过这种方法，用户对每个幻灯片所包含的文本一目了然，如图 6-45 所示。

3）利用文本框输入文本

单击"插入"选项卡，单击"文本"组中"文本框"，就会出现下拉菜单，用户可以选择

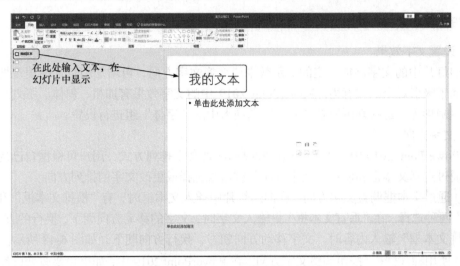

图 6-45　在"大纲"窗格中插入文本

添加横向或者纵向的文本，如图 6-46 所示。然后用户可以在幻灯片的任意位置插入文本框并对其输入文本，如图 6-47 所示。

图 6-46　选择文本框

图 6-47　通过文本框输入文本

6.4.2　为幻灯片添加备注

为了防止演示者忘记要讲的内容，用户可利用备注模板中已经设定了的备注页布局、格式来向幻灯片中添加备注，只需要输入备注的内容即可，如图 6-6 所示。

6.4.3 设置文字效果和文字方向

1）设置文字效果

对幻灯片中的文字添加一定的显示效果或变换文字方向，可增加幻灯片的美观性和阅读性，有助于吸引观众的注意力。PowerPoint 2019 中的文字效果有加粗、斜体、下划线、删除线、文字阴影等，这些都可以在"开始"选项卡中的"字体"组进行设置。

2）文字方向

在 PowerPoint 2019 中，提供了横向和纵向两种文字排列方式，用户可根据自己的需求选择，可通过选择文本框和使用"文字方向"按钮来选择或更改文字的排列方向。

（1）通过文本框调整文字方向。在向幻灯片中插入文本框时，有"横排文本框"和"垂直文本框"两种选择。在"垂直文本框"里输入文字时，文字的移动方向朝下，换行的方向朝左；在"横排文本框"输入内容时，文字移动方向朝右，换行方向朝下，如图 6-48 所示。

（2）使用 文字方向 按钮调整文字方向。在 PowerPoint 2019 中，如果想要改变已经编辑好的文本的方向，可单击"开始"选项卡，再单击"段落"组中的 文字方向 按钮，在下拉列表中选择文字排列方式，共有"横排"、"竖排"、"所有文字旋转 90°"、"所有文字旋转 270°"和"堆积"5 个方式，除了这些设置方式之外，还可以单击"文字方向"列表底部的"其他选项"，调整文字的方向，如图 6-49 所示。

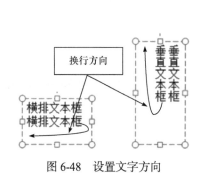

图 6-48　设置文字方向　　　　　　　　　图 6-49　设置文字方向

6.4.4 为文本添加项目符号和编号

图 6-50　添加项目符号

在幻灯片制作的过程中，添加项目符号和编号，可以使文本层次分明，使观众易于理解演讲者所讲内容。为文本添加符号和编号的具体步骤如下。

1）添加项目符号

首先选中需要添加项目符号或编号的文本，单击"开始"选项卡，然后单击"段落"组中的项目符号按钮，随即在弹出的列表中用户可以选择相应的项目符号，如图 6-50 所示。

2）添加项目编号

添加项目编号的操作方法与添加项目符号类似，单击"项目符号"按钮右边的项目编号按钮 ≣ ▾ 即可,如图 6-51 所示。

3)自定义项目符号和编号

当这些项目符号或编号无法满足用户的需要时,单击列表下方的"项目符号和编号",在弹出的"项目符号和编号"对话框中选择或自定义,如图 6-52 所示。

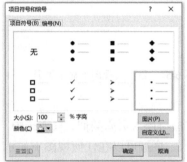

图 6-51　添加项目编号　　　　　　　　图 6-52　自定义项目符号和编号

6.4.5　添加页眉和页脚

1)页眉

给文本插入页眉的具体步骤:单击"插入"选项卡中"文字"组中的"页眉和页脚"按钮,随即在弹出的"页眉和页脚"对话框中,选中复选框"页眉",就可以在幻灯片中插入页眉了,如图 6-53 所示。需要注意的是,在 PowerPoint 2019 中,页眉只能在备注页视图和讲义母版下显示,在其他视图下是无法显示的。因此,在图 6-53 中的"页眉和页脚"对话框里,复选框"页眉"只出现在了"备注和讲义"选项卡中。

图 6-53　添加页眉

在插入页眉之后,就可以在备注页视图或者讲义母版下看到页眉,如图 6-54 就是在备注页视图下显示页眉。

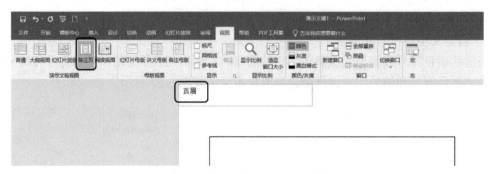

图 6-54　备注页视图下显示页眉

2）页脚

在幻灯片中插入页脚的操作方法与插入页眉类似，只需选中"页眉和页脚"对话框中的复选框"页脚"即可，如图 6-55 所示。页脚可以在任何视图下显示，所以我们可以看到在"幻灯片"和"备注和讲义"选项卡中都有"页脚"选项。

图 6-55　插入页脚

插入页脚后，在任意一个视图下都会显示出来。例如，在图 6-56 中，在普通视图下，也可以看到插入的页脚。

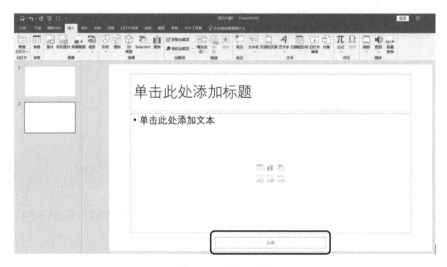

图 6-56　插入页脚

6.4.6　添加日期和时间

在 PowerPoint 2019 中，可向幻灯片中插入日期和时间。首先单击"插入"选项卡，在"文本"组中单击"日期和时间"按钮，随即就会弹出"日期和时间"对话框，在该对话框里面就可以插入日期和时间，并对其设置格式，如图 6-57 所示。

图 6-57　添加日期和时间

6.5　图　文　混　排

6.5.1　插入和编辑图片

幻灯片的功能是向观看者展示提纲和内容，如果每一页的幻灯片都布满文字，则显得乏味，无法集中观看者的注意力。因此，如果能够插入一些图片，则会使幻灯片的界面更加丰富。

1）为幻灯片添加图片

（1）使用"插入图片"按钮。有些幻灯片版式直接提供了"插入图片"按钮，在"开始"选项卡的"幻灯片"组中的"版式"下拉菜单中选择一个带有插入图片的版式即可。用户单击这个按钮可快速插入图片，如图 6-58 所示。在弹出的"插入图片"对话框中，打开图片所在路径，选中图片，单击"打开"按钮，如图 6-59 所示。插入图片完成后，效果如图 6-60 所示。

图 6-58　插入图片

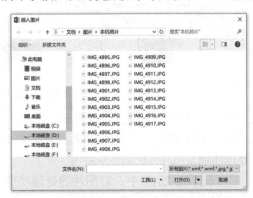

图 6-59　插入图片对话框

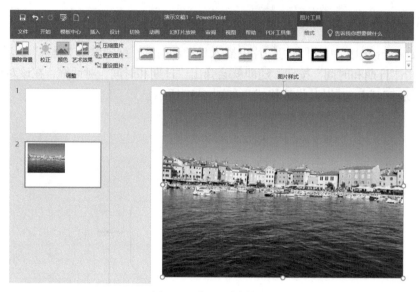

图 6-60　插入图片效果

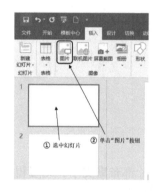

图 6-61　插入图片操作

（2）通过"插入"选项卡。如果当前版式中没有"插入图片"按钮，就不能直接插入图片，此时就需要用到通用的插入功能，具体操作步骤如下：

① 选择需要添加图片的幻灯片；

② 单击"插入"选项卡中的"图片"按钮，如图 6-61 所示；

③ 在弹出的"插入图片"对话框中打开图片所在路径，选中图片，单击"打开"按钮，如图 6-59 所示；

④ 图片完成后，效果如图 6-60 所示。

2）编辑美化图片

插入图片完成后，光标出现"十"字，则拖动整体调整图片位置，拖动图片边缘调整图片大小。如果单击插入的图片，在功能区就会新增加一个"图片工具-格式"选项卡，如图 6-62 所示。

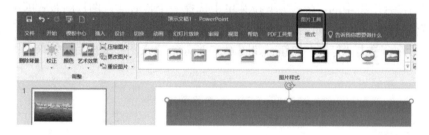

图 6-62　"图片工具-格式"选项卡

单击"图片工具-格式"选项卡，选择"图片样式"组中合适的图片样式应用到该图片。在"图片工具-格式"工具栏中除了图片样式组，还提供了调整、排列、大小这三组完备的图片处理功能。

PowerPoint 2019 中，对图片的处理功能更加完善。在该版本中，可在演示文稿中插入和编辑可缩放矢量图形图像，创建清晰、精心设计的内容。SVG 图像可以重新着色，且缩放或调整大小时，丝毫不会影响 SVG 图像的质量。

6.5.2　艺术字的使用

PowerPoint 2019 自带了多种艺术字样式，用户还可以根据需要对文字的字形、字号、形状、颜色添加特殊的效果，并且能将文字以图形图片的方式进行编辑。为文本添加艺术字效果主要有两种方式。

1）插入艺术字

（1）首先选中幻灯片，单击"插入"选项卡，然后单击"艺术字"按钮，再在弹出的下拉菜单中选择要插入的艺术字的风格，最后在幻灯片中输入艺术字的文本内容，具体的步骤如图 6-63 所示。

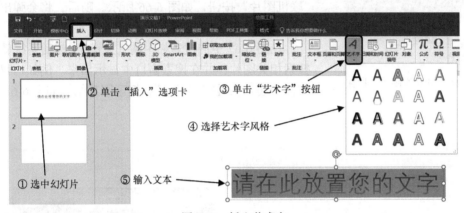

图 6-63　插入艺术字

（2）在幻灯片的文本框中先写入文字内容，然后选中该内容，点击"插入"选项卡中的"艺术字"按钮，在下拉菜单中选择艺术字的风格。最后，被选中的文字内容，就会按照用户选择的风格生成相应的艺术字，具体步骤如图 6-64 所示。

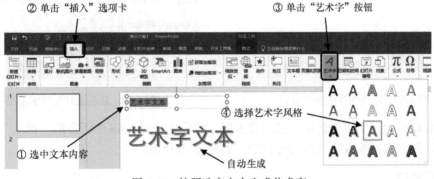

图 6-64　按照选定文本生成艺术字

2）为文本设置艺术字样式

选中任意文本，单击"绘图工具-格式"选项卡，在"艺术字样式"窗格中选择样式，随即被选中的文本就会变成用户所选择的样式，具体操作方法如图 6-65 所示。

6.5.3　插入联机图片

PowerPoint 2019 版本中可以插入现成的图片，用户可以方便地通过在线搜索找到自己需

② 单击"绘图工具-格式"选项卡

① 选中文本　　　艺术字文本　　③ 选择样式

图 6-65　为文本应用艺术字样式

要的图片。首先单击"插入"选项卡，在"图像"组中单击"联机图片"按钮，如图 6-66 所示。随后，将会弹出一个搜索窗口，如图 6-67 所示。

在图 6-67 中的搜索栏中输入关键字，然后系统就会在线搜索相关图片，并在搜索窗口中显示出来。例如，我们在搜索框中输入关键字"风景"，搜索图片结果如图 6-68 所示。

图 6-66　"联机图片"按钮

图 6-67　联机图片的搜索窗口　　　　　　图 6-68　联机图片的搜索结果

在搜索出的图片中单击选择一张或者多张，然后单击图 6-68 中下方的"插入"按钮，被选中的图片就会全部插入到当前幻灯片中，如图 6-69 所示。

6.5.4　屏幕截图

PowerPoint 2019 版本中具备屏幕截图功能，这为用户在制作幻灯片的过程中提供了极大的便利，具体操作步骤如下：

（1）选中一张幻灯片。

（2）单击"插入"选项卡。

（3）单击"图像"组中的"屏幕截图"按钮。

（4）在弹出的菜单中选择一个当前打开的应用程序窗口的截图，或自行对窗口截图进行剪

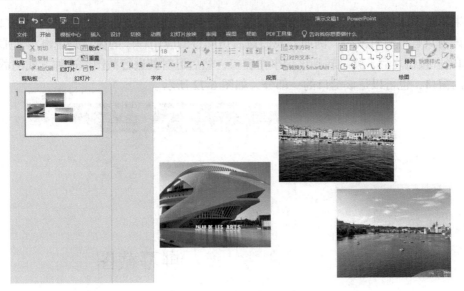

图 6-69　插入的联机图片

辑，如图 6-70 所示。

　　如果单击图 6-70 中"可用的视窗"中的屏幕截图，则该窗口的完整截图将会直接插入到幻灯片中。例如，我们选择"可用的视窗"中的记事本窗口，随即该窗口的完整截图直接插入到了当前幻灯片，如图 6-71 所示。

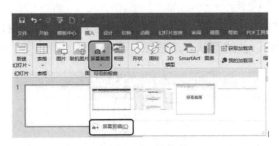

图 6-70　屏幕截图

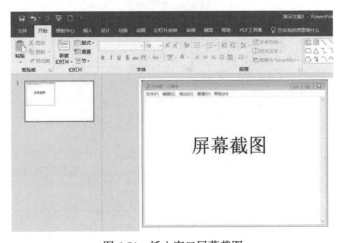

图 6-71　插入窗口屏幕截图

如果单击图 6-70 中的"屏幕剪辑"按钮，则会跳转到最后访问过的应用程序窗口，然后可以对该窗口自行剪辑截图。例如，我们最后访问过的应用程序的窗口是记事本，那么单击"屏幕剪辑"按钮之后，就跳转到该记事本窗口，然后可对其进行截图。这种方式的截图可以是完整的窗口，也可以是该窗口的一部分，如图 6-72 所示。

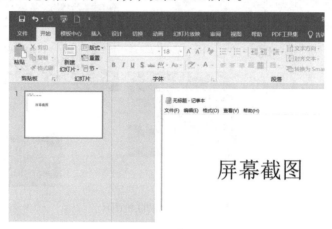

图 6-72　屏幕剪辑

6.5.5　绘制和编辑形状

绘制和编辑形状在幻灯片的制作过程中也是必不可少的。它的操作步骤如下：

（1）单击"插入"选项卡。

（2）单击"插图"组中的"形状"按钮，在弹出的下拉列表中选择所需要的形状，可用的形状包括线条、基本形状、公式形状、流程图、星与旗帜、标注等，如图 6-73 所示。

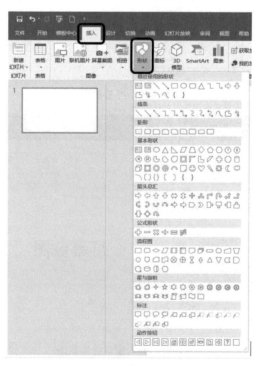

图 6-73　选择插入图形形状

（3）选中幻灯片中合适的位置按住鼠标拖动即可绘制形状，用户也可以在幻灯片中添加一个形状，或者合并多个形状以生成一个绘图或一个更为复杂的形状。

（4）添加一个或多个形状后，还可在其中添加文字、项目符号、编号和快速样式，若要创建规范的正方形或圆形（或限制其他形状的尺寸），在拖动鼠标的同时按住 Shift 键。

以下实例演示在幻灯片中插入一个"太阳形"，最终呈现出一个太阳。

（1）打开演示文稿，选择某一张幻灯片，如选中版式为空白的幻灯片。

（2）单击"插入"选项卡，然后单击"插图"组中的"形状"按钮的下拉列表中的"基本形状"类别中的"太阳形"，此时指针变成"十"字形状。按住 Shift 键的同时按住鼠标拖动即可绘制出一个标准太阳图形，如图 6-74 所示。

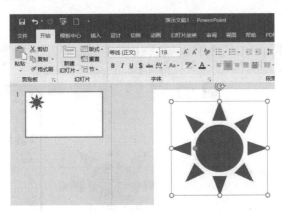

图 6-74　绘制"太阳形"形状

（3）改变形状颜色：选中绘制的"太阳"图形，单击功能区出现"绘图工具-格式"选项卡，从"形状样式"组中的样式中选择"彩色填充-金色，强调颜色 4"，如图 6-75 所示。然后，单击"形状样式"组中的"形状填充"按钮，从弹出的下拉列表中设置形状填充颜色、渐变、纹理等。例如，我们选择"标准色"中的"黄色"作为该形状的填充色，如图 6-76 所示。

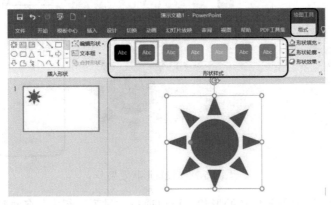

图 6-75　设置形状样式

（4）改变形状轮廓颜色：单击"形状轮廓"按钮旁的下拉按钮，从中选择形状轮廓的颜色。例如，我们选择"标准色"中的"红色"作为该形状的轮廓颜色，如图 6-77 所示。

（5）添加形状效果：Power Point 2019 默认提供了许多效果可供选择，单击"形状效果"按钮，从下拉列表中选择用户需要的颜色，如"预设"中的"预设 5"，如图 6-78 所示。

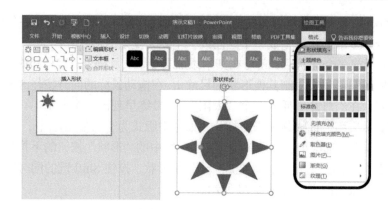

图 6-76　设置形状填充颜色

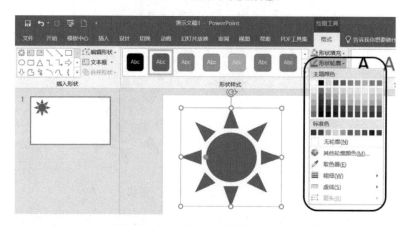

图 6-77　设置形状轮廓颜色

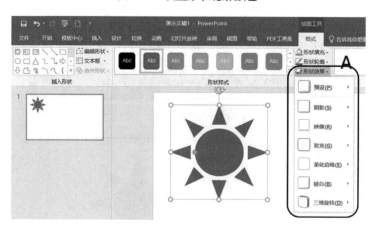

图 6-78　设置形状效果

（6）排列形状：选中需要移动的形状，可以通过"排列"组中的各种调整按钮进行操作。例如，用户最初绘制了一个"月亮"图形，但被后来绘制的"太阳"图形挡住了，如图 6-79 所示。如果要把"月亮"移到"太阳"的上面，那么就需要如下操作。

选中"太阳"图形，单击"排列"组中的"下移一层"按钮，（也可以选中"月亮"图形，单击"排列"组中的"上移一层"按钮）如图 6-80 所示。用户也可右击目标图形，然后在弹出的菜单中也可以找到组合以及上下移动的操作选项，如图 6-81 所示。

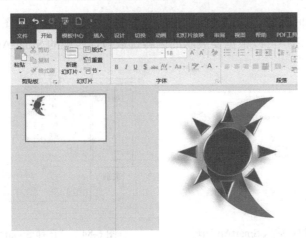

图 6-79　排列形状举例

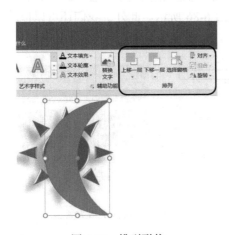

图 6-80　排列形状

图 6-81　通过右击进行排列操作

6.5.6　SmartArt 图形的使用

使用 SmartArt 图形的目的是通过一定个数的形状和文字量来向观看者表达一些要点。此外,幻灯片上的图片还可以快速地转换为 SmartArt 图形,就像处理文本一样方便。创建 SmartArt 图形的基本步骤如下:

（1）在左侧幻灯片栏中选中需要插入 SmartArt 图形的幻灯片,然后单击"插入"选项卡,在"插图"组中单击 SmartArt 按钮,如图 6-82 所示;或者,我们也可以在包含 SmartArt 占位符的幻灯片中直接单击占位符,如图 6-83 所示。

（2）弹出插入 SmartArt 图形选项对话框,如图 6-84 所示。对话框的左侧是所有 SmartArt 图形的类别列表,用户可以根据所需要的图形类别找到相应

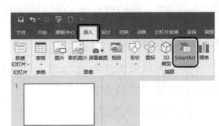

图 6-82　插入 SmartArt 图形

的图形。对话框的中间部分是选定的类别里所包含的具体的 SmartArt 图形，而右侧是选定图形的介绍和示意图。用户可以根据要展示的内容选取最佳匹配的 SmartArt 图形。

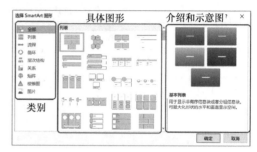

图 6-83　通过占位符插入 SmartArt 图形　　　　　图 6-84　"选择 SmartArt 图形"对话框

（3）插入图形之后，我们经常需要给图形加以文字说明，而 SmartArt 图形就附带有文字区域。例如，我们插入了"列表"类别中的"基本列表"图形，该图形就具有五个文字区域，如图 6-85 所示。单击图形中的文字区域"[文本]"，即可输入相应文字内容；或者，我们也可以单击图形旁边的文本窗格图标输入相应文字，如图 6-86 所示。此外，我们还可以拖动边框调整图形的大小、位置等。

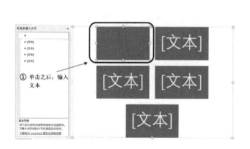

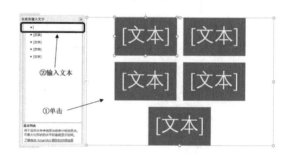

图 6-85　输入文本方式一　　　　　　　　　　图 6-86　输入文本方式二

（4）直接插入的 SmartArt 图形并不一定可以满足用户的表达需求，如形状个数不足，或者色彩较为单一等。在这种情况下，我们也可以通过在"SmartArt 工具"中的"设计"和"格式"选项卡的一些操作解决这些问题。例如，首先选中 SmartArt 图形，单击"SmartArt 工具-设计"选项卡，然后在"创建图形"组中单击"添加形状"按钮右侧的下拉列表，可以添加形状并选择插入形状的位置，如图 6-87 所示。当样式色彩比较单一时，用户可在"SmartArt 样式"组单击"更改颜色"按钮下拉键或选取相关的 SmartArt 图形样式。例如，我们选择"彩色-个性色"，则幻灯片中的图形的颜色也随之改变，如图 6-88 所示。

6.5.7　插入表格

插入表格的方法有直接插入、通过占位符插入、通过对话框插入、绘制表格和插入 Excel 电子表格等不同的方式。

1）直接插入表格

选中需要插入表格的幻灯片，然后单击"插入"选项卡，单击"表格"组中的"表格"按钮，弹出下拉列表框，使用鼠标在这些表格上移动，可快速绘制出 8 行 10 列以内的表格，同时在幻灯片里可以动态预览当前准备插入的表格效果。例如，我们要绘制一个 5 行 6 列的表格，如图 6-89 所示。

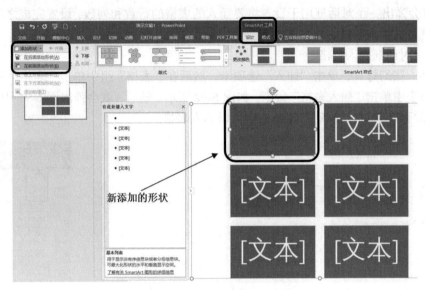

图 6-87　在 SmartArt 图形中添加形状

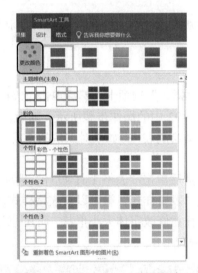

图 6-88　更改 SmartArt 图形颜色

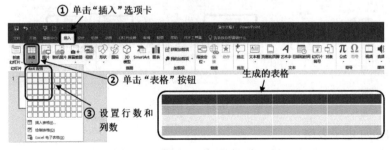

图 6-89　直接插入表格

2）通过占位符插入表格

可以通过在含有表格占位符的版式中直接单击插入表格按钮，如图 6-90 所示。单击表格占位符，将会弹出一个对话框用于设置将要插入的表格的行数和列数，设置完成之后单击"确定"按钮就可以插入表格了，如图 6-91 所示。

3）通过对话框插入表格

选中某一张幻灯片，单击"插入"选项卡，然后在"表格"组中单击"表格"按钮，在弹出的下拉列表中单击"插入表格"命令，如图 6-92 所示。随后，就会弹出图 6-91 中的对话框，输入列数和行数，单击"确定"按钮，就可以插入表格。

图 6-90　含有表格占位符的版式

图 6-91　插入表格对话框

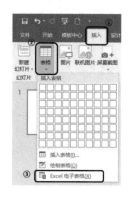

图 6-92　通过对话框插入
表格

4）绘制表格

选中某一张幻灯片，单击"插入"选项卡，然后单击"表格"组中的"表格"按钮，最后单击"绘制表格"命令，如图 6-92 中的操作步骤所示。随后，光标就会变成铅笔形状，然后用户就可以根据自己的需要手动绘制表格。如果对默认的格式不满意还可以进行加工，操作步骤如下：

选中一个创建好的表格，然后单击"表格工具-设计"选项卡，就可以看到许多针对表格格式设置的按钮和菜单。通过"表格样式"组可以对表格样式进行设计，通过"艺术字样式"组则可以选择快速样式或自己任意修改字体大小形状，而在"绘图边框"组就可以对表格的边框进行设计和修改了，如图 6-93 所示。

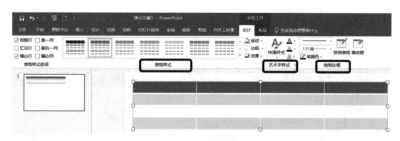

图 6-93　绘制表格

5）插入 Excel 电子表格

选中某一张幻灯片，单击"插入"选项卡，然后单击"表格"组中的"表格"按钮，最后单击"Excel 电子表格"命令，如图 6-92 中的操作步骤所示。随后，幻灯片中就会出现一张标准的 Excel 电子表格，对此可以参考电子表格的使用方法来进行编辑。

插入表格之后可以利用鼠标调整表格的大小、单元格与单元格之间的距离、移动表格的位置等。

6.5.8 插入图表

在幻灯片中使用图表可以将数据变动直观地呈现出来，使观看者更加清晰地了解幻灯片的内容。插入图表的步骤如下：

（1）首先选中需要插入图表的幻灯片，然后单击"插入"选项卡，接着在"插图"组中单击"图表"按钮，如图 6-94 所示。随后，程序会弹出"插入图表"对话框，在该对话框的左侧是图表类别，右侧是该类别下具体的图表样式，如图 6-95 所示。用户可以根据需要选择图表类型和具体的图表样式，然后单击"确定"按钮。另一种比较快速的插入图表方式是在含有图表占位符的版式单击该按钮，如图 6-96 所示。

图 6-94 插入图表

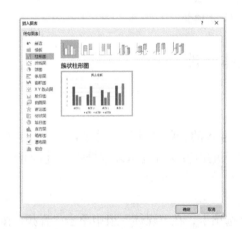

图 6-95 "插入图表"对话框

图 6-96 通过占位符插入图表方式

（2）在幻灯片中插入图表之后，随之也会弹出一个名为"Microsoft PowerPoint 中的图表"的 Excel 表格，用户可在该表格中输入数据，然后通过插入的图表表示出来，如图 6-97 所示。Excel 表格中的行和列的名称及图表的标题，用户都可以根据需要自行改动和设置。用户可以随时对 Excel 表格中的数据进行添加、删减以及改变等操作，而下面的图表中也会根据 Excel 表格中的实时数据产生相应的变化。

（3）选中一个图表，可以看到选项卡上出现了"图表工具-设计/格式"选项卡，通过这些选项卡可以对图表的外观和样式进行调整和美化，如图 6-98 所示。

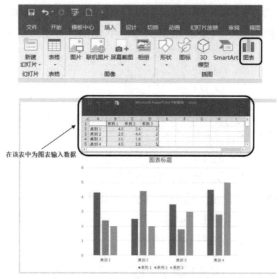

图 6-97　为图表输入数据

图 6-98　"图表工具"选项卡

6.6　添加媒体文件

6.6.1　插入音频

用户在制作幻灯片时可以插入一些音频文件。插入的音频文件可以是来自本地计算机的文件，也可以是用户自己录制的音频文件，对于插入的声音文件还可以根据需要进行剪裁。

1）插入来自本地计算机的音频

操作步骤如下：

（1）选中要添加音频的幻灯片，单击"插入"选项卡，在"媒体"组中单击"音频"按钮下方的下拉列表，从中选择"PC 上的音频"，如图 6-99 所示。

图 6-99　插入本地计算机上的音频

（2）在弹出的"插入音频"对话框中浏览插入音频的地址，找到音频文件，然后选中该文件，单击"插入"按钮，如图 6-100 所示。

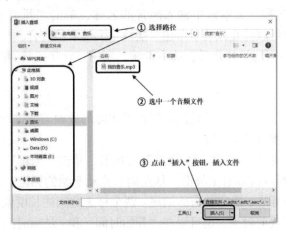

图 6-100　　"插入音频"对话框

（3）插入音频后，选中音频，我们可以通过"音频工具-播放"选项卡设置音频播放的细节，如图 6-101 所示。设置播放选项的操作包括：

① 在幻灯片上，选中声音图标，然后单击下方的播放按钮，可以预览播放效果。

② 如果要从播放第一张幻灯片开始时就播放声音，需要把音频插入第一张幻灯片，然后在"音频选项"组中设置声音"开始"的形式为"自动"。

③ 如果需要手动播放，需在"音频选项"组中设置声音"开始"的形式为"单击时"。

④ 如果需要在演示文稿切换到下一张时播放声音（此时未切换到，已在插入音频的幻灯片中开始播放），需在"音频选项"组选中"跨幻灯片播放"复选框。

⑤ 如果需要播放时幻灯片中不显示声音图标，则需在"音频选项"组选中"放映时隐藏"复选框。

⑥ 如果需要连续播放声音，直到停止播放（如演示文稿放映结束），需在"音频选项"组选中"循环播放，直到停止"复选框。

提示：在选择"自动"开始播放并选中了"循环播放，直到停止"时，进入下一张幻灯片后，声音将终止。

图 6-101　设置播放

2）录制音频

根据需要用户也可以插入录制音频。另外，还可以将旁白插入到演示文稿中，以便演讲者或缺席者在日后观看，具体操作步骤如下。

单击"插入"选项卡，单击"媒体"组中的"音频"按钮，在弹出的下拉菜单中选择"录制音频"命令，如图 6-99 所示。随后，会弹出一个"录制声音"对话框，用户可以在"录制声音"对话框的"名称"文本框中输入声音的名称，单击"开始录制"按钮可以开始录制，单击"暂停"按钮可以停止录音，单击"播放"按钮来检查音频的录制效果，如图 6-102 所示。录制好的音频插入幻灯片之后，选中音频，利用"音频工具-播放"选项卡设置音频播放的细节。

3）裁剪声音文件

对于插入幻灯片的音频文件，最后都可以根据实际的放映需要进行剪裁，只保留需要播放的某个声音片段，具体操作步骤如下。

选中声音图标后，单击"音频工具-播放"选项卡，单击"编辑"组中的"剪辑音频"按钮，弹出如图 6-103 所示的裁剪工具框，从左向右拖动起始的标记，确定裁剪的音频起始位置；从右向左拖动结束标志，确定裁剪的结尾。两个标志之间的长度就是裁剪的音频，可以单击中间的"播放"测试裁剪效果，也可以在"开始时间"和"结束时间"输入或调整裁剪音频的具体时间。单击"确定"按钮插入编辑好的声音文件。

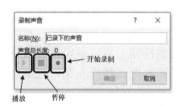

图 6-102　录制音频

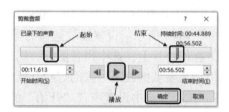

图 6-103　剪辑音频

6.6.2　插入视频

在幻灯片中插入视频文件，可以让演示文稿更加生动有趣，给观看者带来不一样的体验。PowerPoint 2019 提供了多种兼容的视频格式，如.swf、.flv、.mp4、.avi、.wmv 等。插入视频文件的操作如下。

（1）单击"插入"选项卡，在"媒体"组中单击"视频"按钮，选择不同来源的视频，如图 6-104 所示；或者在含有"插入视频文件"占位符的幻灯片版式中直接单击"插入视频文件"按钮，如图 6-105 所示。

（2）选中插入的视频，用户可通过"视频工具-格式"选项卡设置视频边框、形状、效果等，通过"视频工具-播放"选项卡可以设置视频的播放选项，与音频的设置类似，如图 6-106 所示。

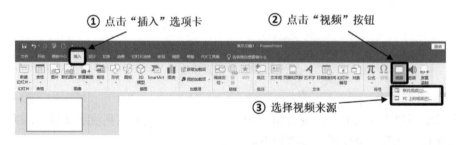

图 6-104　插入视频文件

图 6-105　通过占位符插入视频文件

图 6-106　编辑视频文件

6.7　使 用 动 画

用户可为幻灯片的标题、副标题、文本或图片等对象添加动画效果，从而使得幻灯片的放映生动活泼。PowerPoint 2019 演示文稿中的动画效果分为自定义动画和切换效果两种动画效果。

6.7.1　自定义动画

可将演示文稿中的文本、图片、形状、表格、SmartArt 图形和其他对象制作成动画，设置它们进入、退出、大小或颜色变化甚至移动等视觉效果。

下面介绍给动画的对象设置"进入"幻灯片时的效果的操作步骤。

（1）选中动画的对象。注意：动画对象可以是文本框、形状、图片等幻灯片内的任何内容。

（2）单击"动画"选项卡，选择"动画"类型，如对象"进入"动画的"轮子"效果。

（3）最后，还可以在"动画"选项卡的"高级动画"和"计时"中进一步调整动画的参数，如动画持续时间、开始与延迟，如图 6-107 所示。

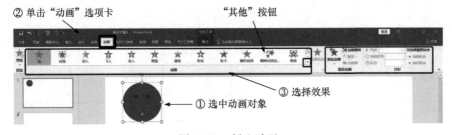

图 6-107　插入动画

可通过单击图 6-107 中"动画"组的"其他"按钮，展开所有内置的动画效果，如图 6-108所示。

　　还可以在图 6-108 的列表中选择"更多进入效果"命令，然后在"更改进入效果"对话框中选择动画，单击"确定"按钮即可，如图 6-109 所示。

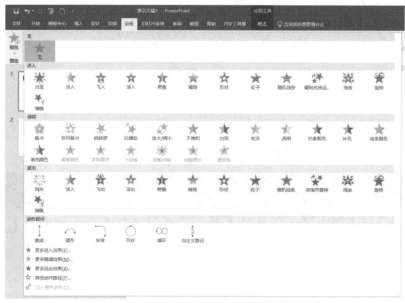

图 6-108　内置动画

　　当动画对象逐渐增多时，我们需要一个窗格统一管理和浏览动画对象。创建这样一个动画窗格的具体操作步骤如下：首先单击"动画"选项卡，然后单击"高级动画"组中的"动画窗格"按钮，就会在幻灯片的右侧弹出一个动画窗格，如图 6-110 所示。在该窗格中，所有动画对象会按照一定的顺序排列，上面显示有每个对象的名称和序号等信息。

　　如果要对动画效果进行进一步的设计，可以单击动画窗格中每个对象右侧的下三角按钮，从下拉列表中选择"效果选项"命令，如图 6-111 所示。例如，我们为动画对象 2（即动画窗格中的心形 4）选择"飞入"动画效果，那么单击图 6-111 中的"效果选项"命令之后，就弹出"飞入"对话框，用户可以从中设置对象的进入方向、进入时的声音等，再单击"确定"按钮即可，如图 6-112 所示。用户也可以直接单击"动画"组中的"效果选项"，去设置对象的进入方向，如图 6-113 所示。

图 6-109　更改进入效果　　　　图 6-110　动画窗格　　　　图 6-111　动画效果设计

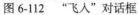

图 6-112　"飞入"对话框

图 6-113　设置进入方向

动画还有"强调"效果、"退出"效果和"动作路径"效果，其设置方法和"进入"效果的动画设置基本相同。

以上 4 种自定义动画，可以单独使用任何一种动画，也可以将多种效果组合在一起。例如，可以对某个标题应用"飞入"进入效果及"放大/缩小"强调效果，使它在从左侧飞入的同时逐渐放大。

在"高级动画"组中有一个"动画刷"按钮，它的作用与"开始"选项卡中的"格式刷"类似，如图 6-114 所示。用户可以通过"动画刷"复制一个对象的动画，并应用到其他对象。动画刷的使用方法：单击已经设置有动画的对象，双击"动画刷"按钮，当光标变成刷子形状的时候，单击需要设置相同自定义动画的对象便可。按照如上操作之后，这两个对象就将会有相同的动画效果。例如，幻灯片中"笑脸"对象的动画效果是"出现"，而"心形"对象的动画效果是"飞入"，那么我们就可以按照如上操作将笑脸的效果也和心形一样设置为"飞入"，如图 6-115 所示。

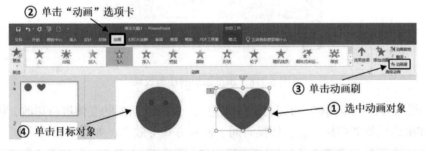

图 6-114　动画刷的使用

图 6-115　动画刷使用结果

6.7.2　切换效果

幻灯片在放映过程中，如果仅用普通的方式切换幻灯片，则效果显得单一。通过设置不同的幻灯片切换效果，能够吸引观众的注意力，加深观众的印象，具体操作步骤如下：

（1）打开要设置切换方式的演示文稿，在普通视图下，选中某一张或几张幻灯片。

（2）单击"切换"选项卡，在"切换到此幻灯片"中选择切换方式，如图 6-116 所示。

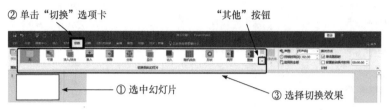

图 6-116　设置幻灯片切换效果

（3）单击图 6-116 中的"其他"按钮，会展开所有内置的切换效果列表框，如图 6-117 所示。

图 6-117　切换效果列表框

（4）在该列表框中选择一个切换效果，单击之后会出现预览；也可以单击"预览"按钮预览动画的应用效果，如图 6-118 所示。

图 6-118　预览添加的动画效果

（5）如果需要进一步调整，可以打开效果选项，对所选切换的变体进行更改，利用"切换"选项卡更详细地设置如切换声音、切换时间、换片方式等效果，如图 6-119 所示。

图 6-119　"切换"选项卡

6.7.3　制作交互式幻灯片

动作按钮通常用于快速在上一张或下一张幻灯片之间切换，也可以自定义从哪张幻灯片跳转到哪张幻灯片，具体操作步骤如下。

1）选择动作按钮

选中需要添加动作按钮的幻灯片，单击"插入"选项卡，然后单击"形状"按钮，在弹出的列表中单击要选择的动作按钮，如图 6-120 所示。随后，光标会变为"十"字形，用鼠标在页面上拉动即可。

2）插入动作按钮并定义按钮动作

当插入一个按钮之后，就会弹出一个"操作设置"对话框，如图 6-121 所示。用户可以定义链接到的对象，即选择当鼠标单击按钮时发生的动作、跳到哪一张幻灯片，这个可以在"超链接到"选项中设置。如果需要单击动作按钮时有声音，可以选中"播放声音"前的复选框，并打开下拉列表从中选择声音，如"打字机""单击""抽风"等。

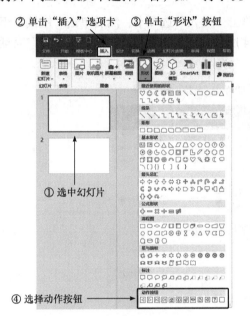

图 6-120　绘制动作按钮

图 6-121　跳转位置设置

图 6-122 给出了动作按钮的默认设置。

当不需要动作按钮时，可以用鼠标右击对象，然后单击"删除链接"，再删除动作按钮图标即可，如图 6-123 所示。

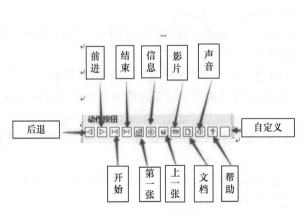

图 6-122　动作按钮的默认设置

图 6-123　取消动作按钮的作用

6.8　超　链　接

超链接是超级链接的简称，在演示文稿中可以对任何对象（一个文本、一个形状、一个表格、一个图形和图片）创建超链接。通过超链接可以跳转到设定的位置以及链接其他演示文稿、Internet 中的网站、Word 文档、Excel 电子表格、网页等。

1）插入超链接

（1）方法一：选中对象（文字或图片等），单击"插入"选项卡，然后单击"链接"组中的"链接"按钮（快捷键为 Ctrl+K），如图 6-124 所示。随后在弹出的"插入超链接"对话框中根据需要进行选择，如图 6-125 所示。

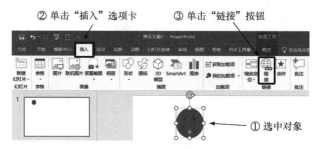

图 6-124　插入超链接的方法一

图 6-125　　"插入超链接"对话框

（2）方法二：选中对象（文字或图片等）右击，然后在弹出的如图 6-126 所示的菜单中单击"链接"，随即会弹出图 6-125 中的"插入超链接"对话框。

"插入超链接"对话框的"链接到："对象列表中包含"现有文件或网页"、"本文档中的位置"、"新建文档"和"电子邮件地址"四个选项。

① 单击"现有文件或网页"，则有三个选项，即"当前文件夹"、"浏览过的网页"和"最近使用过的文件"，选中后即可显示出用户原有文件或网页、浏览过的网页或最近使用过的文件，可根据需要进行选择；

② 单击"本文档中的位置"选项，出现"请选择文档中的位置："列表，可从列表中选择幻灯片，实现幻灯片放映中的跳转；

③ 单击"新建文档"选项，显示"新建文档名称"文本框，可输入新建文档的名称，根据需要设置新文档保存的完整路径，完成超链接的创建；

④ 单击"电子邮件地址"选项，显示"电子邮件地址"文本框、"主题"文本框和"最近用过的电子邮件地址"文本框，链接到电子邮件。

需要注意的是，由于链接本身的特点，在复制含链接方式的演示文稿时，一定要同时将源文件同时复制，并且设置合适的链接路径，否则在另一台计算机中演示时，会发生找不到链接对象的错误。

2）编辑和取消超链接

在超链接对象上单击鼠标右键，从快捷菜单中选择"编辑链接"或"删除链接"，编辑链接时会弹出"编辑超链接"对话框，和"插入超链接"类似，如图 6-127 所示。

图 6-126　插入超链接的方法二

图 6-127　编辑和取消超链接

6.9　演示文稿的放映、打包和打印

6.9.1　放映演示文稿

用户可以在"幻灯片放映"选项卡中选择"从头开始"放映或者"从当前幻灯片开始"放映制作好的演示文稿。PowerPoint 2019 为用户提供了许多其他的放映方式，使放映幻灯片的方法更加灵活高效。

1）广播幻灯片

当用户想将自己的幻灯片远程播放给其他查看者时，可以使用广播幻灯片方式。单击"幻灯片放映"选项卡，然后在"开始放映幻灯片"组中点击"联机演示"按钮，如图 6-128 所示。随即会弹出一个"联机演示"对话框，点击"连接"按钮，则系统连接到 Office Presentation Service，如图 6-129 所示。

系统连接到 Office Presentation Service 后，将生成一个链接地址，将此链接地址发送给远程查看者，远程查看者通过浏览器打开网址后，用户单击"开始放映幻灯片"，此时远程查看者可同步观看用户放映的幻灯片。

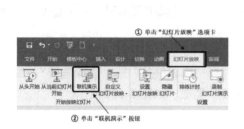

图 6-128　联机演示

图 6-129　"联机演示"对话框

2）自定义幻灯片放映

用户可以自行定义幻灯片的放映顺序，以及选择放映哪些幻灯片。具体操作：单击"幻灯片放映"选项卡，然后在"开始放映幻灯片"组中单击"自定义幻灯片放映"按钮，最后在弹出的下拉菜单中选择"自定义放映"，如图 6-130 所示。

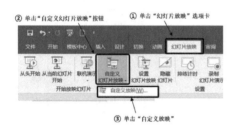

图 6-130　自定义幻灯片放映

完成上述操作之后，随即会弹出"自定义放映"对话框，如图 6-131 所示。为了创建一个自定义放映，用户可以在该对话框中单击"新建"按钮，随即会弹出一个"定义自定义放映"对话框，如图 6-132 所示。在该对话框的左侧窗格"在演示文稿中的幻灯片"中列出了演示文稿中所有的幻灯片，用户可以将想要放映的幻灯片添加进右侧的窗格"在自定义放映中的幻灯片"中，同时可以对它们的放映顺序进行调整，确定添加无误后，单击"确认"按钮。此外，用户也可以对该自定义放映的名称进行设置。例如，在图 6-132 中，默认的名称是"自定义放映 1"。在一个自定义放映创建完成之后，会回到"自定义放映"对话框，如图 6-133 所示。

图 6-131　"自定义放映"对话框

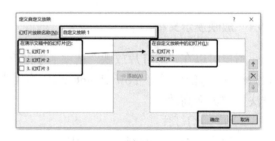

图 6-132　"定义自定义放映"对话框

我们可以看到在图 6-133 左侧的窗格中多了一个"自定义放映 1"，即我们刚刚建立的自定义放映。通过对话框右侧的按钮，用户可以对那些自定义放映进行编辑、复制、删除等操作。这时再单击"自定义幻灯片放映"按钮，我们可以看到下拉菜单中多了一个"自定义放映 1"选项，如图 6-134 所示。

3）设置幻灯片放映

用户将幻灯片呈现给观众时，可选择自己需要的放映类型及放映方式。设置幻灯片放映的

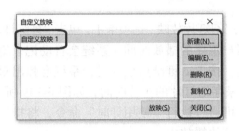

图 6-133 添加了自定义放映对话框

图 6-134 完成自定义放映的创建

具体操作步骤如下：首先，单击"幻灯片放映"选项卡，然后单击"设置"组中的"设置幻灯片放映"按钮，如图 6-135 所示。随即，会弹出一个"设置放映方式"对话框，用户可以在此设置放映的幻灯片以及适合自己的放映方式，如图 6-136 所示。

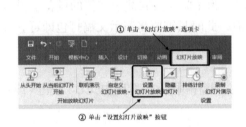

图 6-135 设置幻灯片放映

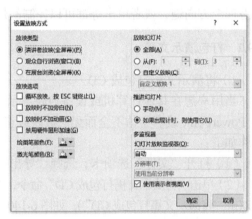

图 6-136 设置放映方式

4）隐藏幻灯片

当用户不想放映某一页或几页幻灯片时，可在该页选择"幻灯片放映"选项卡中的"隐藏幻灯片"选项，将其隐藏，如图 6-137 所示。如果再次单击该按钮可取消隐藏幻灯片设置。用户还可以对需要隐藏的幻灯片右击，然后在弹出的菜单中单击"隐藏幻灯片"，也可以实现幻灯片的隐藏，如图 6-138 所示。

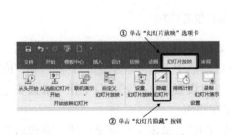

图 6-137 隐藏幻灯片方式一

图 6-138 隐藏幻灯片方式二

5）排练计时

用户可以自己定义每张幻灯片的播放时间。在"幻灯片放映"选项卡中，单击"排练计时"

图 6-139　排练计时

按钮，录制用户想要的播放时间。系统会自动记录幻灯片的切换时间，按 Esc 键结束放映时，系统会弹出对话框，按"是"保存幻灯片的排练时间，如图 6-139 所示。结束计时后，可通过执行"使用计时"命令，将排练好的时间用在幻灯片播放中。

6）启动幻灯片放映

在"幻灯片放映"选项卡中选择"从头开始"或者"从当前幻灯片开始"放映制作好的演示文稿。在放映过程中，使用 Home、End、PageUp、PageDown、Enter、Backspace 键、键盘上的字母键（如 N 键表示下一张幻灯片，W 键和 B 键使得当前幻灯片成为空白页和黑色等）以及四个方向键，或者单击等都可以控制幻灯片动画、幻灯片之间的放映切换。

6.9.2　打包演示文稿

1）将演示文稿打包成 CD

当用户想在其他计算机或设备放映演示文稿时，为了防止放映演示文稿的设备上没有安装 PowerPoint 或者字体不全而无法放映或正常播放，此时只需要将演示文稿打包即可。具体操作如下：

（1）打开"文件"选项卡，选择"导出"菜单。

（2）单击"将演示文稿打包成 CD"命令，然后在右侧窗格中单击"打包成 CD"按钮（或者直接双击"将演示文稿打包成 CD"），如图 6-140 所示。

图 6-140　将演示文稿打包成 CD

（3）随后会弹出一个"打包成 CD"对话框，如图 6-141 所示。单击"选项"按钮，会再弹出一个"选项"对话框，如图 6-142 所示。在该对话框中，选中"链接的文件"和"嵌入的 TrueType 字体"复选框。为了增加文件的安全性，可以设置密码保护文件。在"增强安全性和隐私保护"选项区中设置密码，按"确定"按钮保存设置。

（4）在"打包成 CD"对话框中单击"复制到文件夹"，确定文件存储位置。完成后系统会弹出对话框询问用户是否要在包中包含链接文件，单击"是"按钮。

图 6-141　"打包成 CD"对话框　　　　　　　　图 6-142　"选项"对话框

2）将演示文稿转换成直接放映格式

在一些未安装 PowerPoint 应用程序的设备上，也可以放映直接放映格式的演示文稿，具体操作步骤如下：

首先，单击"文件"选项卡，单击"导出"菜单，然后选择"更改文件类型"选项，最后在右侧的菜单中双击"PowerPoint 放映（*.ppsx）"选项，如图 6-143 所示。随后，在弹出的"另存为"对话框中的"保存类型"那一栏选择"PowerPoint 放映（*.ppsx）"，如图 6-144 所示。

图 6-143　更改文件类型

图 6-144　保存类型选择

3）将演示文稿发布为视频

用户也可以将演示文稿创建为视频用播放器进行播放。打开"文件"选项卡中的"导出"菜单，单击"创建视频"选项，然后在右侧窗格中单击"创建视频"按钮，如图 6-145 所示。随后，在弹出的"另存为"对话框中设置好保存路径即可。

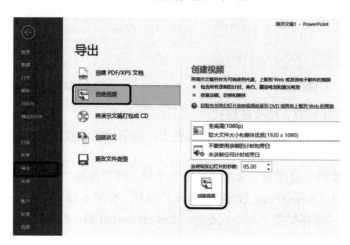

图 6-145　将演示文稿发布为视频

4）创建 PDF/XPS 文档

首先，打开"文件"选项卡，然后单击"导出"菜单，单击"创建 PDF/XPS 文档"选项，最后单击"创建 PDF/XPS"按钮，如图 6-146 所示。在弹出的"发布为 PDF 或 XPS"对话框中选择保存类型格式，在"选项"中设置文档属性，单击"发布"完成操作，如图 6-147 所示。

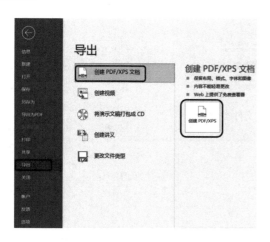

图 6-146　创建 PDF/XPS 文档

图 6-147　"发布为 PDF 或 XPS"对话框

6.9.3　打印演示文稿

有时，用户需要将演示文稿以纸质的形式呈现给大家，供观看者提出想法与建议。在这种情况下，我们就需要打印幻灯片，具体操作步骤如下：首先，打开"文件"选项卡，选择"打印"选项，设置文稿的打印属性，如图 6-148 所示；默认情况下，每页只打印一张幻灯片，用户可以自行调整每张纸上的打印页数及板式等；同样，用户可以选择彩印幻灯片或自己设置灰度等方式打印；在设置完成之后，单击"打印"按钮即可进行打印。

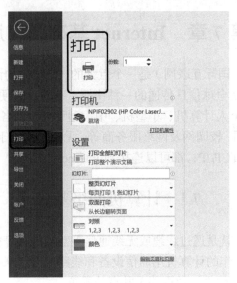

图 6-148　打印演示文稿

第 7 章　Internet 基础及应用

Internet（也称因特网、国际互联网）是一个巨大的、全球性的计算机网络，它是借助现代通信技术和计算机技术实现全球信息传递的一种快捷、有效、方便的工具。Internet 可连接各种类型的网络或主机，如个人计算机、小型机、中大型计算机及各种类型的局域网和城域网，如公司局域网、企业局域网、校园网及网络服务商等，无论它们处于世界何地、具有何种规模，只要遵循相同的通信协议 TCP/IP，都可以连接到 Internet 之中。

7.1　计算机网络基础

通俗地讲，计算机网络就是通过线缆或无线通信等互连的计算机的集合。计算机网络是把地理上分散的、多台独立工作的计算机用通信设备和线路连接起来，再按照网络协议进行数据通信，以实现资源（硬件、软件、数据等）共享的系统。

7.1.1　计算机网络的定义

从整体上来说计算机网络是指将地理位置不同的具有独立功能的多台计算机及其外围设备，通过通信线路连接起来，在网络操作系统、网络管理软件及网络通信协议的管理和协调下，实现资源共享和信息传递的计算机系统，从而实现众多的计算机方便地互相传递信息，共享硬件、软件、数据信息等资源，如图 7-1 所示。

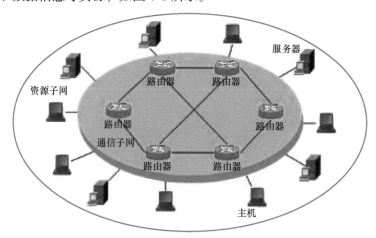

图 7-1　计算机网络示意图

计算机网络是通信技术与计算机技术密切结合的产物，产生计算机网络的基本条件是通信技术与计算机技术的结合。通信技术为计算机间的数据传送和交换提供了必要的手段，计算机技术的发展渗透到通信技术中，有效提高了通信性能。

7.1.2　计算机网络的功能

计算机网络功能可归纳为：信息交换、资源共享、分布式处理、均衡负荷、提高系统可靠性和可用性及集中式管理。

（1）信息交换：计算机网络最基本的功能，可以完成网络中各个节点之间的通信，如图 7-2 所示。人们需要经常与他人交换信息，计算机网络是最快捷、最方便的途径。人们可通过计算机网络收发电子邮件、发布新闻、网上购物、实现远程教育等。

图 7-2 信息交换

（2）资源共享：计算机网络资源主要包括硬件资源和软件资源。硬件资源包括处理机、大容量存储器、打印设备等，软件资源包括各种应用软件、系统软件和数据等。资源共享功能不仅使得网络用户可以克服地理位置上的差异，共享网络中的资源，还可以充分提高资源的利用率，如图 7-3 所示。

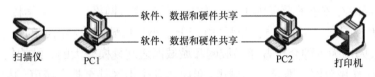

图 7-3 资源共享

（3）分布式处理：指当网络中的某个节点性能不足以完成某项复杂计算或数据处理任务时，可通过调用网络中的其他计算机，通过分工合作来共同完成的处理方式，可使整个系统功能大大增强，如图 7-4 所示。

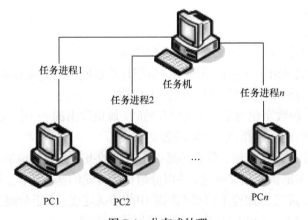

图 7-4 分布式处理

（4）均衡负荷：指当网络的某个节点系统的负荷过重时，新作业可通过网络传送到网中其他较为空闲的计算机系统去处理。此外，还可以利用时差来均衡日夜负荷。

（5）提高系统可靠性和可用性：提高可靠性表现在计算机网络中的各计算机可以通过网络彼此互为后备机，一旦某台出现故障，故障机的任务就可由其他计算机代为处理，避免了无后备机情况下，某台计算机出现故障导致系统瘫痪的现象，大大提高了系统可靠性。提高计算机可用性是指当网络中某台计算机负担过重时，网络可将新任务转交给网络中较空闲的计算机完成，以均衡各计算机的负载，提高每台计算机的可用性。

（6）集中式管理：以网络为基础，人们可将从不同计算机终端上得到的各种数据收集起来，并进行整理和分析等综合处理。

7.1.3 计算机网络的分类

由于计算机网络的广泛使用，针对不同需求的各种类型的计算机网络也越来越多，对网络的分类方法也很多。

1）按覆盖范围分类

根据地理范围进行分类，计算机网络可以分为个人区域网、局域网、城域网和广域网。需要注意的是，这是一种不精确的分类标准，随着计算机网络技术的发展，它们之间的差异也在逐渐减小

（1）个人区域网：就是在个人工作的地方把属于个人使用的电子设备（如便携式计算机等）用无线技术连接起来的网络，因此也称为无线个人区域网，其范围在 10m 左右。

（2）局域网：一般是将微型计算机或工作站通过高速通信链路相连（速率通常在 10Mbit/s以上），地理上局限在较小的范围内（1km 左右）的计算机网络。一个大学校园范围内的计算机网络通常称为校园网。实质上校园网是由若干个小型局域网连接而成的一个规模较大的局域网，也可视校园网为一种介于普通局域网和城域网之间规模较大的、结构较复杂的局域网。

（3）城域网：作用范围一般是一个城市，可跨越几个街区甚至整个城市，其作用距离为 5～50km。城域网可以为一个或几个单位所拥有，但也可以是一种公用设施，用来多个局域网互联。

（4）广域网：也称为远程网，其作用距离从几十千米到几千千米。广域网通常覆盖一个国家、地区，或横跨几个洲，形成国际性的远程网络，一般用于将各局域网和小的广域网互联起来，构成一个大的广域网。

2）按交换方式分类

可以分为三类：电路交换、报文交换、分组交换。

（1）电路交换：最早出现在电话系统中，早期计算机网络就是采用此方式来传输数据的，数字信号经过变换成为模拟信号后才能在线路上传输。

（2）报文交换：一种数字化网络。当通信开始时，源机发出的一个报文被存储在交换器里，交换器根据报文的目的地址选择合适的路径发送报文。

（3）分组交换：采用报文传输，但它不是以不定长的报文作为传输的基本单位，而是将一个长的报文划分为许多定长的报文分组，并以分组作为传输的基本单位。这不仅大大简化了对计算机存储器的管理，而且也加速了信息在网络中的传播速度。由于分组交换优于电路交换和报文交换，具有许多优点，所以它已成为计算机网络的主流。

3）按拓扑结构分类

拓扑（topology）概念源自数学的图论，是一种研究与大小形状无关的点、线、面特点的方法。将网络中的计算机等设备抽象为点，将网络中的通信媒体抽象为线，从拓扑学角度来看计算机网络，它就是由点和线组成的几何图形，从而可抽象出计算机网络系统的具体结构。这种用拓扑学方法描述网络结构的方法被称为网络的拓扑结构。

（1）总线型拓扑结构：用一条称为总线的中央主电缆，将相互之间以线性方式连接的工作站

连接起来的布局方式称为总线型拓扑。总线型拓扑结构是一种共享通路的物理结构。这种结构中总线具有信息的双向传输功能，普遍用于局域网的连接，如图 7-5 所示。

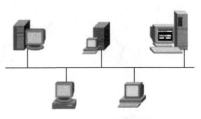

图 7-5　总线型拓扑结构

总线型拓扑结构的优点：容易扩充或删除一个节点，不需要停止网络的正常工作；节点的故障不会殃及系统；由于各个节点共用一条总线作为数据通路，信道的利用率高；结构简单灵活、便于扩充、可靠性高、响应速度快；设备量少、价格低、安装使用方便、共享资源能力强、便于广播式工作。缺点：因为信道共享，故连接的节点不宜过多，且总线自身的故障可以导致系统的崩溃。

（2）星型拓扑结构：以中央节点为中心与各节点连接而组成的，各个节点间不能直接通信，而是经过中央节点的控制进行通信，特别是近年来连接的局域网大都采用这种连接方式，如图 7-6 所示。

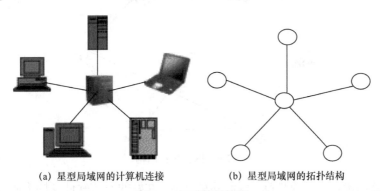

(a) 星型局域网的计算机连接　　　　(b) 星型局域网的拓扑结构

图 7-6　星型拓扑结构

星型拓扑结构的优点：安装容易、结构简单、费用低，通常以集线器作为中央节点，便于维护和管理。拓扑结构的缺点：共享能力较差、通信线路利用率不高、中央节点负担过重。

（3）环型拓扑结构：各节点通过环路接口连在一条首尾相连的闭合环形通信线路中，环路上任何节点均可以请求发送信息。请求一旦被批准，便可向环路发送信息。一个节点发出的信息必须穿越环中所有的环路接口，信息流中目的地址与环上某节点的地址相符时，即被该节点的环路接口所接收，而后信息继续流向下一环路接口，一直流回到发送该信息的环路接口节点为止，这种结构特别适用于实时控制的局域网系统，如图 7-7 所示。

环型拓扑结构的优点：传输速率高，传输距离远，各节点的地位和作用相同，各节点传输信息的时间固定，容易实现分布式控制；缺点是站点故障会引起整个网络的崩溃。

（4）树型拓扑结构：一种按照层次进行连接的分级结构。在树型拓扑结构中，信息交换主要在上、下节点之间进行，相邻节点或同层节点一般不进行数据交换，如图 7-8 所示。

树型拓扑结构的优点是容易扩展、故障也容易分离处理；缺点是整个网络对根的依赖性很大，一旦网络的根发生故障，整个系统就不能正常工作。

（5）网状拓扑结构：将多个子网或多个网络连接起来构成网状拓扑结构。在一个子网中，用集线器、中继器将多个设备连接起来，而桥接器、路由器及网关则将子网连接起来，如图 7-9 所示。

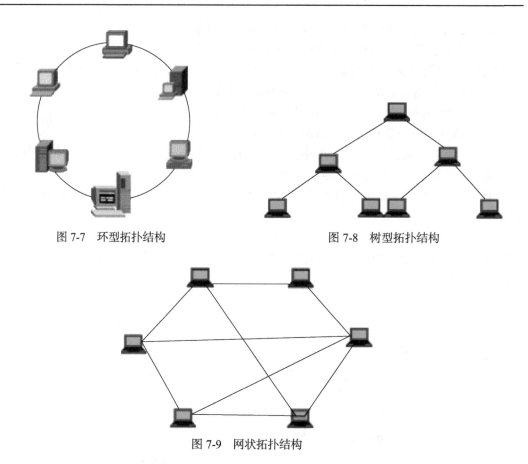

图 7-7　环型拓扑结构　　　　　　图 7-8　树型拓扑结构

图 7-9　网状拓扑结构

网状拓扑结构优点是可靠性高、资源共享方便、在好的通信软件支持下通信效率高；其缺点是价格昂贵、结构复杂、软件控制麻烦。

（6）其他分类方式：除了上述几种分类方法外，还有一些常见分类方法，按网络使用途径可以分为公用网和专用网；按网络组件关系可以分为对等网和基于服务器的网络；按传输媒体可以分为有线网和无线网等。

7.1.4　计算机网络的组成

计算机网络系统由网络硬件和网络软件构成。

1. 网络硬件

计算机网络硬件是计算机网络的物质基础。一个计算机网络就是通过网络设备和通信线路将不同地点的计算机及其外围设备在物理上连接实现的。网络硬件主要包括计算机、传输介质、网络连接设备等。

1）计算机

根据网络中计算机的作用，可将计算机分为服务器和工作站。

（1）服务器：在计算机网络中，服务器是专门用于提供服务的计算机。服务器是网络控制的核心，其性能直接影响着网络的整体性能。在网络环境下，根据服务器所提供的服务类型的不同，一般服务器可以分为文件服务器、域名服务器、数据库服务器、打印服务器和通信服务器等多种。

（2）工作站：在计算机网络中，工作站是指那些只使用服务器提供的服务，而不提供网络服务的计算机。工作站是用户入网操作的节点。用户既可以运行工作站上的网络软件共享网络上的公共资源，也可以不进入网络而单独工作。工作站一般是普通微机。

2）传输介质

网络传输介质是指在网络中传输信息的载体，常用传输介质分为有线传输介质和无线传输介质两大类。不同的传输介质，其特性也各不相同，它们的不同特性对网络中的数据通信质量和通信速度有较大影响。常见的有线介质有双绞线、同轴电缆和光缆等。

（1）双绞线。双绞线就是两条相互绝缘的导线按一定距离绞合到一起，它可使外部的电磁干扰降到最低限度以保护数据信息，如图 7-10 所示。

双绞线既能用于传输模拟信号，也能用于传输数字信号，其带宽取决于铜线的直径和传输距离。但是许多情况下，几千米范围内的传输速率可以达到几 Mbit/s。由于其性能较好且价格便宜，双绞线得到广泛应用。双绞线可以分为非屏蔽双绞线和屏蔽双绞线两种，屏蔽双绞线性能优于非屏蔽双绞线。

（2）同轴电缆。同轴电缆指有两个同心导体，且导体和屏蔽层共用同一轴心的电缆。最常见的同轴电缆由绝缘材料隔离的铜线导体组成，在里层绝缘材料的外部是另一层环形导体及其绝缘体，然后整个电缆由聚氯乙烯或特氟纶材料的护套包住，如 7-11 所示。同轴电缆的抗干扰性比双绞线强，传输速率与双绞线相当，但价格较高。

（3）光缆。光缆是一定数量的光纤按照一定方式组成缆芯，外包有护套，有的还包覆外护层，用以实现光信号传输的一种通信线路，如图 7-12 所示。按照传输性能、距离以及用途的不同，光缆可以分为用户光缆、市话光缆、长途光缆和海底光缆。

　　　图 7-10　双绞线　　　　　　　图 7-11　同轴电缆　　　　　　图 7-12　光缆

在计算机网络中，无线传输可以突破有线网的限制，利用空间电磁波实现站点之间的通信，可以为广大用户提供移动通信。无线传输的介质包括无线电波、红外线、微波、卫星和激光。在局域网中，通常只使用无线电波和红外线作为传输介质。无线传输介质通常用于广域互联网的广域链路的连接。

（1）微波通信：利用地面微波进行。由于地球表面呈弧形曲面，而微波沿直线传播，所以若微波塔相距太远，地表就会挡住去路。因此，隔一段距离就需要一个中继站，微波塔越高，传的距离越远。微波通信被广泛用于长途电话通信、监察电话、电视传播和其他方面的应用，如图 7-13 所示。

（2）卫星通信：简单地说就是地球上（包括地面和低层大气中）的无线电通信站之间利用卫星作为中继而进行的通信，如图 7-14 所示。

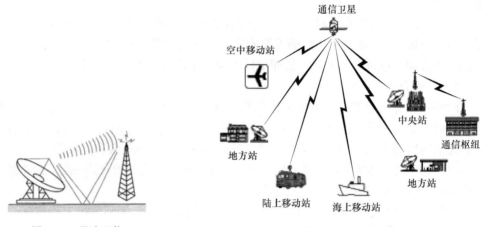

图 7-13　微波通信　　　　　　　　　　图 7-14　卫星通信

（3）无线电波和红外线通信：无线电波是指在自由空间（包括空气和真空）传播的射频频段的电磁波。无线电技术是通过无线电波传播声音或其他信号的技术，如图 7-15 所示。

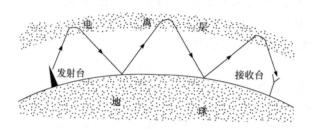

无线电波的传播图

图 7-15　无线电波

红外线通信是一种利用红外线传输信息的通信方式，可传输语言、文字、数据、图像等信息，如图 7-16 所示。

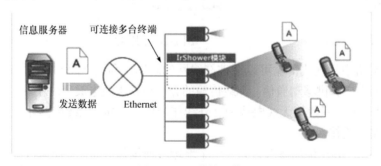

图 7-16　红外线通信

3）网络连接设备

网络连接设备是把网络中的通信线路连接起来的各种设备的总称，这些设备包括网络适配器、调制解调器、集线器、交换机和路由器等。

（1）网络适配器：如图 7-17 所示，也称为网卡或网络接口卡（network interface card，NIC），是工作在链路层的网络组件，是局域网中连接计算机和传输介质的接口，不仅能实现与局域网传输介质之间的物理连接和电信号匹配，还涉及帧的发送与接收、帧的封装与拆封、介质访问控制、数据的编码与解码以及数据缓存的功能等。

（2）调制解调器：图 7-18 所示俗称"猫"，是一种计算机硬件，它能把计算机的数字信号翻译成可沿普通电话线传送的模拟信号，而这些模拟信号又可以被线路另一端的另一个调制解调器接收，并译成计算机可懂的语言。这一简单过程完成了两台计算机间的通信。不同的应用场合、不同的传输媒体，使用不同的调制解调器，如电话调制解调器、ADSL 调制解调器、光纤调制解调器等。

图 7-17　PCI 网卡

图 7-18　光纤调制解调器

（3）集线器：构成局域网的最常用的连接设备之一。集线器是局域网的中央设备，它的每一个端口可以连接一台计算机，局域网中的计算机通过它来交换信息。常用的集线器可通过网线与网络中计算机上的网卡相连，每个时刻只有两台计算机可以通信，如图 7-19 所示。

（4）交换机：又称交换式集线器，在网络中用于完成和与它相连的线路之间的数据单元交换，是一种基于 MAC（网卡的硬件地址）识别，完成封装、转发数据包功能的网络设备。在局域网中可以用交换机来代替集线器，其数据交换速度比集线器快得多。这是因为交换机存储着网络内所有计算机的硬件地址表，通过检查数据帧发送地址和目的地址，在发送计算机和接收计算机之间建立临时的交换路径，可以使数据帧直接由源计算机到达目的计算机，如图 7-20 所示。

图 7-19　集线器

图 7-20　交换机

（5）路由器：一种连接多个网络或网段的网络设备，它能将不同网络或网段之间的数据信息进行"翻译"，以使它们能够相互"读"懂对方的数据，实现不同网络或网段间的互联互通，从而构成一个更大的网络，如图 7-21 所示。

图 7-21　路由器

2. 网络软件

网络软件一般是指网络操作系统、网络通信协议及提供网络服务功能的网络应用软件。

1）网络操作系统

具有网络功能的操作系统称为网络操作系统。网络操作系统是网络的灵魂和心脏，是向网络上的其他计算机提供服务的特殊的操作系统。目前应用较为广泛的网络操作系统有微软公司的 Windows Server 系列、诺威尔（Novell）公司的 NetWare、UNIX 和 Linux 等。

2）网络通信协议

网络通信协议是一种网络通用语言，为连接不同网络操作系统和不同硬件体系结构的计算机网络提供通信支持，是一种网络通用语言，如 NetBEUI、IPX/SPX、TCP/IP 等。

（1）NetBEUI：一种短小精悍、通信效率高的广播型协议，安装后不需要设置，特别适合于在"网络邻居"传送数据。

（2）IPX/SPX：Novell 公司的通信协议集。IPX/SPX 具有强大的路由功能，适用于大型网络。当用户端接入 NetWare 服务器时，IPX/SPX 及其兼容协议是最好的选择。但是在没有采用诺威尔公司通信协议的网络环境中，IPX/SPX 一般不使用。

（3）TCP/IP：一组包括了一百多个不同功能的工业标准协议，其中最主要的协议是 TCP 和 IP。TCP/IP 具有很强的灵活性，支持任意规模的网络，几乎可以连接所有服务器和工作站。其中，TCP 用于保证被传送信息的完整性，IP 负责将消息从一个地方传送到另一个地方。

3）网络应用软件

能够为网络用户提供各种服务的软件，它用于提供或获取网络上的共享资源，如浏览软件、传输软件及远程登录软件等，它是目前种类最多、变化最快、用户最关心的一类网络软件。

7.2 Internet 基础

7.2.1 Internet 简介

Internet 的中文正式译名为因特网，又称为国际互联网，它是由那些使用公用语言互相通信的计算机连接而成的全球网络。一旦用户连接到它的任何一个节点上，就意味着用户的计算机已经连入 Internet 了。

Internet 提供的服务有以下几类。

（1）WWW 服务：万维网（world wide web，WWW）是 Internet 上的一个大型信息媒介，由分布在全球的 Web 服务器组成的超文本资源大集合，是人们登录 Internet 后最常利用到的 Internet 的功能。人们连入 Internet 之后，有一半以上的时间都是在与各种各样的 Web 页面打交道，可以浏览、搜索、查询各种信息，可以发布自己的信息，可以与他人进行实时或者非实时的交流，可以游戏、娱乐、购物等。

（2）电子邮件：电子邮件是 Internet 上使用最多的网络通信工具之一。用户可通过 E-mail 系统与世界上任何地方的朋友交换电子邮件，不论对方在哪个地方，只要他也可以连入 Internet，那么发送的信只需要几秒钟或十几秒钟时间就可以到达对方邮箱。电子邮件内容可以是文字、图像、声音等多种形式。

（3）文件传输服务：Internet 上常有大量文件需要传输，文件传输协议（FTP）能使用户能登录到 Internet 的一台远程计算机，把其中的文件传送回自己的计算机系统，或者反过来，把本地计算机上的文件传送并装载到远方的计算机系统。

（4）远程登录（Telnet）服务：指通过 Internet 进入和使用远距离的计算机系统，就像使用本地计算机一样。远端的计算机可以在同一间屋子里，也可以远在数千千米之外，使用的工具是 Telnet。远程登录成功后，执行登录的计算机就成为远端计算机的终端，可实时使用远程计算机上对外开放的全部资源。

（5）电子公告栏（BBS）：也是一项受广大用户欢迎的服务项目，用户可以在 BBS 上留言、发表文章、阅读文章等。

（6）网络新闻（NewsGroup）：又称电子新闻或新闻组，与 BBS 类似，它也是提供了一个场所，让对某个问题感兴趣的各个用户之间进行提问、回答、评论及其他信息交流。

7.2.2　TCP/IP 协议

TCP/IP 协议是 Internet 最基本的协议。TCP/IP 包括 100 多个不同功能的协议，其中最主要的是 TCP 和 IP。IP（internet protocol，互联协议）负责将消息从一个地方传送到另一个地方。TCP（transmission control protocol，传输控制协议）用于保证被传送信息的完整性。

TCP/IP 采用分层结构，共分成以下四层，图 7-22 所示为 TCP/IP 的四层结构示意图。提出这些模型结构，主要是为了细分网络各个模块的功能。

（1）应用层：提供面向用户的应用协议。例如，简单电子邮件传输协议（SMTP）、文件传输协议（FTP）、网络远程访问协议（Telnet）等。

（2）传输层：提供端到端的通信。主要功能是数据格式化、数据确认和丢失重传等。例如，TCP、用户数据报协议（UDP）等，TCP 和 UDP 给数据包加入传输数据并把它传输到下一层中，这一层负责传送数据，并且确定数据已被送达并接收。

TCP/IP四层概念模型	对应网络协议
应用层	HTTP、FTP、SMTP、Telnet
传输层	TCP、UDP
网络层	IP
链路层	以太网

图 7-22　TCP/IP 的四层结构示意图

（3）网络层：负责不同网络或者同一网络中计算机之间的通信，主要处理数据报和路由。网络层的核心是 IP。

（4）链路层：负责与物理网络的连接。它包含所有现行网络访问标准，如以太网、ATM 等。

几个关键协议说明如下。

（1）IP 协议：TCP/IP 协议族中的网络层协议，主要作用是将不同类型的物理网络互联在一起。为了达到这个目的，需将不同格式的物理地址转换为统一的 IP 地址，将不同格式的帧（物理网络传输的数据单元）转换为"IP 数据报"，从而屏蔽下层物理网络的差异，向上层传输层提供 IP 数据报，实现无连接数据报传送服务。

（2）TCP 协议：面向连接的通信协议，在两个网络节点之间通过三次握手建立连接，通信完成时要拆除连接。由于 TCP 是面向连接的，所以只能用于端到端的通信。TCP 提供的是一种可靠数据流服务，采用"带重传的肯定确认"技术来实现传输的可靠性。

（3）UDP 协议：面向无连接的通信协议，UDP 数据包括目的端口号和源端口号信息，由于通信不需要连接，所以可实现广播发送。UDP 通信时不需要接收方确认，属于不可靠的传输，可能会出现丢包现象，实际应用中要求程序员编程验证。

7.2.3　IP 地址

Internet 通过路由器将成千上万个不同类型的物理网络互联在一起，是一个超大规模的网络。为了使信息能够准确到达 Internet 上指定的目的节点，必须给 Internet 上每个节点（主机、路由器等）指定一个全局唯一的地址标识，就像每一部电话都具有一个全球唯一的电话号码一样。在 Internet 通信中，可以通过 IP 地址和域名，实现明确的目的地指向。

IP 地址是 IP Address 的中文译名，是 IP 提供的一种统一的地址格式，为互联网上的每一个网络和每一台主机分配一个逻辑地址（每个 IP 地址在 Internet 上是唯一的），以此屏蔽物理地址的差异，使得 Internet 从逻辑上看起来是一个整体的网络。IP 主要有两个版本：IPv4 和 IPv6。目前被 Internet 广泛使用的是 IPv4。

1）IP 地址结构

IP 地址由网络 ID 和主机 ID 两部分组成，如图 7-23 所示。每个 IP 地址都包含这两部分，网络 ID 标识在同一个物理网络上的所有主机，主机 ID 标识该物理网络上的每一个主机，这样整个 Internet 上的每个计算机都依靠各自唯一的 IP 地址来标识。

网络地址	主机地址

图 7-23　IP 地址结构

2）IPv4 表示方法

IPv4 中 IP 地址共 32 位，采用"点分十进制法"表示，即地址被符号"."划分成 4 段十进制数，每段数字的取值只能在 0～255 之间，如 202.117.144.2、192.168.0.110 等。

3）IP 地址分类

最初设计互联网络时，为便于寻址以及层次化构造网络，每个 IP 地址包括两个标识码，即网络 ID 和主机 ID。同一个物理网络上的所有主机都使用同一个网络 ID，网络上的每一个主机（包括网络上的工作站、服务器和路由器等）都有一个主机 ID 与其对应。Internet 委员会定义了 5 种 IP 地址类型以适应不同容量的网络，即 A 类～E 类，其中 A、B、C 三类最常用，如图 7-24 所示，D、E 类为特殊地址。

A类	0	网络地址(7位)	主机地址(24位)	
B类	10	网络地址(14位)	主机地址(16位)	
C类	110	网络地址(21位)	主机地址(8位)	

图 7-24　IP 地址分类

A 类：第 1 个字节为网络地址，后 3 个字节为主机地址；网络地址的最高位必须是"0"。A 类 IP 地址中网络地址的取值范围为 0～126，主机地址 24 位。因此，A 类地址适用于主机多的网络，每个这样的网络可容纳 $2^{24}-2 = 16777214$ 台主机。

B 类：前 2 个字节为网络地址，后 2 个字节为主机地址；网络地址的最高位必须是"10"。B 类 IP 地址中第 1 个字节的取值范围为 128～191，主机地址 16 位，是一个可容纳 $2^{16}-2 = 65534$ 台主机的中型网络，这样的网络有 $2^{14} = 16384$ 个。

C 类：前 3 个字节为网络地址，最后 1 个字节为主机地址；网络地址的最高位必须是"110"。C 类 IP 地址中第 1 个字节的取值范围为 192～223，主机地址 8 位。这是一个可容纳 $2^8-2 = 254$ 台主机的小型网络，这样的网络有 $2^{21} = 2097152$ 个。

对于因特网，IP 地址中特定的专用地址有特殊的含义：

（1）主机地址全为"0"。不论哪一类网络，主机地址全为"0"表示指向本网，常用在路由表中。

（2）主机地址全为"1"。主机地址全为"1"表示广播地址，向特定的所在网上的所有主机发送数据包。

（3）4 字节 32 位全为"1"。如果 IP 地址 4 字节 32 位全为"1"，表示仅在本网内进行广播发送。

（4）网络号 127。TCP/IP 协议规定网络号 127 不可用于任何网络。其中，有一个特别地址 127.0.0.1，称之为回送地址（loopback address），它将信息通过自身的接口发送后返回，可用来测试端口状态。

4）IP 地址的分配和管理

为保证 Internet 中每台主机的 IP 地址的唯一性，IP 地址不能随意定义，Internet 上主机的 IP 必须向 Internet 域名与地址管理机构（ICANN）提出申请才能得到。

5）IPv6 简介

IPv4 为 TCP/IP 族和整个 Internet 提供了基本的通信机制。在 IPv4 中，IP 地址理论上可标识的地址数为 2^{32} = 4294967296 个，但采用 A、B、C 三类编址方式后，可用的地址数目实际上已经远远不能满足 Internet 蓬勃发展的要求，严重制约了互联网的应用和发展。因此，互联网工程任务组设计出下一代网际协议规范 IPv6。

IPv6 最大的变化就是使用了更大的地址空间，IPv6 地址长度为 128 位，而 IPv4 仅 32 位。这种方案被认为足够在可以预测的未来使用。IPv6 二进位制下为 128 位长度，以 16 位为一组，每组以冒号“:”隔开，可以分为 8 组，每组以 4 位十六进制方式表示。例如，2001:0db8:85a3:08d3:1319:8a2e:0370:7344 是一个合法的 IPv6 地址。

IPv6 并非简单的 IPv4 升级版本。作为互联网领域迫切需要的技术体系、网络体系，IPv6 比任何一个局部技术都更为迫切和急需。这是因为，其不仅能够解决互联网 IP 地址的大幅短缺问题，还能够降低互联网的使用成本，带来更大的经济效益，并更有利于社会进步。

（1）在技术方面，IPv6 能让互联网变得更大。当前的互联网基于 IPv4 协议，全球 IPv4 地址即将分配殆尽，而随着互联网技术发展，各行各业乃至个人对 IP 地址的需求还在不断地增长。在网络资源竞争的环境中，IPv4 地址已经不能满足需求。

（2）在经济方面，IPv4 限制了接入互联网的设备的数量，IPv6 扫清了这个障碍，为物联网产业发展提供巨大空间，它将服务于众多硬件设备，如家用电器、传感器、汽车等。它将无时不在、无处不在地深入社会的每个角落，其经济价值不言而喻。

（3）在社会方面，IPv6 还能让互联网变得更快、更安全。下一代互联网将把网络传输速度提高 1000 倍以上，基础带宽可能会是 40Gbps 以上。IPv6 使得每个互联网终端都可拥有一个独立的 IP 地址，保证了终端设备在互联网上具备唯一真实“身份”。

当然，IPv6 不可能解决所有问题，但从长远看，IPv6 有利于互联网的持续健康发展。

7.2.4　域名系统

IP 地址解决了 Internet 的地址编制问题，计算机可很容易地使用 IP 地址找到主机。一般来说，用户很难记住由数字表示的 IP 地址，如“202.113.19.122”。但是，如果告诉用户：陕西师范大学 WWW 服务器地址用一串字符表示为“www.snnu.edu.cn”，每个字符都代表着一定的意义，且在书写上也有一定的规律，这样用户就比较容易理解，同时也比较容易记忆，因此就提出了域名的概念。

Internet 域名结构由 TCP/IP 协议集的域名系统（domain name system，DNS）定义。域名系统将整个 Internet 划分为多个顶级域，且为每个顶级域规定了通用的顶级域名。顶级域名采用两种分配模式：组织模式与地理模式。地理模式是为每个国家或地区所设置的，如 cn 代表中国、uk 代表英国等，如表 7-1 所示；组织模式定义了不同的机构分类，主要包括 com（商业组织）、net（网络机构）、edu（教育机构）等，如表 7-2 所示。顶级域名下定义了二级域名结构，如在中国的顶级域名 cn 下又设立了 com、net、org、gov、edu 等组织机构类二级域名；按照各个行政区划分的地理域名，如 bj 代表北京，sh 代表上海等。

网络信息中心（NIC）将顶级域名的管理权授予指定的管理机构，各管理机构再为它们管理的域分配二级域名，并将二级域名的管理权授予下属的管理机构，这样就形成了层次结构的 Internet 域名结构，如图 7-25 所示。Internet 域名采用层次结构的优点：各个组织在域的内部可以自由选择域名，只需要保证该域名在自己域中的唯一性即可，不用担心与其他域中的域名冲突。

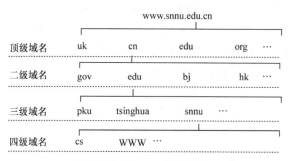

图 7-25　Internet 域名结构

表 7-1　以国别区分的部分顶级域名

序号	顶级域名（字母序）	含义
1	au	澳大利亚
2	br	巴西
3	ca	加拿大
4	cn	中国
5	de	德国
6	es	西班牙
7	fr	法国
8	jp	日本
9	uk	英国

表 7-2　组织机构型域名

序号	顶级域名（字母序）	含义
1	com	商业组织
2	edu	教育机构
3	gov	政府部门
4	info	信息服务
5	net	网络机构
6	org	非营利组织
7	web	WWW 相关单位
8	int	国际机构
9	mil	军事类

每个域名与一个 IP 地址相互对应。Internet 中的路由器并不能识别域名，只能通过 IP 地址实现分组的转发，因此需要将域名转换为 IP 地址，这个过程称为域名解析。域名解析可能需要经过多个域名服务器，图 7-26 给出了域名服务的工作原理。例如，源主机要访问域名为 "www.snnu.edu.cn" 的主机，它首先要向主 DNS 服务器发送名字查询请求；如果主 DNS 服务器查询到对应的 IP 地址为 "202.117.144.45"，则向该主机返回包含 IP 地址的查询响应；否则，主 DNS 服务器向其他 DNS 服务器发送查询请求。在源主机得到目的主机的 IP 地址后，就可以通过该 IP 地址访问目的主机了。

7.2.5　接入 Internet

ISP（Internet Service Provider，互联网服务提供商）是 Internet 接入服务提供者，通过接入服务器与用户计算机建立连接，以便用户能够使用各种 Internet 服务。ISP 的工作原理图如图 7-27 所示。

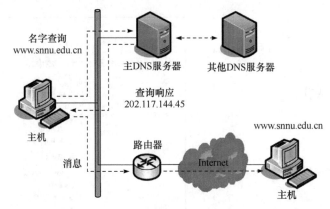

图 7-26 域名服务的工作原理

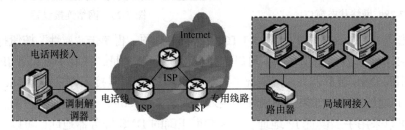

图 7-27 ISP 的工作原理

用户只有将自己的计算机接入 Internet，才能使用 Internet 提供的各种服务。接入 Internet 的基本方式有两类：宽带/拨号上网和局域网接入。

（1）宽带上网是指用户计算机使用宽带连接设备（ADSL modem），通过普通电话线与 ISP 建立连接，然后通过 ISP 的线路接入 Internet。拨号上网是指用户计算机使用调制解调器（modem），通过电话网中的电话线与 ISP 建立连接，然后通过 ISP 的线路接入 Internet。宽带与拨号上网都使用普通电话线，但是这两种方式使用的接入设备不同，宽带上网提供的传输速率比拨号上网快得多。

（2）局域网接入是指用户计算机位于局域网中，使用路由器通过数据通信网与 ISP 连接，然后通过 ISP 的线路接入 Internet。数据通信网包括很多种类型，如数字数据网（digital data network，DDN）与帧中继等，都由 ISP 来运行与管理。用户采用局域网方式接入 Internet 时，租用线路上的费用会比较高，通常是具有一定规模的网络（如企业网或校园网）才会采用这种方式接入，其目的如下：

① 通过 Internet 提供某种类型的信息服务；

② 通过 Internet 实现企业网或校园网的互联；

③ 获得更大的带宽，以保证数据传输的可靠性；

④ 在单位内部配置自己管理的电子邮件服务器等。

下面以 Windows 10 为例，说明接入 Internet 的具体步骤。

（1）右击开始菜单，选择"设置"项，打开"Windows 设置"窗口。

（2）在"Windows 设置"窗口中选择"网络和 Internet"，在打开的窗口中选择"状态"项，可查看当前计算机的网络状态，如图 7-28 所示。

（3）在"高级网络设置"中选择"更改适配器选项"，打开的窗口如图 7-29 所示，再右击某个要配置的网络适配器，在菜单中选择"属性"打开网络连接配置窗口，如 7-30 所示。

图 7-28　网络状态窗口

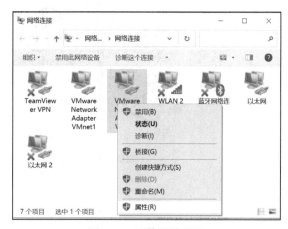

图 7-29　网络连接设置

（4）单击选中"Internet 协议版本 4（TCP/IPv4）"选项，再单击"属性"按钮打开属性设置窗口，如 7-31 所示。在这个窗口中，可以选择自动获得 IP 地址，或者手工设置 IP 地址；且可以配置所使用的 DNS 服务器。一般情况下，如果采用宽带/拨号接入方式连接 Internet，则需采用自动获得 IP 地址方式；如果采用局域网接入方式连接 Internet，则既可以采用自动获得 IP 地址方式，也可以采用手工设置 IP 地址。如果知道正确的 DNS 服务器地址，可以如实填写；如果不知道，则可以不填 DNS 服务器地址，这时系统会自动寻找最近而且可用的 DNS 来使用。

图 7-30　适配器属性窗口

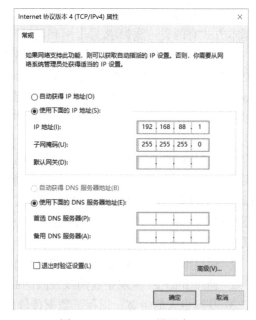

图 7-31　TCP/IPv4 设置窗口

7.3　Internet 应用

7.3.1　万维网

随着计算机网络技术的发展，人们对信息的获取已不再满足于传统媒体那种单向传输的获取方式，而希望具有更多的主观选择和交互，能够更加及时、迅速和便捷地获取信息。在万维网流行之前，网络上也能提供各种类别的信息资源，但往往需要用户使用专门的软件或协议。1993 年，万维网技术有了突破性进展，解决了远程信息服务中的文字显示、数据连接及图像传递问题。随后万维网逐渐流行起来，成为 Internet 上使用最广泛的一种应用。

1. 万维网的基本组成

WWW 即万维网，也称为 Web、3W 网等，是指在 Internet 上以超文本为基础形成的信息网（主要表现为各个网站及其超级链接关系）。Web 和 Internet 两词常被混淆，但两者之间是有区别的。Internet 主要侧重硬件的网络连接和诸如 E-mail 等的网络应用；而 Web 主要指存储在 Internet 上的信息，信息主要以网页的形式存在，并相互之间通过超链接进行指向。这种 Internet 上的信息指向就像一个无形的"蜘蛛网"，即 Web。

从用户角度来看，万维网就是一个全球范围内 Web 页面的集合，这些 Web 页面简称为"网页"。网页中一般含有文字、图像、动画、声音等元素，通过超文本链接可实现页面间的跳转，用户可跟随超级链接来到它所指向的页面，从而获取到互动的、丰富多彩的资源。万维网将大量信息分布于整个 Internet 上，以客户端（Client）/服务器（Server）方式工作，如图 7-32 所示。

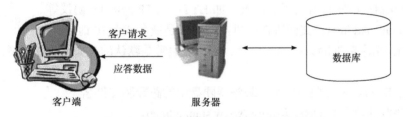

图 7-32　WWW 的客户/服务器工作模式

服务器指的是 Web 服务器或网站，在服务器上存储着 HTML 格式或其他类似格式的网页文件和图片等多媒体资源；客户端为用户执行浏览程序［如 IE（Internet Explorer）］的计算机，通过通信协议 HTTP 和服务器沟通并读取服务器的数据。

超文本传输协议（HTTP）是用于从 Web 服务器传输超文本到本地浏览器的传送协议。它可以使浏览器更加高效，使网络传输减少。它不仅保证计算机正确快速地传输超文本文档，还确定传输文档中的哪一部分，以及哪部分内容首先显示（如文本先于图形）等。图 7-33 表示了用户在访问清华大学网站时的工作过程。

2. 统一资源定位符

统一资源定位符（uniform resource locator，URL）是对可以从互联网上得到的资源的位置和访问方法的一种简洁的表示，是互联网上标准资源的地址。互联网上的每个文件都有一个唯一的 URL，它包含的信息指出文件的位置以及浏览器应该怎么处理它。URL 由资源类型、存放资源的主机域名和资源文件名构成。

URL 的标准格式为 Protocol://Machine Address:Port/Path/Filename。

说明：

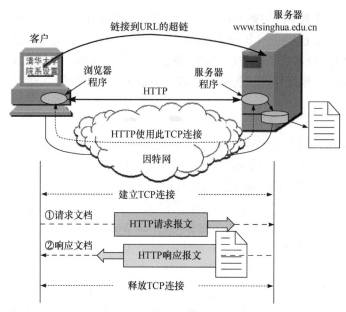

图 7-33　访问清华大学网站的工作过程

（1）Protocol：访问时所使用的协议，如 HTTP、FTP、mailto 协议等。

（2）Machine Address：文档所在的机器，可以是域名或者 IP 地址。

（3）Port：请求数据的数据源端口号，端口号通常是默认的（如 ftp 的 20 端口），默认端口一般省略。

（4）Path/Filename：网页在 Web 服务器硬盘中的路径和文件名。

例如，陕西师范大学 URL 为 http://www.snnu.edu.cn。

3. FTP

文件传输协议（file transfer protocol，FTP）使得主机间可以共享文件，如图 7-34 所示。FTP 使用 TCP 生成一个虚拟链接用于传输控制信息，然后再生成一个单独的 TCP 链接用于数据传输。FTP 是 TCP/IP 网络上两台计算机传送文件的协议，是在 TCP/IP 网络和 Internet 上最早使用的协议之一。FTP 客户机可以给服务器发出命令来下载文件、上传文件以及创建或改变服务器上的目录。用户可通过 FTP 服务器的地址访问并使用 FTP 服务，用户通常使用浏览器来访问某 FTP 服务器。

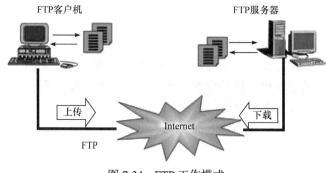

图 7-34　FTP 工作模式

4. 浏览器的使用

1）浏览器简介

浏览器是指可以显示网页或者文件系统的 HTML 文件内容，并让用户与这些文件交互的一种软件。浏览器主要通过 HTTP 与网页服务器交互并获取网页，这些网页由 URL 指定。一个网页中可包括多个文档，每个文档都是分别从服务器获取的。大部分浏览器本身支持除了 HTML 之外的广泛的格式，如 JPEG、PNG、GIF 等图像格式，并且能够扩展支持众多的插件（plug-ins）。另外，许多浏览器还支持其他的 URL 类型及其相应的协议，如 FTP、Gopher、HTTPS。HTTP 内容类型和 URL 协议规范允许网页设计者在网页中嵌入图像、动画、视频、声音、流媒体等。个人计算机上常见的网页浏览器包括微软的 IE、Firefox、Safari、Opera、Chrome、360 安全浏览器、搜狗高速浏览器、腾讯 TT 浏览器、傲游浏览器、百度浏览器等。

2）Microsoft Edge 的使用

Microsoft Edge 浏览器是微软公司集成在 Windows 10 操作系统上的浏览器，如图 7-35 所示，之前 Windows 系统中集成的都是 IE 浏览器。

图 7-35　Microsoft Edge 浏览器应用界面

Microsoft Edge 浏览器中，除了包含必要的地址栏外，还有"收藏夹"和"用户配置"等用户常用菜单。单击"收藏夹"可以打开浏览器的收藏文件夹，方便用户快速选择期望访问的网址。浏览器的收藏文件夹设计是用来存放用户期望再次访问的网址的。

单击"用户配置"打开用户配置窗口，如图 7-36 所示，其主要功能说明如下：

（1）新建标签页和新建窗口：前者是指在同一个浏览器窗口内新建一个标签页，用户可在地址栏中输入地址，访问新的网页；后者是指新建一个浏览器窗口，然后用户在地址栏中输入地址，访问新的网页。

（2）缩放：通过"+"或"−"按钮可以对网页进行缩放调试，放大或缩小显示的文字、图片等网页中包含的内容。

（3）历史记录：存放了用户访问网页的历史记录，是以时间为序进行排列的。

图 7-36　"用户配置"窗口

（4）下载：存放了用户下载的记录，仍然是以时间为序进行排列的。

（5）打印：用于打印网页。

（6）网页捕获：提供了复制局部网页的功能，复制的内容放置在系统的粘贴板中。

（7）设置：单击"设置"可以打开浏览器的设置窗口，如图 7-37 所示，可以完成浏览器属性设置。

（8）帮助和反馈：菜单为深入了解 Microsoft Edge 浏览器的使用提供了入口。

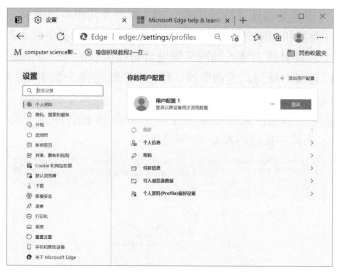

图 7-37　浏览器设置窗口

当需要保存网页上的某幅图片时，可以在该图片上右击，在弹出的快捷菜单中选择"将图像另存为"命令来保存该图片，如图 7-38 所示。

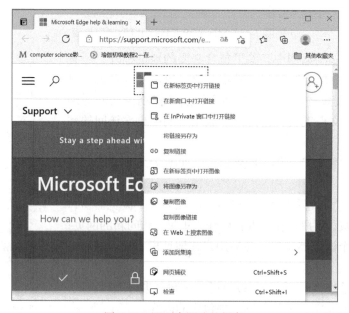

图 7-38　网页中图片的保存

如图 7-37 所示，单击"启动时"打开的窗口如图 7-39 所示，可设置新建一个标签页时默认打开的网页；单击"Cookie 和网站权限"打开的窗口如图 7-40 所示，可设置指定网站的安全访问方式及受限站点等。

图 7-39　　"启动时"设置窗口

图 7-40　　"Cookie 和网站权限"设置窗口

3）信息检索

通过 Internet 进行信息检索的一个重要手段就是使用搜索引擎，搜索引擎既有供用户检索的界面，又有供检索服务的网站，所以可以把搜索引擎称为 Internet 上具有检索功能的软件。搜索引擎的使用技巧：

（1）正确选择搜索引擎。当用户尚未形成明确的检索概念，或仅对某一专题做泛泛浏览时，可先用目录搜索引擎的合适类目进行逐个浏览，直到发现相关的网址。若需进一步检索，则再从这些网址中寻找合适的检索关键词，利用全文搜索引擎或元搜索引擎进行检索。当用户已经明确了检索词，但对全文搜索引擎不够熟悉或想节省在多个全文搜索引擎之间进行转换的时间时，可选用元搜索引擎做试探性的起始搜索。

（2）选择合适的关键词。关键词是搜索引擎对网页进行分类的依据，选择合适的关键词可以用较短的时间检索到更多的信息，关键词的选择可以从以下几个方面考虑：

第一，明确使用布尔运算符。各搜索引擎一般都支持使用布尔运算符进行检索。布尔运算符主要包括"与""或""非"，不同的搜索引擎有不同的表示方法。通常，用户在检索时需要用不同的布尔运算符把检索词与检索词连接起来，这样可以更为准确地表达检索要求，使检索结果更符合用户要求。

第二，用双引号进行精确检索。当用户输入较长的检索词时，搜索引擎往往会反馈大量不需要的信息。如果要查找的是一个特定的词组、短语或一句确定的句子，最好的办法就是将它们加上西文双引号，这样得到的结果会完全符合双引号中的关键词，精确度更高。

第三，避免使用太常见的关键词。搜索引擎对常见的检索存在缺陷，因为这些词出现的频率高，用它们进行检索往往无法找到有用的内容。当检索结果太多太乱时，应该尝试使用更多的关键字，或使用布尔运算符"非"来缩小检索范围。

第四，尝试使用近义词。如果检索返回的结果较少，可以适当扩大检索范围。除了去掉一些修饰词外，还可以尝试使用近义词，如用"计算机"代替"电脑"就可以找到不同的信息。

4）合理利用"网页快照"

在利用 Internet 检索信息时，经常会遇到检索到的网页无法打开的情况，原因可能是网站已经搬走，转向地址未知，或是该网页已经从搜索引擎的数据库中删除了。例如，检索时使用的是谷歌、百度、必应等搜索引擎，在每个检索结果后发现类似"网页快照""缓存页"等超级链接，单击超级链接就可观看网页的快照，而且网页内的所有关键词都用不同的颜色进行了区分，比直接打开网页后慢慢查找要方便很多。

5）研究每种搜索引擎的帮助说明

谷歌、百度、必应等搜索引擎都提供了高级检索功能，有些还附有详细的使用说明及检索技巧。花点时间了解一下相关内容，将有助于快速、高效地检索到所需的信息资源。

7.3.2　电子邮件

1）电子邮件概述

电子邮件（E-mail）是一种用电子手段提供信息交换的通信方式。电子邮件利用计算机的存储、转发原理，克服时间、地理上的差距，通过计算机终端和通信网络进行文字、声音、图像等信息的传递，已成为 Internet 上使用最多和最受欢迎的服务之一。

电子邮件系统按客户端/服务器模式工作，它分为邮件服务器端和邮件客户端两部分。处理电子邮件的计算机称为邮件服务器，它包括接收邮件服务器和发送邮件服务器两种。

（1）接收邮件服务器。接收邮件服务器是将对方发给用户的电子邮件暂时寄存在服务器邮箱中，直到用户从服务器上将邮件取到自己计算机的硬盘上。多数接收邮件服务器遵循邮局协议（post office protocol version，POPv3），所以被称为 POPv3 服务器。

（2）发送邮件服务器。发送邮件服务器是让用户通过它们将用户写的电子邮件发送到收信人的接收邮件服务器中。发送邮件服务器遵循简单邮件传输协议（simple mail transfer protocol，SMTP）。SMTP 是最早出现的、目前使用最普遍最基本的电子邮件服务协议，主要保证电子邮件能够可靠高效地传送。

每个邮件服务器在 Internet 上都有一个唯一的 IP 地址，如 smtp.163.net、pop.163.net。发送和接收邮件服务器可以是同一台计算机。

2）E-mail 地址

通过邮局发信时，需要在信封上写上收信人和发信人的地址。E-mail 同样要求用户给出正确的地址，这样才能将邮件送到目的地。此外，与 E-mail 地址不可分割的概念有 E-mail 账号

（也可称为用户名）。E-mail 账号是用户在网上接收 E-mail 时所需的登录邮件服务器的账号，包括一个用户名和一个密码。

　　E-mail 地址结构：用户名@计算机名.组织结构名.网络名.最高层域名

　　用户名就是用户在站点主机上使用的登录名，@表示 at（即中文"在"的意思），其后是使用的计算机名和计算机所在域名。例如，dap@public.zz. ha. cn 表示用户名的 dap 在中国（cn）河南（ha）郑州（zz）ChinaNet 服务器上的电子邮件地址。

　　3）收发邮件方式

　　（1）使用电子邮件的用户可以在计算机中安装一个电子邮件客户端软件，如微软公司的 Outlook、Foxmail、网易邮箱等。这些软件在安装之后，需要配置邮件服务器信息，不同的邮件服务器有不同的 IP 地址，如 smtp.163.net、pop.163.net。

　　（2）通过 Web 方式收发电子邮件。提供邮件服务的网站有很多，如新浪、网易、腾讯、微软等都提供了免费和收费的邮箱服务。下面以腾讯 QQ 邮箱为例介绍如何在 Web 页面上进行电子邮件收发。

　　首先，在浏览器地址栏中输入地址"mail.qq.com"，打开 QQ 邮箱登录界面，如图 7-41 所示，可以输入账号（如 10101@qq.com）和密码并单击"登录"按钮，也可以用手机端 QQ 软件扫码登录。

图 7-41　QQ 邮箱的 Web 登录界面

　　登录成功后进入邮箱应用界面，如果要收信件，可以直接单击左侧的"收件夹"，如果有新的邮件，邮件标题通常会加粗显示，如图 7-42 所示。单击邮件标题链接即可看到邮件正文。如果要发送邮件，在左侧单击"写信"，进入信件编辑界面，如图 7-43 所示。在收件人栏里填入收信人地址；当有多个收件人的时候，可在填入的多个收件人地址之间用逗号或分号隔开，也可在抄送人栏目里填入其他收信人地址；输入主题和邮件正文；如果有需要，可以单击"添加附件"将一些容量较小的文件（不同的服务商文件容量上限有所不同，如有的规定单个附件不能超过 20MB）作为附件发送给收件人，上述步骤完成之后单击"发送"按钮完成邮件发送。

　　以上只是最简单的邮件的收发步骤，如果要充分利用服务商所提供的功能，可以参照该邮箱的使用帮助，或者购买其增值服务。

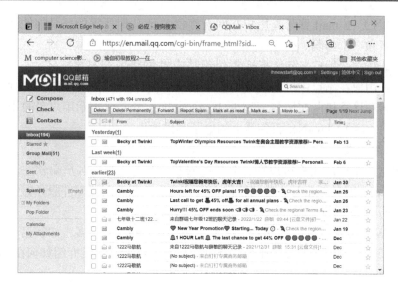

图 7-42　QQ 邮箱主应用界面

图 7-43　信件编辑界面

7.3.3　远程登录

远程登录是指本地计算机连接到远端的计算机上，作为这台远程主机的终端，可实时使用远程计算机上对外开放的全部资源，也可以查询数据库、检索资料或利用远程计算机完成大量的计算工作。远程桌面开启设置与连接的具体步骤如图 7-44 和图 7-45 所示。

（1）右击开始菜单，选择"设置"菜单中的"系统"选项，再选择"远程桌面"打开远程桌面。

（2）按 Win + R 快捷键打开运行界面，输入"mstsc"命令，或在搜索框中输入"远程桌面连接"，进入远程桌面连接窗口。

（3）输入要连接计算机的 IP 地址和名称，单击"连接"按钮。

（4）输入计算机的登录密码。

（5）最后就连接到远程的计算机桌面了。

　　　图 7-44　远程桌面开启设置　　　　　　　图 7-45　　"远程桌面连接"窗口

7.3.4　物联网

1）物联网的定义

物联网（internet of things，IOT）就是"物物相连的互联网"。物联网有两层含义：第一，物联网的核心和基础仍是互联网，是在互联网基础上的延伸和扩展；第二，网络节点延伸和扩展到了任何物品，物品与物品之间可交换信息和通信。

物联网是通过射频识别（radio frequency identification，RFID）装置、红外感应器、全球定位系统、激光扫描器等信息传感设备，按约定的协议，把任何物品与互联网相连接，进行信息交换和通信，实现智能化识别、定位、跟踪、监控和管理的一种网络。图 7-46 为物联网示意图。

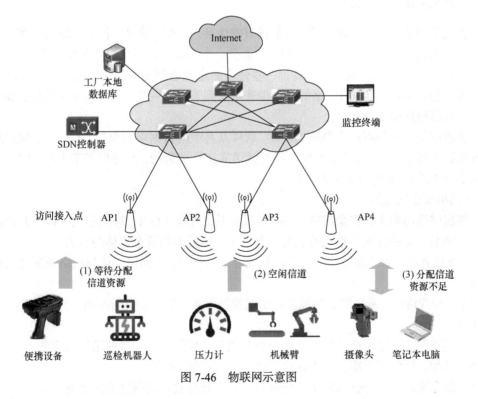

图 7-46　物联网示意图

2）物联网的原理

在物联网中，物品能够彼此进行"交流"而无须人的干预，其实质是利用射频识别技术，通过计算机互联网来实现物品的自动识别和互联及信息的共享。

RFID 技术是 20 世纪 90 年代开始兴起的一种自动识别技术，是目前比较先进的一种非接触识别技术。RFID 通过射频信号自动识别目标对象并获取相关数据，识别工作无须人工干预，可工作于各种恶劣环境。物联网是以 RFID 系统为基础，结合已有的计算机网络技术、数据库技术、中间件技术等，由大量联网的阅读器和无数移动的标签组成的比 Internet 更庞大的网络。

3）物联网的应用前景

物联网应用的领域广泛，遍及智能交通、环境保护、政府工作、公共安全、平安家居、智能消防、工业监测、环境监测、老人护理、个人健康、花卉栽培、水系监测、食品溯源、敌情侦查、情报搜集等多个领域。

物联网把新一代 IT 技术充分运用在各行各业之中，即把感应器嵌入或者安装到电网、铁路、桥梁、隧道、公路、建筑、供水系统、大坝、油气管道等各种物体中，再将物联网与现有的互联网整合起来，实现人类社会与物理系统的整合。例如，当司机出现操作失误时汽车会自动报警；公文包会提醒主人忘带了什么东西；衣服会"告诉"洗衣机对颜色和水温的要求等。在此基础上，人类可以以更加精细和动态的方式管理生产和生活，达到"智慧"状态，提高资源利用率和生产力水平，改善人与自然间的关系。

7.4 计算机网络安全概述

7.4.1 计算机网络安全定义

计算机网络的应用越来越广泛，人们的日常生活、工作、学习等各个方面几乎都会用到计算机网络。尤其是将计算机网络应用到电子商务、电子政务以及企事业单位的管理等领域后，对计算机网络的安全要求也越来越高，一些怀有恶意者也利用各种手段对计算机网络的安全造成各种威胁，因此，计算机网络的安全越来越受到人们的关注，成为一个新的研究课题。那么什么是计算机网络安全呢？

计算机网络安全是指网络系统的硬件、软件及其中的数据受到保护，不会由于偶然或恶意原因而遭到破坏、更改、泄露，系统能够连续可靠正常地运行，网络服务不中断。网络安全从其本质上来讲就是网络上的信息安全。

1）网络安全的威胁

计算机网络面临多种安全威胁，ISO 对开放系统互联（OSI）环境定义了以下几种威胁：

（1）伪装。威胁源成功地假扮成另一个实体，随后滥用这个实体的权力。

（2）非法连接。威胁源以非法的手段形成合法的身份，在网络实体与网络资源之间建立非法连接。

（3）非授权访问。威胁源成功地破坏访问控制服务，如修改访问控制文件的内容，实现了越权访问。

（4）拒绝服务。阻止合法的网络用户和其他合法权限的执行者使用某项服务。

（5）抵赖。网络用户虚假地否认递交过信息和接收到信息。

（6）信息泄露。未经授权的实体获取到传输中或存放着的信息造成泄密。

（7）通信量分析。威胁源观察通信协议中的控制信息，或对传输过程中信息的长度、频率、源及目的进行分析。

（8）无效的信息流。对正确的通信信息序列进行非法修改、删除或重复，使之变成无效信息。

（9）篡改和破坏数据。对传输的信息和存放的数据进行非法修改或删除。

（10）推断和演绎信息。由于统计数据信息中包含原始的信息踪迹，非法用户利用公布的统计数据推导出信息的来源。

（11）非法篡改程序。威胁源破坏操作系统、通信软件或应用程序。

以上所描述的种种威胁大多由人为造成，威胁源可以是用户也可以是程序。除此之外，还有其他一些潜在的威胁，如电磁辐射引起的信息失密、无效的网络管理等。研究网络安全的目的就是尽可能地消除这些威胁。

2）网络安全的服务

ISO 提供了以下五种可供选择的安全服务。

（1）身份认证。身份认证是访问控制的基础，是针对主动攻击的重要防御措施。身份认证必须做到准确无误地将对方辨别出来，同时还应该提供双向认证，即互相证明自己的身份。网络环境下的身份认证更加复杂，因为验证身份一般通过网络进行而非直接交互，常规验证身份的方式（如指纹）网络上已不适用；另外大量黑客随时随地都可能尝试向网络渗透，截获合法用户口令，并冒名顶替以合法身份入网，所以需要采用高强度的密码技术来进行身份认证。

（2）访问控制。访问控制的目的是控制不同用户对信息资源的访问权限，是防御越权使用资源的措施。

（3）数据保密。数据保密是针对信息泄露的防御措施。数据加密是常用的保证通信安全的手段，但计算机技术的发展使得传统的加密算法不断地被破译，不得不研究更高强度的加密算法，如目前的数据加密标准（data encryption standard，DES）算法、公开密钥算法等。

（4）数据完整性。数据完整性是针对非法篡改信息、文件以及业务流而设置的防范措施。也就是说，网上所传输的数据应防止被修改、删除、插入、替换或重发，从而保护合法用户接收和使用该数据的真实性。

（5）防止否认。接收方要求发送方保证不能否认接收方收到的信息是发送方发出的信息，而非他人冒名、篡改过的信息；发送方也要求接收方不能否认已经收到的信息。防止否认是针对对方否认的防范措施，用来证实已经发生过的操作。

7.4.2　网络安全防范措施

对于 PC 用户来讲，常用的网络安全措施如下。

（1）安装杀毒软件、防火墙软件，并经常更新、杀毒。

（2）开启杀毒软件的监控功能，保护注册表、重要系统文件。对修改重要系统数据的行为一定要慎重，不要下载或点击可疑文件。

（3）不要在系统分区上保留重要数据，将数据（包括我的文档文件夹）保存在其他分区，随时准备恢复系统（可用 ghost 软件进行备份）。

（4）下载后再安装重要的系统补丁，弥补系统安全漏洞。

（5）为系统设置密码（包括管理员、屏幕保护密码），尽量不要保存账户密码、不用密码自动完成功能。

（6）对网络银行的密码要经常更换，密码要字母和数字相结合，注意保密。